生态环境部／编

JU LI

聚力

破浪前行——@生态环境部 在2019

中国环境出版集团·北京

本书编写组名单

组　长

庄国泰

副组长

刘友宾

成　员

杨小玲

林　玉　凌　越　连　斌

张士霞　王　硕　徐萍萍

李佳雯　赵晓艺　张　伟

郭　川　陈馥筠　孟　蝶

前言 PREFACE

2019年是新中国成立70周年，也是打好污染防治攻坚战的关键之年。回顾这一年，生态环境保护工作交出了一份怎样的答卷？

在2020年1月召开的全国生态环境保护工作会议上，时任生态环境部部长的李干杰在会上表示：2019年，全国生态环境系统以改善生态环境质量为核心，攻坚克难、积极作为，污染防治攻坚战取得关键进展，主要污染物排放量持续减少，生态环境质量总体改善，尤其在水环境改善方面，效果明显。

这个答案令人鼓舞，也来之不易。

2019年，生态环境保护工作走进深水区，一方面，地方政府、企业面临与低经济效益、高环境成本产业告别的阵痛，不断探寻推动经济高质量发展的路径；另一方面，公众对身边的环境问题越来越关注，通过各种渠道表达环境诉求。此外，国际社会对我国的环境治理举措、治理成效也高度关注。我们这艘生态环保的航船，如何才能顺利驶过深水区，前往天蓝、地绿、水清的美丽中国？

审慎思考，科学施策，推进治理体系和治理能力现代化。一年来，我们坚持精准治污、科学治污、依法治污，广泛动员社会各界力量参与，逐步构建起生态环境保护的统一战线，同舟共济、砥砺前行。

2019年，生态环境部“两微”（@生态环境部 ）发稿近4000条，忠实地记录着这一年的生态环境保护工作。本书收录了@生态环境部 发文170篇。透过这些文字、图片、短视频，我们可以看到全国生态环境系统的干部、职工凝心聚力、破浪前行的奋斗历程，看清生态环保这艘航船的前行轨迹。

由于编者水平有限，不妥之处，敬请批评指正。

本书编写组

写于2020年2月

目录

CONTENTS

2019年1月

JANUARY

2019年2月 FEBRUARY

2019年3月 MARCH

2019年4月 APRIL

2019年5月 MAY

2019年6月 JUNE

2019年7月
JULY

2019年8月 AUGUST

2019年9月 SEPTEMBER

2019年10月 OCTOBER

2019年11月 NOVEMBER

2019 年 12 月
DECEMBER

- 渤海地区入海排污口排查整治专项行动暨试点工作启动会召开
- 全国生态环境保护工作会议在京召开
- 生态环境部部长看望慰问生态环境领域院士并调研国家大气污染防治攻关联合中心

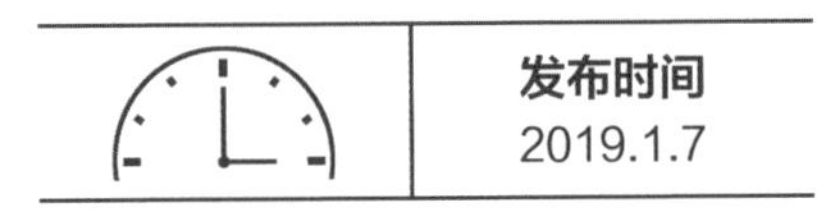

生态环境部召开部党组（扩大）会议

1月7日，生态环境部党组书记、部长李干杰主持召开部党组（扩大）会议，传达学习习近平总书记重要讲话和中央农村工作会议精神，研究部署贯彻落实工作。

会议指出，做好“三农”工作对有效应对各种风险挑战、确保经济持续健康发展和社会大局稳定具有重大意义。生态环境系统要认真学习领会习近平总书记重要讲话和批示精神，按照李克强总理重要批示和中央农村工作会议要求，增强“四个意识”，做到“两个坚决维护”，以高度的责任感、使命感和紧迫感，以更有力的行动、更扎实的工作，坚持突出重点和全面实施相结合，实施乡村振兴战略，坚决打好农业农村污染治理攻坚战，加快农村人居环境整治，推进美丽乡村建设，增强广大农民的获得感、幸福感和安全感。

会议强调，生态环境系统要结合工作实际，突出重点、狠抓落实、务见实效。认真落实好《农业农村污染治理攻坚战行动计划》《农村人居环境整治三年行动方案》。按照农村人居环境整治要求，“十三五”期间新增完成13万个建制村环境综合整治。组织开展农村“千吨万人”（日供水千吨或服务万人以上）集中式饮用水水源地整治。在土壤污染状况详查基础上，做好受污染耕地治理与修复、重度污染耕地种植结构调整或退耕还林还草工作。扎实推进生态环保扶贫，为打好脱贫攻坚战作出贡献。

会议要求，各单位各部门要高度重视，加强领导、紧密协作、加快推进，切实把习近平总书记、李克强总理重要指示批示和中央农村工作会议精神贯彻落实好。

会议还研究了其他事项。

生态环境部党组成员、副部长翟青、赵英民、刘华，中央纪委国家监委驻生态环境部纪检监察组组长、部党组成员吴海英，部党组成员、副部长庄国泰出席会议。

生态环境部副部长黄润秋列席会议。

驻部纪检监察组负责同志，部机关各部门和有关部属单位主要负责同志列席会议。

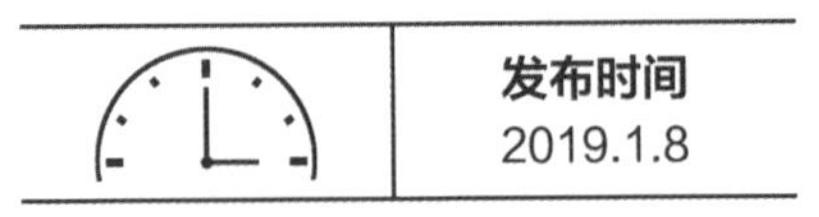

生态环境部部长在《人民日报》发表署名文章：深入贯彻落实中央经济工作会议精神 坚决打好污染防治攻坚战

习近平总书记在中央经济工作会议上发表重要讲话，充分肯定生态文明建设的显著成效，对打好污染防治攻坚战作出最新部署，提出明确要求。我们必须深入学习贯彻，坚决打好污染防治攻坚战，进一步改善生态环境质量，以优异成绩庆祝中华人民共和国成立70周年。

一、污染防治攻坚战取得重大进展

2018年，在以习近平同志为核心的党中央的坚强领导下，在习近平新时代中国特色社会主义思想的科学指引下，生态环境部门与各地各部门一道，深入贯彻习近平生态文明思想和全国生态环境保护大会精神，协同推动经济高质量发展和生态环境高水平保护，蓝天、碧水、净土保卫战全面展开，污染防治攻坚战取得重大进展。

（一）思想指引和顶层设计更加明确。2018年5月，全国生态环境保护大会胜利召开，习近平总书记出席会议并发表重要讲话，李克强总理作工作部署，韩正副总理作总结讲话。大会正式确立习近平生态文明思想，为加强生态环境保护、建设美丽中国提供了方向指引和行动指南。同年6月，中共中央、国务院印发《关于全面加强生态环境保护 坚决打好污染防治攻坚战的意见》，进一步明确了打好污染防治攻坚战的时间表、路线图、任务书。

（二）作战计划和方案陆续出台。国务院印发并实施《打赢蓝天保卫战三年行动计划》。经国务院同意，生态环境部会同有关部门发布并实施《城市黑臭水体治理攻坚战实施方案》《农业农村污染治理攻坚战行动计划》《渤海综合治理攻坚战行动计划》以及水源地环境保护实施方案，制订柴油货车污染治理、长江保护修复等攻坚战行动计划并报国务院审批。

（三）生态环境督察执法持续强化。分两批对河北等20个省（区）开展中央生态环境保护督察“回头看”，推动解决7万多件群众身边的生态环境问题。开展蓝天保卫战重点区域强化监督，向地方交办涉气环境问题2万余个。推进全国集中式饮用水水源地环境整治，圆满完成1577个水源地的6242个问题整改。严厉打击固体废物及危险废物非法转移和倾倒行为，挂牌督办的1308个突出问题中有1297个完成整改。推进垃圾焚烧发电行业达标排放，存在问题的垃圾焚烧发电厂全部完成整改。坚定不移推进禁止洋垃圾入境工作，全国固体废物进口量同比下降48%。开展“绿盾2018”自然保护区监督检查专项行动。

（四）生态环保领域改革有力推进。组建生态环境部，统一行使生态及城乡各类污染排放监管和行政执法职责；深化生态环境保护综合行政执法改革，整合组建生态环境保护综合执法队伍；省以下环保机构监测监察执法垂直管理制度改革在全国推开。出台深化“放管服”改革的15项重点举措，进一步优化营商环境，加快项目环评审批。划定15个省份生态保护红线。累计完成20多个行业3.1万多家企业排污许可证核发。

（五）生态环境状况明显好转。全国338个地级及以上城市优良天数比例同比提高1.3个百分点，$PM_{2.5}$浓度同比下降9.3%；京津冀及周边地区、长三角、汾渭平原$PM_{2.5}$浓度同比分别下降11.8%、10.2%、10.8%。其中，北京市$PM_{2.5}$浓度同比下降12.1%。全国地表水优良（Ⅰ～Ⅲ类）水质断面比例继续上升，劣Ⅴ类断面比例继续下降，年度目标任务圆满完成。

二、污染防治攻坚战要坚持的策略方法

打好污染防治攻坚战时间紧、任务重、要求高，需要主动创新抓落实的方式，形成一套相对成熟、行之有效、各方认可的策略方法，并坚持好、发扬好，这主要体现在六个方面：

一要稳中求进。既打攻坚战，又打持久战；既尽力而为，又量力而行；既有坚定的决心和信心，又有历史的耐心和恒心。主动作为、循序渐进，把该抓的事情抓彻底，把该做的工作做到位，同时要久久为功、持续用力，坚决杜绝“层层加码”“级级提速”。

二要统筹兼顾。既追求生态环境效益，又追求经济效益和社会效益，力求每项工作都能实现“三个有利于”，即有利于减少污染物排放，改善生态环境质量；有利于推动结构优化，促进经济高质量发展；有利于解决老百姓身边的突出生态环境问题，增强人民群众的获得感、幸福感、安全感。

三要综合施策。既发挥好行政、法治手段的约束作用，又发挥好市场、技术手段的支撑保障作用，特别要依法行政、依法推进，规范自由裁量权，避免处置措施简单粗暴。对企业既严格执法，又热情服务。

四要两手发力。既着眼长远，抓长效机制体制建设，又立足当前，抓突出问题解决；既抓宏观顶层设计，强化法律标准、政策规划制定和综合协调，又抓微观推动落实；既抓中央生态环境保护督察，推动落实“党政同责”“一岗双责”，又抓强化监督，派出帮扶工作组，帮助地方和企业解决问题。

五要点面结合。既全面部署、整体推进，又有所侧重、分轻重缓急，不搞“眉毛胡子一把抓”，紧盯重点区域、重点领域、重点问题，集中有限的人力、物力和财力，力求实现重点突破，通过重点突破带动整体推进，不见实效绝不收兵。

六要求真务实。既妥善解决好历史遗留问题，又攻坚克难夯实基础工作。扎扎实实围绕目标解决问题，坚决杜绝“数字环保”“口号环保”“形象环保”，确保实现没有“水分”的生态环境质量改善，确保攻坚战实效经得起历史和时间的检验。

三、统筹推进2019年污染防治攻坚战各项工作

2019年是新中国成立70周年，是决胜全面建成小康社会、打好污染防治攻坚战的关键之年。我们以习近平新时代中国特色社会主义思想为指导，全面贯彻党的十九大和十九届二中、十九届三中全会精神，落实中央经济工作会议各项部署，坚定不移贯彻落实习近平生态文明思想，坚定不移贯彻落实全国生态环境保护大会精神，坚定不移打好污染防治攻坚战，坚定不移推进生态环境治理体系和治理能力现代化，坚守阵地、巩固成果，不能放宽放松，更不能走“回头路”，保持方向、决心和定力不动摇，协同推进经济高质量发展和生态环境高水平保护，坚持稳中求进、统筹兼顾、综合施策、两手发力、点面结合、求真务实，综合运用行政、法治、市场、技术等多种手段，严格监管与优化服务并重，引导激励与约束惩戒并举，聚焦打好标志性战役，加大工作和投入力度，进一步改善生态环境质量。

（一）坚决打好标志性战役。聚焦污染防治攻坚战七大标志性战役，全面攻坚，务求实效。落实《打赢蓝天保卫战三年行动计划》，实施京津冀及周边地区、长三角、汾渭平原等重点区域秋冬季大气污染综合治理攻坚行动。继续推进散煤治理。深入推进钢铁等行业超低排放改造、“散乱污”企业及集群综合整治等重点工作。落实《柴油货车污染治理攻坚战行动计划》，统筹“油、路、车”

治理。推动重点区域运输“公转铁”，加强港口岸电建设和使用。着力打好碧水保卫战，全面实施水源地保护、黑臭水体治理、长江保护修复、渤海综合治理、农业农村污染治理等攻坚战行动计划或实施方案。开展长江入河排污口排查整治，以渤海为重点，持续推进入海排污口清理整治。扎实推进净土保卫战，贯彻落实《土壤污染防治法》，全面实施土壤污染防治行动计划，有效管控农用地和建设用地土壤污染风险，大幅削减进口固体废物种类和数量。总结推广浙江“千村示范、万村整治”工作经验，积极推进农村人居环境整治。

（二）促进经济高质量发展。落实中央关于推动高质量发展的意见，支持和服务京津冀协同发展、长江经济带、“一带一路”等国家重大战略实施，打造高质量发展“雄安样板”，推动海南生态文明试验区建设。加强西部大开发、东北等老工业基地振兴生态环境保护工作。继续推进全国“三线一单”（生态保护红线、环境质量底线、资源利用上线和生态环境准入清单）编制和落地。实施工业污染源全面达标排放计划，加快淘汰落后产能和化解过剩产能，在重污染行业深入推进强制性清洁生产审核。大力发展生态环保产业。积极引导和支持民营企业参与污染防治攻坚战，制定实施支持民营企业绿色发展的环境政策举措。

（三）加强生态保护修复与监管。全面开展生态保护红线勘界定标，推进生态保护红线监管平台建设，加快形成生态保护红线全国“一张图”。开展长江经济带等重点区域生态状况调查评估，继续推进山水林田湖草生态保护修复试点。加强野生动植物保护、湿地生态环境保护、荒漠化防治等工作监督，实施生物多样性保护重大工程。做好《生物多样性公约》第15次缔约方大会各项筹备工作。启动第三批国家生态文明建设示范市县创建工作、“绿水青山就是金山银山”实践创新基地评选工作。

（四）增强服务意识和本领。继续推进生态环境保护督察执法，落实中央生态环境保护督察工作规定，启动第二轮中央生态环境保护督察，统筹安排强化监督，精心细致周到地做好帮扶工作。在中央生态环境保护督察、强化监督中，积极主动服务，加强对企业环评、治理技术、提标改造的帮扶指导，帮助企业制定环境治理解决方案，并提供必要的技术和资金支持。优化和完善环境政策标准，提高科学性、稳定性和可预见性。注意分类指导、精准施策、依法监管，坚决反对“一律关停”“先停再说”等敷衍应对做法，坚决避免以生态环境为借口紧急停工、停业、停产等简单粗暴行为，坚决遏制假借生态环境等名义开展违法违规活动。

（五）深化生态环境领域改革。推动出台中央和国家机关相关部门生态环境保护责任清单及污染防治攻坚战成效考核办法，压实“党政同责”“一岗双责”。深入推进生态环保综合执法改革、省以下环保机构监测监察执法垂直管理制度改革。加快推进重点行业排污许可证核发，严格落实固定污染源排污许可证后监管。在全国试行生态环境损害赔偿制度。健全环保信用评价和信息强制性披露制度。推动出台构建政府为主导、企业为主体、社会组织和公众共同参与环境治理体系的指导意见。

（六）全面加强党的建设。落实全面从严治党责任，始终把党的政治建设摆在首位，严明政治纪律和政治规矩，树牢“四个意识”，坚定“四个自信”，做到“两个坚决维护”。深入开展“不忘初心、牢记使命”主题教育，进一步巩固“以案为鉴、营造良好政治生态”专项治理成果。落实中央八项规定和实施细则，加快形成“严真细实快”的工作作风。着力打造一支政治强、本领高、作风硬、敢担当，特别能吃苦、特别能战斗、特别能奉献的生态环境保护铁军，为打好污染防治攻坚战提供队伍保障。

（来源：《人民日报》　　作者：生态环境部党组书记、部长　李干杰）

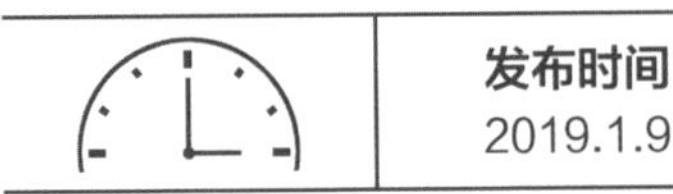

全国人大常委会副委员长沈跃跃率调研组到生态环境部调研

1月9日，全国人大常委会副委员长沈跃跃率调研组到生态环境部调研《大气污染防治法》执法检查报告及审议意见和常委会决议落实情况、《水污染防治法》执法检查前期准备工作情况。生态环境部党组书记、部长李干杰主持座谈会并作工作汇报。

沈跃跃指出，党的十八大以来，以习近平同志为核心的党中央高度重视生态文明建设和生态环境保护，谋划开展了一系列根本性、开创性、长远性工作，推动生态文明建设和生态环境保护从实践到认识发生历史性、转折性、全局性变化，系统形成了习近平生态文明思想，为推进生态文明、建设美丽中国提供了强大思想武器和行动指南。十三届全国人大常委会以实际行动深入贯彻落实习近平生态文明思想，作出《关于全面加强生态环境保护　依法推动打好污染防治攻坚战的决议》（以下简称《决议》），充分体现了坚决维护习近平总书记权威和核心地位、坚决维护以习近平同志为核心的党中央权威和集中统一领导的鲜明政治态度和坚定责任担当。

沈跃跃强调，党中央、国务院出台《关于全面加强生态环境保护　坚决打好污染防治攻坚战的意见》，明确了打好污染防治攻坚战的时间表、路线图、任务书。十三届全国人大常委会依法履职尽责，以法律武器助力打好污染防治攻坚战，用法治力量保护生态环境，不断满足人民日益增长的优美生态环境需要，依法保障推动美丽中国建设。

沈跃跃要求，要坚决贯彻落实党中央关于生态环境保护的决策部署，严格执行生态环境保护法律法规。要坚持问题导向，针对《大气污染防治法》实施中存在的突出问题，提出完善制度、改进工作的有效措施，坚决打赢蓝天保卫战。要认真借鉴《大气污染防治法》执法检查的创新做法和宝贵经验，扎实深入开展《水污染防治法》执法检查，聚焦法律实施中存在的突出问题，督促有关方面严格落实法律责任，把法律各项要求落到实处，坚决打好碧水保卫战。

李干杰在汇报中首先对全国人大常委会长期以来对生态环境保护工作的重视、关心和支持表示衷心感谢。他说，十三届全国人大常委会作出《决议》以来，各地区各部门认真贯彻落实，压实生态环境保护政治责任，大力推进生态环境保护法律制度体系建设，严格执行生态环境保护法律制度，推动污染防治攻坚战取得重大进展，生态环境质量持续改善，年度目标任务圆满完成。

李干杰指出，生态环境部会同有关地方和部门单位，认真研究《大气污染防治法》执法检查报告及其审议意见提出的问题与建议，强化组织领导和责任落实，加强大气污染源头防控，严格落实法律制度，完善相关法规标准，进一步强化科技支撑，有力推进蓝天保卫战。下一步，将以《水污染防治法》执法检查作为提升、促进水生态环境保护工作的契机，积极开展前期准备，全力配合现场检查，及时抓好整改落实，推动水污染防治工作再上新台阶。

全国人大常委会委员、全国人大环资委主任委员高虎城，全国人大常委会委员、全国人大环资委副主任委员王洪尧，全国人大常委会委员、全国人大环资委委员程立峰等调研组成员及全国人大环资委办事机构有关负责同志出席座谈会。

生态环境部副部长黄润秋、翟青、赵英民，中央纪委国家监委驻生态环境部纪检监察组组长吴海英参加座谈会。生态环境部机关各部门主要负责同志参加座谈会。

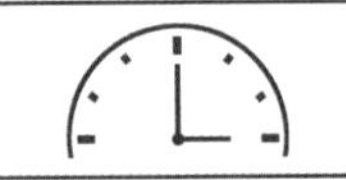

发布时间
2019.1.10

生态环境部召开部党组（扩大）会议

1月10日，生态环境部党组书记、部长李干杰主持召开部党组（扩大）会议，传达学习习近平总书记在中央政治局民主生活会上的重要讲话和中央政治局民主生活会精神。

会议指出，习近平总书记在中央政治局民主生活会上的重要讲话，总览全局、立意高远、思想深刻、内涵丰富，既是新时代全面加强党的建设、深入全面从严治党的重要遵循，也是各级党员领导干部加强自身建设、做好表率示范的思想引领。中央政治局民主生活会联系实际、直面问题、触及思想，体现了高标准、严要求，开出了高质量、好效果，充分展现了以习近平同志为核心的党中央以身作则、身体力行的扎实工作作风，为各级党组织树立了标杆、做出了示范。生态环境部系统各级党组织和广大党员干部要切实把思想和行动统一到习近平总书记重要讲话精神上来，坚决抓好贯彻落实。

会议强调，要深入学习贯彻习近平新时代中国特色社会主义思想，坚持全面系统学、及时跟进学、联系实际学，深刻领会其丰富内涵和精髓要义，认真开展“不忘初心、牢记使命”主题教育，真正学懂弄通做实，真正注入灵魂、融入血脉、深入骨髓，切实把这一科学理论用于指导生态文明建设和生态环境保护各项工作。

要全面贯彻民主集中制，树牢“四个意识”，坚定“四个自信”，时时事事处处坚决做到“两个维护”，强化政治责任，保持政治定力，把准政治方向，提高政治能力，始终坚定自觉地在思想上、政治上、行动上同以习近平同志为核心的党中央保持高度一致。

要始终保持锐意进取、永不懈怠的精神状态和敢闯敢干、一往无前的奋斗姿态，不断强化斗争意识、斗争精神、斗争魄力，以只争朝夕、夙夜在公的精神，坚定不移贯彻落实习近平生态文明思想和全国生态环境保护大会精神，聚焦七场标志性战役，加大工作和投入力度，持续改善生态环境质量，增强人民群众的获得感、幸福感、安全感。

要严格执行中央八项规定和实施细则精神，全面加强党的作风建设，巩固“以案为鉴，营造良好政治生态”专项治理成果，发扬“严真细实快”工作作风，为打好污染防治攻坚战提供坚实的队伍保障和纪律保障。部党组成员和各级领导干部，要以身作则、率先垂范，带头廉洁从政，反对特权思想，管好自己，管好家属和身边工作人员，为全体党员干部做好表率。

会议要求，生态环境部系统各级党组织要严格对标对表，认真开好民主生活会。要牢牢把握主题，深入学习习近平新时代中国特色社会主义思想，为开好民主生活会打牢思想基础。要严格履行会议程序，切实做到真找问题、找准问题、解决问题。要认真落实会议要求，及时报告年内民主生活会整改落实情况和党员领导干部个人情况。要严密组织、统筹安排、加强督导，确保民主生活会开出高质量、开出新气象。

会议还研究了其他事项。

生态环境部党组成员、副部长翟青、赵英民、刘华，中央纪委国家监委驻生态环境部纪检监察组组长、部党组成员吴海英，部党组成员、副部长庄国泰出席会议。生态环境部副部长黄润秋列席会议。驻部纪检监察组负责同志，机关各部门、在京部属单位党政主要负责同志列席会议。

发布时间
2019.1.12

生态环境部督导调研组赴汾渭平原指导调研重污染天气应对工作

2019年1月1日以来，汾渭平原经历了一次长时间、大范围重度及以上污染过程，多个城市持续严重污染。为积极应对此次重污染天气过程、指导推进汾渭平原大气污染防治协作机制有序开展，按照生态环境部党组要求，由大气环境司带队，生态环境监测司、生态环境执法局和有关专家组成督导调研组，赴汾渭平原现场指导并开展调研。

1月11日晚，督导调研组抵达陕西省西安市，连夜组织召开省市两级环保部门和有关单位座谈会，共同会商研判未来空气质量变化形势，听取“一市一策”现场专家组成因分析，调度各地重污染天气应对工作开展情况。1月12日，督导调研组赴国家电网西安分公司调度重点涉气企业重污染天气应急期间电量使用情况，并赴蓝田县现场调研工业园区多个企业应急减排措施落实情况，赶赴渭南市重点涉气企业调研“一厂一策”应急措施制定和落实情况。对调研中发现的企业认识不足、应急措施落实不利、预案可操作性不强、地方执法检查不到位、监督能力和手段不足等问题逐一深入交流，指导做好整改工作，举一反三，不断加强重污染天气科学应对能力，提升现代化治理水平。

督导调研组指出，汾渭平原要充分发挥协作小组的协调联动作用，落实好区域重污染天气应急联动方案，联合应对重污染天气。

一是提高认识、底线思维。充分认识到重污染天气应对是打赢蓝天保卫战的重中之重，关系到保障人民群众身体健康，是进入秋冬季以后空气质量的最后一道防线和手段，必须统一思想认识，全力依法依规做好应对工作。

二是精准施策、狠抓落实。要深挖工业企业减排潜力，进一步夯实应急减排清单，指导企业做好实施方案，确保减排措施真实有效；要采取现代化执法监督手段，结合电量核查、在线监控、产品产量调度等措施开展现场督查，保障减排措施落实到位。

三是加大投入、提升能力。要进一步加强空气质量预测预报能力建设，在技术力量、资金使用和专业人才上给予倾斜，尽快具备城市7天和区域10天的空气质量预测预报能力，为提前采取应急减排措施提供保障。

四是加强领导、积极应对。陕西省要充分发挥汾渭平原大气污染防治协作小组办公室作用，在重污染应对期间要率先垂范，协调山西省、河南省和本省辖区内有关城市开展应急联动，生态环境部将积极协调开展工作。

之后几天，督导调研组继续开展调研，对陕西省渭南市、山西省临汾市应急减排措施落实情况和农村清洁取暖工作开展情况进行深入了解。

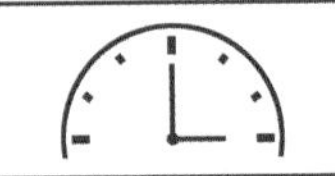

发布时间
2019.1.13

渤海地区入海排污口排查整治专项行动暨试点工作启动会召开

渤海地区入海排污口排查整治专项行动暨试点工作启动会于1月11日在唐山市召开，打响了渤海地区入海排污口排查整治工作的“发令枪”。生态环境部有关负责同志出席会议并讲话。

会议强调，开展渤海地区入海排污口排查整治是学习贯彻习近平生态文明思想的具体行动，是深入落实党中央、国务院决策部署的重大举措，是根本改善渤海环境质量的基础性工作，是探索陆海统筹机制的关键性举措。环渤海地区党委和政府必须坚决扛起生态环境保护的政治责任，把做好入海排污口排查整治工作作为一项重要的政治任务，作为增强“四个意识”、坚定“四个自信”、坚决做到“两个维护”的重要举措，切实抓好抓实。

会议指出，渤海地区入海排污口排查整治将以改善渤海地区生态环境质量为核心，扎实做好“排查、监测、溯源、整治”四项任务，概括起来就是“查、测、溯、治”。第一个是“查”。综合运用卫星遥感、无人机航拍、无人船监测以及智能机器人探测等先进技术手段，把向渤海排污的每一个“口子”都查清楚，确保一个不漏。第二个是“测”。按照边排查、边监测的原则，制订入海排污口监测计划，把水质情况“测明白”。第三个是“溯”。对监测发现的排污问题中突出的排污口进行溯源，查清污水的来龙去脉，厘清排污责任。第四个是“治”。按“一口一策”的原则，科学合理地确定入海排污口整治方案，并有序推进。

会议强调，为确保工作实效，采取“试点先行与全面铺开相结合”的方式推进排查整治工作。通过试点尽快掌握典型城市入海排污口情况，全面摸清工作难点与技术难点，形成行之有效、可复制、可推广的工作模式和技术规范，进而全面推进渤海地区入海排污口排查整治工作。

生态环境部相关司局、直属单位负责同志，环渤海“12+1”城市政府分管负责同志，天津市、河北省、辽宁省、山东省这“三省一市”和12个城市生态环境部门负责同志，以及唐山市相关区（县）政府、部门负责同志等参加会议。

发布时间
2019.1.16

2019年全国生态环境系统全面从严治党工作视频会议召开

1月16日，生态环境部召开2019年全国生态环境系统全面从严治党工作视频会议。生态环境部党组书记、部长、党风廉政建设领导小组组长李干杰作全国生态环境保护系统全面从严治党工作报告，中央纪委国家监委驻生态环境部纪检监察组组长、部党组成员、党风廉政建设领导小组副组长吴海英主持会议并讲话。李干杰强调，要把思想和行动切实统一到习近平总书记在十九届中央纪委三次全会上的重要讲话和全会精神上来，以永远在路上的坚韧和执着认真履行全面从严治党政治责任，扎实推进全面从严治党，巩固发展反腐败斗争压倒性胜利。

李干杰指出，十九届中央纪委三次全会是在全面贯彻党的十九大精神、坚定不移推进全面从严治党的新形势下召开的一次重要会议。习近平总书记在全会上的重要讲话，对推动新时代全面从严治党

向纵深发展具有重大指导意义。全会全面总结2018年工作成绩和改革开放40年基本经验，揭示未来纪委监委工作新走向，传递正风肃纪反腐新动向，释放全面从严治党新信号。全国生态环境系统各级党组织和广大党员干部要深刻理解改革开放40年来党进行自我革命、永葆先进性和纯洁性的宝贵经验，准确把握“巩固发展反腐败斗争压倒性胜利”的重大判断，认真落实新时代全面从严治党“六项任务”，严格遵守领导干部特别是高级干部贯彻新形势下党内政治生活若干准则的明确要求。

李干杰强调，全国生态环境保护系统开展“以案为鉴，营造良好政治生态”专项治理以来，不断加深对新时代推进全面从严治党向纵深发展的认识和理解，形成了一些可复制、可推广的经验做法。必须坚持以政治建设为统领，突出政治纪律和政治规矩，坚决做到“两个维护”。必须充分发挥基层党组织作用，牢固树立党的一切工作到支部的鲜明导向，强化专项治理实效。必须坚持把自己摆进去，对照工作职责，查找问题、吸取教训、检身自省，做到重“案”更重“鉴”。必须强化教育引导，开展生动、形象、具体、丰富的教育，真正做到触及思想、直击灵魂。必须建立健全长效机制，把权力关进制度的笼子里，不断巩固专项治理成果。

李干杰指出，2018年，全国生态环境系统全面贯彻党中央、国务院决策部署，全面从严治党工作取得积极进展和明显成效。深入开展学习宣传贯彻习近平新时代中国特色社会主义思想和党的十九大精神“五大活动”，全面贯彻习近平生态文明思想和全国生态环境保护大会精神，坚决贯彻习近平总书记重要指示批示，党的政治建设不断加强。着力打造坚强战斗堡垒，强化基层党建活力和凝聚力，基层党组织建设质量不断提升。巩固拓展落实中央八项规定及其实施细则精神成果，坚决防止“四风”反弹回潮，集中整治形式主义、官僚主义，作风建设不断加强。全面加强纪律建设，组织党风廉政教育月活动，开展部属单位巡视和“回头看”检查，深入践行监督执纪“四种形态”，夺取反腐败斗争压倒性胜利。坚持正确选人用人导向，贯彻新时期好干部标准，完善组织纪检部门动议干部信息沟通机制，队伍建设基础不断夯实。在肯定成绩的同时，也要清醒地看到生态环境系统反腐败斗争形势依然严峻复杂，全面从严治党依然任重道远。有的部门和单位“两个责任”落实不到位，个别同志破规逾矩的问题仍时有发生，形式主义、官僚主义问题依然存在，务必高度重视、立行立改、坚决杜绝。

李干杰强调，2019年是中华人民共和国成立70周年，是打好污染防治攻坚战、决胜全面建成小康社会的关键之年。全国生态环境系统要以习近平新时代中国特色社会主义思想为指导，深入贯彻党的十九大和十九届二中、十九届三中全会以及十九届中央纪委三次全会精神，不忘初心、牢记使命，增强“四个意识”，坚定“四个自信”，坚决做到“两个维护”，坚持稳中求进工作总基调，发扬改革创新精神，以党的政治建设为统领，全面推进党的各项建设，巩固发展反腐败斗争压倒性胜利，践行忠诚干净担当要求，打造生态环境保护铁军，推动生态环境系统全面从严治党水平不断提升。

一是要在持之以恒学懂弄通做实习近平新时代中国特色社会主义思想上下功夫。总结“五大活动”成功经验，推动学习贯彻习近平新时代中国特色社会主义思想和党的十九大精神往深里走、往实里走、往心里走。系统学习、深刻领会习近平生态文明思想和全国生态环境保护大会精神，坚决打好打胜污染防治攻坚战。

二是要在加强党的政治建设，坚决做到“两个维护”上下功夫。筑牢党的政治建设统领地位，严明政治纪律和政治规矩，增强政治敏锐性和政治鉴别力，认真落实新形势下党内生活若干准则等制度，深入开展形式主义、官僚主义集中整治。各级领导干部要带头反对特权，严格家风家教，做到清正廉洁、知行合一、以上率下。

三是要在深入开展“不忘初心、牢记使命”主题教育上下功夫。紧扣主题主线，提高政治站位和政治觉悟，引导党员干部带头接受教育，主动加强改造，坚守初心使命、常念“四个情怀”。严格落实“三会一课”等制度，加大监督力度，建立长效机制，大力营造良好教育氛围。

四是要在提高各级党组织全面建设质量上下功夫。贯彻落实新时代党的组织路线，不断压实管党治党政治责任。认真学习贯彻《中国共产党支部工作条例（试行）》，认真落实《中国共产党党和国家机关基层组织工作条例》和即将出台的加强党内政治生活的意见，促进各级党组织全面建设水平不断提高。

五是要在解决环境保护方面侵害群众利益问题上下功夫。高度重视群众信访举报和投诉，坚决反对不作为、乱作为，加快解决损害群众健康的突出环境问题，切实维护群众切身利益。重视企业对环境监管的合理诉求，进一步深化“放管服”改革，为企业和群众办事提供更多便利。厉行勤俭节约，带头过“紧日子”。

六是要在巩固发展反腐败斗争压倒性胜利上下功夫。严格落实中央八项规定及其实施细则精神，从严查处顶风违纪行为。严防腐蚀拉拢，推动构建亲清新型政商关系。巩固“以案为鉴，营造良好政治生态”专项治理成果，落实“八个强化、一个优化”整改措施。发挥巡视利剑作用，正确运用好监督执纪“四种形态”，一体推进不敢腐、不能腐、不想腐。

吴海英指出，推动全面从严治党向纵深发展，必须坚定信心、保持警醒，准确把握“时”与“势”，坚持稳中求进总基调，不断提高管党治党质量水平，营造风清气正的政治生态。生态环境系统各级党组织和广大党员干部要不断增强“四个意识”，坚定“四个自信”，坚决做到“两个维护”，贯彻落实党中央、国务院关于生态环境保护决策部署，自觉担当打造生态环保铁军政治责任。要抓住关键，强化正面引导，突出政治建设的统领作用、选人用人管人的导向作用、先进模范人物的带动作用，大力营造激发党员干部干事创业的环境氛围，涵养风清气正的政治生态，保护好干部干事创业的积极性，支持鼓励干部在生态文明建设实践中进一步担当作为、奋发有为。要补齐短板，坚持问题导向，杜绝管党治党形式化、表面化问题，保持监督执纪高压态势，加强思想教育、政策感化、纪法威慑，体现严管厚爱，积极培育形成党员干部遵规守纪的政治文化。

吴海英要求，各级纪检组织和广大纪检干部要牢记使命、努力学习、忠实履职。发扬光荣传统，讲政治、练内功、提素质、强本领，成为立场坚定、意志坚强、行动坚决的表率。建立纪检工作协作机制，开展交叉执纪审查，进一步提升纪检干部工作能力水平。建立纪检干部落实党内监督职责报告制度，加强对机关纪检工作的监督指导，压实纪检干部的责任。

会议采取视频方式召开。在生态环境部设立主会场，在各省（区、市）及计划单列市生态环境部门、有条件的部派出机构和直属单位设分会场。

生态环境部党组成员、副部长赵英民、刘华、庄国泰出席会议。

浙江省生态环境厅、中央生态环境保护督察办公室、中国环境监测总站三个单位党组织书记在会上做交流发言。驻部纪检监察组、部机关各部门和部分派出机构、直属单位主要负责同志在主会场参加会议。各省（区、市）及计划单列市生态环境部门机关和直属单位处级以上干部，部机关全体干部，派出机构、直属单位班子成员、处级干部和党务干部在分会场参会。

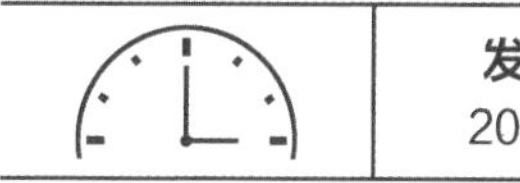

发布时间
2019.1.19

全国生态环境保护工作会议在京召开

1月18—19日，生态环境部在京召开2019年全国生态环境保护工作会议，深入学习贯彻习近平新时代中国特色社会主义思想和党的十九大、十九届二中、十九届三中全会以及中央经济工作会议精神，全面落实习近平生态文明思想和全国生态环境保护大会要求，总结2018年工作进展，分析当前生态环境保护面临的形势，安排部署2019年重点工作。生态环境部部长李干杰出席会议并讲话。

李干杰强调，要以习近平新时代中国特色社会主义思想为指导，深入贯彻落实习近平生态文明思想和全国生态环境保护大会精神，聚焦打好污染防治攻坚战标志性战役，协同推进经济高质量发展和生态环境高水平保护，以优异成绩庆祝新中国成立70周年。

李干杰指出，2018年是生态文明建设和生态环境保护事业发展史上具有重要里程碑意义的一年，以习近平同志为核心的党中央对加强生态环境保护、提升生态文明、建设美丽中国作出一系列重大决策部署。《宪法修正案》将新发展理念、生态文明建设和建设美丽中国的要求写入《宪法》。全国生态环境保护大会胜利召开，习近平生态文明思想的确立成为大会标志性、创新性、战略性的重大理论成果。党和国家机构改革决定组建生态环境部和生态环境保护综合执法队伍。全国生态环境保护系统要不断提高政治站位，深入学习贯彻习近平生态文明

思想和全国生态环境保护大会精神。坚持以党的政治建设为统领，坚决扛起生态环境保护政治责任；坚持新发展理念，协同推进经济高质量发展和生态环境高水平保护；坚持以人民为中心，打好打胜污染防治攻坚战；坚持全面深化改革，推动生态环境治理体系和治理能力现代化；坚持不断改进工作作风，加快打造生态环境保护铁军。把党中央关于提升生态文明、建设美丽中国的宏伟蓝图变为美好现实，让人民生活在天更蓝、山更绿、水更清的优美环境之中。

在总结过去一年的工作时李干杰说，2018年，全国生态环境保护系统以改善生态环境质量为核心，强化统筹协调，狠抓督察落实，所有约束性指标年度目标任务圆满完成，达到“十三五”规划序时进度要求，生态环境质量持续改善。具体来讲，主要做了以下三个方面的工作。

一、强化部署落实，污染防治攻坚战开局良好

一是出台污染防治攻坚战作战计划和方案。国务院印发并实施《打赢蓝天保卫战三年行动计划》。经国务院同意，印发柴油货车污染治理、城市黑臭水体治理、农业农村污染治理、渤海综合治理、水源地保护等攻坚战实施方案或行动计划。中共中央办公厅、国务院办公厅印发并贯彻落实《关于全面加强生态环境保护 坚决打好污染防治攻坚战的意见》任务分工方案。

二是全面推进蓝天保卫战。推动成立京津冀及周边地区大气污染防治领导小组，完善重点地区大气污染防治协作机制。印发并实施重点区域秋冬季攻坚方案，开展重点区域强化监督，交办问题2.3万个。继续实施煤电机组超低排放改造，持续推进北方地区冬季清洁取暖，加强“散乱污”企业及集群综合整治。加快煤炭等大宗物资运输向铁路转移，全面供应国Ⅵ车用汽柴油，积极应对重污染天气，落实《国家适应气候变化战略》，开展低碳试点示范。

三是着力打好碧水保卫战。圆满完成全国1586个集中式饮用水水源地环境整治任务，问题整改率达99.9%。基本消除36个重点城市1009个黑臭水体，消除比例为95%。编制长江经济带11省（市）及青海省“三线一单”，印发《长江流域水环境质量监测预警办法（试行）》，组建长江生态环境保护修复联合研究中心。强化太湖、滇池等重点湖库蓝藻水华防控。完成2.5万个建制村环境综合整治。

四是稳步推进净土保卫战。出台农用地和建设用地土壤污染风险管控试行标准。基本完成全国农用地土壤污染状况详查。持续推进六大土壤污染防治综合先行区建设和200多个土壤污染治理与修复技术应用试点项目。制定《“无废城市”建设试点工作方案》。坚定不移禁止洋垃圾入境，全国固体废物进口总量同比减少46.5%。推进垃圾焚烧发电行业达标排放，存在问题的垃圾焚烧发电厂全

部完成整改。严厉打击固体废物及危险废物非法转移和倾倒行为，挂牌督办的突出问题中1304个完成整改，问题整改率达99.7%。

五是大力开展生态保护和修复。15个省份初步划定生态保护红线，其余16个省份基本形成划定方案。开展"绿盾2018"自然保护区监督检查专项行动。国务院批准新建国家级自然保护区11处。完成2010—2015年全国生态状况遥感调查评估。命名表彰第二批"绿水青山就是金山银山"实践创新基地和国家生态文明建设示范市县。

六是严格核与辐射安全监管。扎实开展《核安全法》实施年活动，高效运转国家核安全工作协调机制和风险防范机制。依法严格核设施安全监管，确保建设质量和运行安全。推进伴生放射性矿开发利用企业环境辐射监测。推动中低放射性废物处置场规划编制。

七是加强生态环境风险防范。推进全国化工园区有毒有害气体预警体系建设。发布第一批《优先控制化学品名录》，开展全口径涉重金属行业企业排查。生态环境部直接调度处置突发环境事件50起。规范生活垃圾焚烧发电建设项目环境准入，依法推进项目建设。按期办结群众举报71万余件。

八是不断加强国际合作与交流。推动联合国气候变化卡托维兹大会取得成功，达成"一揽子"全面、平衡、有力度的成果。稳步推进国际公约履约。扎实推进绿色"一带一路"建设。启动"中法环境年"，推进中非环境合作中心建设。成功举办中国环境与发展国际合作委员会2018年年会。

九是大力开展宣传和舆论引导。落实例行新闻发布制度，发布《公民生态环境行为规范（试行）》，启动"美丽中国，我是行动者"主题实践活动，颁授绿色中国年度人物。全国首批124家环保设施和城市污水垃圾处理设施向公众开放。

二、强化改革创新，生态环境治理体系和治理能力现代化扎实推进

一是有序推进生态环境保护机构改革。完成生态环境部组建，加强内设机构设置，加强业务支撑能力建设。31个省（区、市）挂牌成立生态环境厅（局）。中共中央办公厅、国务院办公厅印发《关于深化生态环境保护综合行政执法改革的指导意见》，编制生态环境保护综合行政执法事项指导目录。在全国推开省以下生态环境机构监测监察执法垂直管理制度改革。

二是进一步深化“放管服”改革。出台15项重点举措，取消环评机构资质认定行政许可，简化35类项目的环评文件类别，完善项目环评审批绿色通道。出台《排污许可管理办法（试行）》，累计完成18个行业3.9万多家企业排污许可证核发。加快推动货运车辆“三检合一”改革。制定《禁止环保“一刀切”工作意见》《关于进一步强化生态环境保护监管执法的意见》。印发《关于生态环境保护助力打赢精准脱贫攻坚战的指导意见》。

三是强化生态环境保护督察。对河北省等20个省（区）开展中央生态环境保护督察“回头看”，公开通报103个敷衍整改、表面整改、假装整改的典型案例，推动解决7万多个群众身边的生态环境问题。各省（区、市）基本实现地市督察全覆盖。

四是严格生态环境保护执法。配合开展《大气污染防治法》《海洋环境保护法》执法检查工作。全国实施行政处罚案件18.6万件，罚款数额152.8亿元，同比增长32%，是2014年的4.8倍。落实环境保护行政执法与刑事司法衔接制度，联合挂牌督办、现场督导大案要案。开展全国环境执法大练兵活动。

五是加快完善生态环境监测体系。新建和改造1881个国家地表水水质自动站，完成空气质量自动监测状态转换。开展2500个土壤背景点监测。严肃查处通

报自动监测数据造假和人为干扰案例。

六是完善法律法规标准体系。出台《土壤污染防治法》，修订《环境影响评价法》，发布5项部门规章，完成1.1万余件生态环境保护法规、规章和规范性文件清理，制定144项国家环境保护标准。29个省份印发生态环境损害赔偿制度改革实施方案。

七是持续推进基础能力建设。发射高分五号卫星。加强生态环境信息化建设，顺利完成在用环境信息系统上云、建成部系统网站群、非涉密公文处理实现远程办公、所有行政审批事项“一网通办”四大标志性成果。第二次全国污染源普查清查建库、入户调查总体进展顺利。

三、强化管党治党，加快打造生态环境保护铁军

开展学习宣传贯彻党的十九大精神大动员、大培训、大调研、大讨论、大宣传“五大活动”。推进“两学一做”学习教育常态化、制度化。完善全面从严治党责任书制度。强化机构改革后的党组织建设。打造“一图一故事”宣传教育活动品牌。稳步推进领导班子和干部队伍建设，贯彻新时期好干部标准，完善组织纪检部门动议干部信息沟通机制。联合表彰全国环保系统先进集体118个、先进工作者45名，第三次颁发长期从事环保工作纪念章。印发《贯彻落实中央八项规定实施细则精神的实施办法》，按月调度“回头看”整改情况。组织集中整治四方面12类形式主义、官僚主义突出问题。在全国生态环境系统开展“以案为鉴，营造良好政治生态”专项治理，制定实施“八个强化、一个优化”的整改措施。分两轮对12家部属单位开展巡视。深入践行监督执纪“四种形态”。

李干杰强调，2018年生态环境保护工作取得明显成效，主要归功于以习近平同志为核心的党中央的坚强领导，归功于习近平新时代中国特色社会主义思想的

科学指引，得益于各地区、各部门的团结协作和参与贡献，也是全国生态环境系统奋力拼搏的结果。

李干杰指出，我国生态文明建设正处于关键期、攻坚期、窗口期。打好污染防治攻坚战面临思想认识上的摇摆性、污染治理任务的艰巨性、工作进展的不平衡性、工作基础的不适应性、自然因素影响的不确定性、国际形势的复杂性等不稳定、不确定因素，但也面临难得的大好机遇。

一是党中央、国务院高度重视生态环境保护。党中央要求坚守阵地、巩固成果，不能放宽放松，更不能走回头路，要聚焦打赢蓝天保卫战等七场标志性战役，加大工作和投入力度，这为我们推进工作提供了重要方向指引和根本政治保障。

二是推动经济高质量发展有利于生态环境保护。党中央要求坚持新发展理念、坚持推动经济高质量发展、坚持以供给侧结构性改革为主线，加快淘汰落后产能和化解过剩产能，抓好推动制造业高质量发展、乡村振兴战略、区域协调发展等重点任务，将为改善生态环境质量发挥重要促进作用。

三是宏观经济和财政政策支持生态环境保护。党中央提出落实积极的财政政策，优化财政支出结构，重点支持三大攻坚战、供给侧结构性改革等领域；落实稳健的货币政策，切实稳住有效投资，加强生态环保等重点领域和薄弱环节建设，为强化生态环境治理提供了较好的宏观政策环境和社会预期。

四是体制机制改革红利惠及生态环境保护。随着生态环境机构、生态环境保护综合行政执法、省以下环保机构垂改等改革陆续到位和生态文明建设多项改革措施落地见效，将为打好污染防治攻坚战提供坚强的体制机制保障。

李干杰强调，加强生态环境保护、打好污染防治攻坚战机遇与挑战并存，要善于抓住机遇，沉着应对挑战，以踏石留印、抓铁有痕的劲头，以锐意进取、永不懈怠的精神状态，以敢闯敢干、一往无前的奋斗姿态，坚决当好保护生态环境的钢铁卫士，为守护祖国的蓝天白云和绿水青山作出我们这一代人的努力。

一是强化斗争精神，克服“四种情绪和心态”。克服自满松懈的情绪和心态，不松懈、不放松、不歇脚，只争朝夕、夙夜在公。克服畏难退缩的情绪和心态，保持打好污染防治攻坚战的信心不动摇，迎难而上。克服简单浮躁的情绪和心态，一切从实际出发，坚持问题导向、目标导向、能力导向，依法有序推进污染防治攻坚战各项任务。克服与己无关的情绪和心态，在打好污染防治攻坚战中找准定位，主动作为，协同推进经济高质量发展和生态环境高水平保护。

二是保持战略定力，做到“五个坚定不移”。坚定不移贯彻落实习近平生态文明思想；坚定不移贯彻落实全国生态环境保护大会精神；坚定不移打好污染防治攻坚战；坚定不移推进生态环境治理体系和治理能力现代化；坚定不移打造生态环境保护铁军。紧紧抓住改善生态环境质量这个核心，把该办的事情办好、把该落实的任务落实好，为人民群众创造良好的生产、生活环境。

三是坚持正确的策略和方法，落实“六个做到”。做到稳中求进，既要打攻坚战，又要打持久战；既尽力而为，又量力而行；既要有坚定的决心和信心，又要有历史的耐心和恒心。做到统筹兼顾，力争同时实现 “三个有利于”，即有利于减少污染物排放，改善生态环境质量；有利于推动结构调整优化，促进经济高质量发展；有利于解决老百姓身边的突出环境问题，促进社会和谐稳定。做到综合施策，既要发挥好行政、法治手段的约束作用，又要发挥好经济和技术手段的支撑保障作用；对企业既做到严格监管，又做到热情服务。做到两手发力，既抓宏观顶层设计，又抓微观推动落实；既抓中央生态环境保护督察，督促落实“党政同责”“一岗双责”，又抓强化监督，派出帮扶工作组，帮助地方和企业解决问题。做到点面结合，紧盯重点区域、重点领域、重点问题，集中有限的人力、物力和财力，力求实现重点突破，带动整体推进。做到求真务实，坚决杜绝“数字环保”“口号环保”“形象环保”，确保实现没有“水分”的生态环境质量改善，确保攻坚战实效经得起历史和时间的检验。

李干杰指出，2019年是新中国成立70周年，是打好污染防治攻坚战、决胜全面建成小康社会的关键一年，需要着力做好十二个方面的重点工作。

一要积极推动经济高质量发展。落实中共中央、国务院《关于推动高质量发展的意见》，支持和服务京津冀协同发展、长江经济带、粤港澳大湾区、“一带一路”等国家重大战略实施。继续推进全国“三线一单”编制，深化规划环评，推动重大项目环评。实施重污染行业达标排放改造。大力发展生态环保产业。制定实施支持民营企业绿色发展的环境政策举措。建立健全生态环保扶贫长效机制。

二要加强重大战略规划政策研究制定。推进“十四五”生态环境保护规划和迈向美丽中国生态环境保护战略等前瞻性研究。深化生态环境形势分析和计划调度。加强绿色税收、绿色信贷、绿色金融等政策研究。加强生态补偿、行政村环境整治等重大政策和补短板关键问题对策研究。

三要坚决打赢蓝天保卫战。认真落实《打赢蓝天保卫战三年行动计划》。强化区域联防联控，继续实施重点区域秋冬季攻坚行动。积极稳妥推进散煤治理，深入推进钢铁等行业超低排放改造、“散乱污”企业及集群综合整治、工业炉窑综合整治、重点行业挥发性有机物污染治理。实施《柴油货车污染治理攻坚战行动计划》。有效应对重污染天气。做好消耗臭氧层物质淘汰管理。

四要全力打好碧水保卫战。全面实施长江保护修复、城市黑臭水体治理、渤海综合治理、农业农村污染治理等攻坚战行动计划或实施方案。开展“千吨万人”（日供水千吨或服务万人）以上农村饮用水水源调查评估和保护。开展长江流域国控劣Ⅴ类断面整治。重点推进未达到治理目标的重点城市以及长江经济带地级以上城市黑臭水体整治。推进环渤海区域陆源污染治理。完成2.5万个建制村的环境综合整治任务。

五要扎实推进净土保卫战。贯彻落实好《土壤污染防治法》。认真做好农用地详查成果集成，积极稳妥推进企业用地调查。深入推进重金属行业企业排查整治，推进土壤污染综合防治先行区建设和试点。制定《地下水污染防治实施方案》。深化固体废物进口管理制度改革，进一步削减进口固体废物的种类和数量。开展“无废城市”建设试点和废铅蓄电池污染防治行动。加快推进地方危险废物集中处置设施建设。

六要加强生态保护修复与监管。全面开展生态保护红线勘界定标，建设生态保护红线监管平台。开展自然保护地人类活动遥感监测和实地核查。实施生物多样性保护重大工程，筹备《生物多样性公约》第15次缔约方大会。启动第三批国家生态文明建设示范市县创建、“绿水青山就是金山银山”实践创新基地评选。

七要积极应对气候变化。落实好《“十三五”控制温室气体排放工作方案》，加快全国碳市场建设，深化和拓展低碳试点。加强地方应对气候变化机构建设、队伍建设和能力建设。进一步推动气候变化南南合作。继续建设性参与气候变化国际谈判，推动和引领全球气候治理进程。

八要持续提高核与辐射安全监管水平。深入贯彻《核安全法》，加快完善核安全法规标准体系，协调推进落实国家核安全相关政策，推动国家辐射环境监测网络建设。深入细致做好核设施安全监管。加强放射性物品运输管理。推进历史遗留放射性废物处理处置和核设施退役治理。

九要大力推进生态环境保护督察执法。启动第二轮中央生态环境保护督察。

统筹开展重点区域大气污染防治、集中式饮用水水源地环境保护、渤海地区入海排污口排查整治、长江入河排污口排查整治、打击固体废物及危险废物严重违法行为、“绿盾”自然保护区监督检查等强化监督。系统构建生态环境风险防范体系，妥善应对突发环境事件。

十要深化生态环境领域改革。修订生态环境部审批环评文件的建设项目目录。加快推进重点行业排污许可证核发。推进生态环境保护综合行政执法改革、省以下生态环境机构监测监察执法垂直管理制度改革。继续推进在全国试行生态环境损害赔偿制度。健全环保信用评价和信息强制性披露制度。推动实施“河长制”“湖长制”，制定实施“湾长制”的指导意见。

十一要提高支撑保障能力。推进固体废物污染防治、环境噪声污染防治等领域法律法规的制修订。深入开展大气污染成因与治理等重点领域科技攻关。强化生态环境监测网络和监测能力建设，严厉打击监测数据弄虚作假行为。基本完成第二次全国污染源普查工作。加快生态环境保护大数据系统建设。做好2019年联合国世界环境日主办国及相关活动，深入推进环保设施公众开放。启动“一带一路”绿色发展国际联盟。

十二要全面加强党的建设。开展“不忘初心、牢记使命”主题教育，把政治建设摆在首位，严明政治纪律和政治规矩，树牢“四个意识”，坚定“四个自信”，坚决做到“两个维护”。坚决落实中央八项规定精神，有效破除形式主义、官僚主义。开展经常性纪律教育，坚决查处违纪和腐败问题。坚持党的好干部标准，认真落实中共中央办公厅印发的《关于进一步激励广大干部新时代新担当新作为的意见》，增强党员干部家国情怀、民族情怀、为民情怀、事业情怀，着力打造生态环境保护铁军。

会议由生态环境部副部长黄润秋主持，生态环境部副部长翟青、赵英民、刘

华，中央纪委国家监委驻部纪检监察组组长吴海英，副部长庄国泰，以及部分老领导出席会议。

党中央和国务院相关部门有关负责同志，各省、自治区、直辖市和副省级城市、新疆生产建设兵团生态环境厅（局）主要负责同志，中央军委后勤保障部军事设施建设局主要负责同志，生态环境部机关各部门、各部属单位党政主要负责同志出席会议。

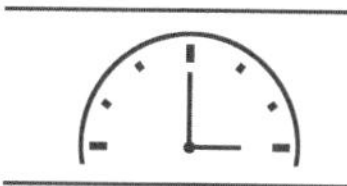

发布时间
2019.1.23

生态环境部部长发表署名文章：开展“无废城市”建设试点　提高固体废物资源化利用水平

“无废城市”是建设美丽中国的细胞工程，党中央、国务院高度重视“无废城市”建设。2018年12月，中央全面深化改革委员会审议通过了《“无废城市”建设试点工作方案》（以下简称《方案》），近日由国务院办公厅印发。这是党中央、国务院在打好污染防治攻坚战、决胜全面建成小康社会关键阶段作出的重大改革部署，是深入落实习近平生态文明思想和全国生态环境保护大会精神的具体行动。我们一定要深刻认识“无废城市”建设的重大意义，准确把握具体内涵和建设路径，扎实做好当前试点工作。

一、深刻认识“无废城市”建设的重大意义

推进“无废城市”建设，对推动固体废物源头减量、资源化利用和无害化处理，促进城市绿色发展转型，提高城市生态环境质量，提升城市宜居水平具有重要意义。

“无废城市”建设有利于解决城市固体废物污染问题，提高人民群众对生态环境质量改善的获得感。我国是世界上人口最多、产生固体废物量最大的国家，每年新增固体废物100亿吨左右，历史堆存总量高达600亿～700亿吨。固体废物

产生强度高、利用不充分，部分城市“垃圾围城”问题十分突出，与人民日益增长的优美生态环境需要还有较大差距。推进“无废城市”建设，将引导全社会减少固体废物产生，提升城市固体废物管理水平，加快解决久拖不决的固体废物污染问题，不断改善城市生态环境质量，增强民生福祉。

“无废城市”建设有利于深化固体废物管理制度改革，探索建立长效体制机制。长期以来，我国固体废物减量化、资源化和无害化的制度设计和实施的刚性不足，激励与约束机制不完善。党的十八大以来，党中央、国务院把固体废物污染防治摆在生态文明建设的突出位置，持续推进固体废物进口管理制度改革，加快垃圾处理设施建设，推行生活垃圾分类制度，固体废物管理工作迈出坚实步伐。推进“无废城市”建设，是从城市整体层面继续深化固体废物综合管理改革的重要措施，为探索建立分工明确、相互衔接、充分协作的联合工作机制，加快构建固体废物源头产生量最少、资源充分循环利用、非法转移倾倒和排放量趋零的长效体制机制提供了有力抓手。

“无废城市”建设有利于加快城市发展方式转变，推动经济高质量发展。固体废物问题本质是发展方式、生活方式和消费模式问题。城市是现代经济发展的主要载体，是固体废物问题解决方案的重要提供者和执行者。当前，部分地区在城市规划、产业布局、基础设施建设方面，对于固体废物减量、回收、利用与处置问题重视不够、考虑不足，严重影响城市经济社会可持续发展。推进“无废城市”建设，使提升固体废物综合管理水平与推进城市供给侧改革相衔接，与城市建设和管理有机融合，将推动城市加快形成节约资源和保护环境的空间格局、产业结构、工业和农业生产方式、消费模式，提高城市绿色发展水平。

二、准确把握“无废城市”建设的内涵和路径

“无废城市”是一种先进的城市管理理念，“无废”并不是没有固体废物产生，也不意味着固体废物能完全资源化利用，而是指以新发展理念为引领，通过推动形成绿色发展方式和生活方式，持续推进固体废物源头减量和资源化利用，最大限度减少填埋量，将固体废物环境影响降至最低的城市发展模式。“无废城市”建设的远景目标是最终实现整个城市固体废物产生量最小，资源化利用充分和处置安全。

“无废城市”建设是一个长期的探索过程，需要试点先行，先易后难，分步推进。《方案》要求，现阶段以大宗工业固体废物、主要农业废弃物、生活垃圾和建筑垃圾、危险废物为重点，强化源头大幅减量、充分资源化利用和安全处置，在全国范围内选择10个左右有条件、有基础、规模适当的城市，在全市域范围开展试点，形成可复制、可推广的建设模式。试点任务主要包括以下几个方面：

一是强化顶层设计引领，发挥政府宏观指导作用。建立“无废城市”建设指标体系，统一工业固体废物数据统计范围、口径和方法。建立部门责任清单，形成分工明确、权责明晰、协同增效的综合管理体制机制。加强制度政策集成创新，统筹城市发展与固体废物管理，优化产业结构布局。

二是实施工业绿色生产，推动大宗工业固体废物贮存处置总量趋零增长。全面实施绿色开采，减少矿业固体废物产生和贮存处置量。开展绿色设计和绿色供应链建设，促进固体废物减量和循环利用。健全标准体系，推动大宗工业固体废物资源化利用。严格控制工业固体废物新增量，逐步解决历史遗留问题。

三是推行农业绿色生产，促进主要农业废弃物全量利用。以规模养殖场为重

点，逐步实现畜禽粪污就近就地综合利用。以收集、利用等环节为重点，推动区域农作物秸秆全量利用。以回收、处理等环节为重点，提升废旧农膜及农药包装废弃物再利用水平。

四是践行绿色生活方式，推动生活垃圾源头减量和资源化利用。引导公众在衣食住行等方面践行简约适度、绿色低碳的生活方式，促进生活垃圾减量。支持发展共享经济，减少资源浪费，加快推进快递业绿色包装应用。推行垃圾计量收费，创建绿色餐厅、绿色餐饮企业，倡导“光盘行动”，加强生活垃圾分类和资源化利用。加强建筑垃圾全过程管理，开展建筑垃圾治理。

五是提升风险防控能力，强化危险废物全面安全管控。筑牢危险废物源头防线，探索将固体废物纳入排污许可证管理范围，掌握危险废物产生、利用、转移、贮存、处置情况，全面实施危险废物电子转移联单制度。完善危险废物相关标准规范，严厉打击危险废物非法转移、非法利用、非法处置。加强医疗废物分类管理，推动集中处置体系覆盖各级各类医疗机构。

六是激发市场主体活力，培育产业发展新模式。提高固体废物领域环境信用评价、绿色金融和环境污染责任保险等政策措施的有效性，落实资源综合利用税收优惠政策。发展“互联网+”固体废物处理产业，实现线上交废与线下回收有机结合，强化信息交换。积极培育第三方市场，鼓励专业化第三方机构从事固体废物资源化利用、环境污染治理与咨询服务。

三、扎实推进“无废城市”建设试点工作

“无废城市”建设试点是党中央、国务院作出的重大决策部署，是一项重要的政治任务。相关部门和试点城市要切实提高政治站位，牢固树立“四个意识”，增强责任感和使命感，坚决把《方案》提出的各项任务抓实、抓好、抓出

成效。

编制实施方案。试点城市结合本地实际，对照“无废城市”建设指标体系，编制实施方案，明确试点目标，确定任务清单和分工，做好年度任务分解，明确每项任务的目标成果、进度安排、保障措施等。

落实各方责任。生态环境部会同有关部门建立工作协调机制，强化试点工作指导，统筹研究重大问题，协调重大政策。试点城市政府作为“无废城市”建设试点工作的责任主体，负责试点工作的组织领导、实施推动、综合协调及措施保障。

加大资金支持。鼓励试点城市政府统筹运用各相关支持政策，加大各级财政资金统筹整合力度，支持“无废城市”建设。鼓励金融机构在风险可控的前提下，加大对“无废城市”建设试点的金融支持。

严格监管执法。强化对试点城市固体废物减量化、资源化和无害化工作督导检查。依法严厉打击各类固体废物非法转移、倾倒违法行为。对固体废物监管责任没有落实、没有完成工作任务的，依纪依法严肃追究责任。

强化宣传引导。加大固体废物环境管理宣传教育，依法加强固体废物产生、利用与处置信息公开，充分发挥社会组织和公众监督作用，引导社会公众从旁观者、局外人变成“无废城市”的参与者、建设者。

开展“无废城市”试点是提升生态文明和建设美丽中国的重要举措。我们要更加紧密地团结在以习近平同志为核心的党中央周围，坚持绿色低碳循环发展，全面落实好《方案》，不断提高固体废物资源化利用水平，为全面加强生态环境保护、建设美丽中国作出贡献！

（来源：《中国环境报》　　作者：生态环境部党组书记、部长　李干杰）

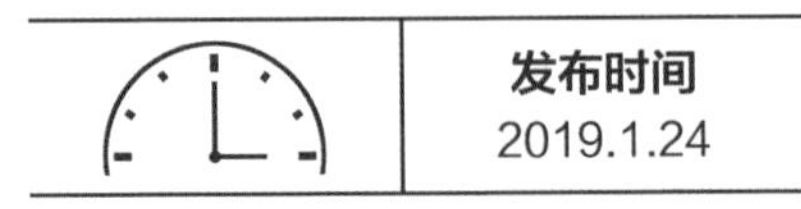

第3次中韩环境合作政策对话会在首尔召开

1月22—23日，第3次中韩环境合作政策对话会和第23次中韩环境合作联合委员会会议在首尔召开。

中方代表团介绍了中国打好污染防治攻坚战的有关情况，特别是大气污染防治方面取得的积极进展，并表示中韩环境合作是双边关系的重要组成部分，多年来，中方通过环境合作借鉴了很多韩方在环境污染治理过程中的有益经验，希望进一步加强双方的合作。韩方代表团对中国在环境治理方面取得的进展，特别是大气环境质量改善的显著成效表示赞赏，并表示愿意与中方加强合作，特别是在大气污染防治领域的合作，共同改善环境质量。

双方同意，将共同落实《中韩环境合作规划（2018—2022年）》，并开展务实合作。双方商定，第4次中韩环境合作政策对话会和第24次中韩环境合作联合委员会将于2019年下半年在中国举办。

中韩环境合作联合委员会根据1993年两国政府签署的《环境合作协定》成立，中韩环境合作政策对话会根据两国环境部门2016年签署的《关于深化中韩环境合作的意向书》成立，均每年轮流在两国举行一次会议。

生态环境部国际合作司负责同志率中方代表团与会。韩国环境部气候和未来政策局负责人率韩方代表团参加会议。

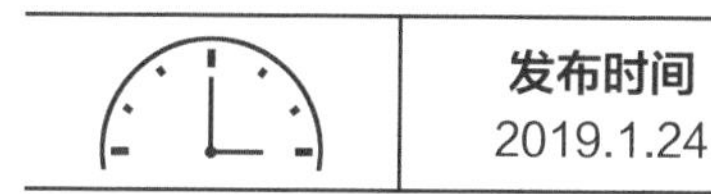

2018年度核与辐射安全监管工作总结会召开

生态环境部（国家核安全局）近日在京召开2018年度核与辐射安全监管工作会，总结回顾了2018年核与辐射安全监管工作，部署2019年工作目标任务。生态环境部（国家核安全局）有关负责同志出席会议并作“完善监管体系　强化监管能力　努力确保核与辐射安全”专题讲话。

会议指出，2018年是核安全法实施元年，核与辐射监管系统各部门、各单位持续强化政治建设和党风廉政建设，强化法治先行、强化精神引领、强化规范监管、强化风险导向、强化机制保障，着力推进监管工作重心“三个转变”，核设施运行安全得到有力保障。核安全体制机制高效运转，核安全法治化、规范化建设取得丰硕成果。各类风险、质量和运行事件得到妥善应对，核安全基础能力和队伍建设成效显著。监管效能持续提升，监管力度不断加大，核安全国际合作更加广泛。

会议强调，我国核与辐射安全监管事业正处在重要的战略机遇期，核安全已纳入国家安全总体布局，战略地位持续提高，新形势、新任务对新时期核安全工作提出了新要求。各部门、各单位要提高政治站位、从“讲政治”的高度坚决落实党中央、国务院对核安全工作的决策部署；要从确保“国家安全”的角度、从“大安全”的视野防范各类核与辐射安全风险；要坚持问题导向，着力破解当前监管工作中存在的问题，全面强化核与辐射安全监管；要弘扬核安全精神，大力培育干事创业的担当精神和攻坚克难的亮剑精神。

会议要求，2019年是新中国成立70周年，也是核与辐射安全监管工作的“规范管理年”，各部门、各单位要以习近平新时代中国特色社会主义思想为指导，深入贯彻习近平生态文明思想和核安全观，提高政治站位，转变监管观念，强化规范管理，打造核安全铁军，依法从严监管，严控安全风险，确保核与辐射安全。

一要加强政治建设，全力营造良好政治生态。

二要优化体制机制，推动监管体系高效运转。

三要加强依法治核，完善核安全法规标准体系。

四要强化规范监管，大力推广应用管理体系。

五要全面从严监管，有力应对各类安全风险。

六要提高基础能力，全面强化监管能力建设。

七要强化队伍建设，努力打造核安全铁军。

八要坚持接轨国际，不断拓展国际合作广度。

生态环境部核电安全监管司、核设施安全监管司、辐射源安全监管司、国际合作司、各派出机构和技术支持单位相关负责人出席会议并发言，国家能源局、国家国防科技工业局、各核电集团公司、有关行业协会和学会参加会议。

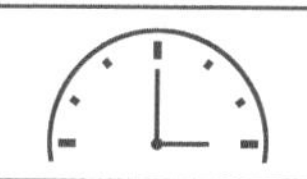

发布时间
2019.1.30

生态环境部部长看望慰问生态环境领域院士并调研国家大气污染防治攻关联合中心

1月30日，生态环境部部长李干杰赴中国环境科学研究院看望慰问刘鸿亮、王文兴、任阵海、刘文清、张远航、段宁、王金南、吴丰昌8位生态环境领域院士代表，并调研国家大气污染防治攻关联合中心，向各位院士和攻关联合中心工作人员

致以诚挚问候，并通过他们向全国生态环境系统科技工作者送上新春祝福。

李干杰首先代表部党组和部领导班子向各位院士拜年，对院士们长期以来为加强生态环境保护、打好污染防治攻坚战作出的突出贡献表示衷心感谢。在介绍2018年生态环境保护工作进展时，李干杰说，2018年是生态文明建设和生态环境保护事业发展史上具有重要里程碑意义的一年，全国生态环境系统在以习近平同志为核心的党中央的坚强领导下，在习近平新时代中国特色社会主义思想的科学指引下，深入贯彻习近平生态文明思想和全国生态环境保护大会精神，生态环境保护机构改革有序推进，污染防治攻坚战开局良好，生态环保约束性指标年度目标任务圆满完成，达到“十三五”规划序时进度要求，在生态环境质量持续改善的同时，实现经济效益、社会效益多赢。

李干杰表示，2019年是新中国成立70周年，是打好污染防治攻坚战、决胜全面建成小康社会的关键一年，生态环境保护工作任务依然艰巨繁重。全国生态环境系统将科学运用正确的工作策略和方法，聚焦打好污染防治攻坚战标志性战役，加大工作和投入力度，进一步改善生态环境质量。希望各位院士继续对生态环境保护工作给予关心、指导和支持，充分发挥科技创新对打好污染防治攻坚战的支撑引领作用，推动生态环境保护工作再上新台阶。

院士们对生态环境部党组和部领导班子的亲切关怀表示衷心感谢，对生态环境保护工作成绩和前景表示由衷高兴和欣慰。同时，大家围绕全面加强生态环境保护、坚决打好污染防治攻坚战提出了意见和建议，并祝福生态环境事业在新的一年里取得更大成绩。

在国家大气污染防治攻关联合中心，李干杰听取了大气重污染成因与治理攻关项目工作进展情况汇报。他强调，攻关项目不仅是重大科技工程，也是重大民生工程，更是重要政治任务。目前，攻关项目取得积极进展和显著成效，为实现

《大气污染防治行动计划》目标和推进打赢蓝天保卫战各项工作提供了有力支撑。在新的一年里，要进一步提高政治站位，强化斗争精神，增强担当意识，坚决克服自满松懈、畏难退缩、简单浮躁、与己无关四种消极情绪和心态，继续将“一市一策”、信息共享等创新机制坚持好、发扬好，确保攻关项目目标如期完成，向党和人民交上一份满意的答卷。

生态环境部副部长庄国泰陪同慰问调研。部机关有关部门及相关部属单位负责同志参加慰问调研。

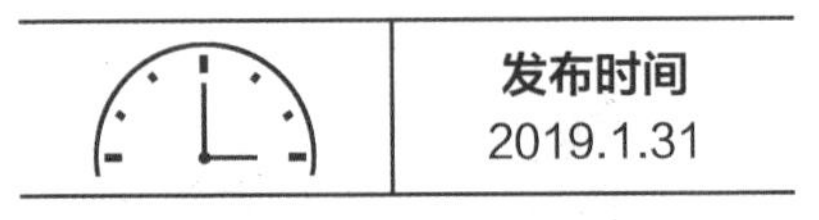

生态环境部召开部常务会议

1月31日，生态环境部部长李干杰主持召开生态环境部常务会议，审议并原则通过《生态环境部审批环境影响评价文件的建设项目目录（2019年本）》《生态环境部行政许可标准化指南（2019版）》。

会议指出，深化“放管服”改革是党中央、国务院的重要决策部署，是新时代推动经济高质量发展的内在要求，是打好污染防治攻坚战的重要保障，是推进生态环境治理体系和治理能力现代化的战略举措。优化调整环评审批目录是生态环境部持续深化“放管服”改革、推进环评审批制度改革的重要内容。要坚持“简政放权、放管结合、优化服务”，狠抓事中、事后监管，特别是监督执法要跟上，确保后续监管措施能够落地、落实。各省（区、市）要根据工作实际和基层生态环境部门承接能力，进一步优化审批权限设置，确保下放权力事项能够接得住、管得好。要结合环评工作的新探索、新成效，研究全面修订《环境影响评价法》，将改革成果通过法律修订予以确认，保障环评改革在法治轨道上有序推进。

会议指出，党的十八大以来，生态环境部全力推进行政审批制度改革，大力清理行政审批事项，同时加快行政许可标准化建设，发现并及时解决行政审批工作中存在的问题，使各行政审批事项的要件、程序和环节更加清晰规范，审批效率显著提升。会议强调，要抓好《生态环境部行政许可标准化指南（2019版）》的贯彻落实，持续改进和提升行政许可工作质量。以行政许可标准化促进行政审批规范化，约束行政权力，规范自由裁量权，提高行政许可的可预期性和可操作性，加强对行政许可工作的验证、考核和监督，加快建设体系完备、科学规范、运行有效的行政审批制度，增加人民群众获得感。

会议还研究了其他事项。

生态环境部副部长黄润秋、翟青，中央纪委国家监委驻生态环境部纪检监察组组长吴海英出席会议。

驻部纪检监察组负责同志，部机关各部门和有关部属单位主要负责同志参加会议。

本月盘点

微博：本月发稿349条，阅读量42471477；

微信：本月发稿257条，阅读量1381364。

- 生态环境部与全国工商联签署《关于共同推进民营企业绿色发展 打好污染防治攻坚战合作协议》
- 渤海综合治理攻坚战座谈会在京举行
- 生态环境部、国家发展和改革委联合召开长江保护修复攻坚战推进视频会

发布时间
2019.2.1

新春送祝福　殷切寄希望
生态环境部部长慰问生态环境部机关干部职工

新春将至，北京城内处处洋溢着浓厚的节日气氛。2月1日，生态环境部部长李干杰亲切慰问在一线工作的部系统干部职工，代表部党组和部领导班子向大家致以节日的问候和新春的祝福。

李干杰一行首先来到办公厅总值班室，看望慰问值班工作人员。在询问了解值班工作情况后，李干杰说，一年来，同志们不分昼夜，兢兢业业，出色完成了值班工作任务。春节期间值班工作十分重要，要落实好24小时专人值班和领导干部带班制，有事报情况、无事报平安，确保联络畅通、上情下达，为节日期间各项工作有序运转提供保障。

在环境应急与事故调查中心，李干杰对大家过去一年的辛勤工作给予了充分肯定，叮嘱一定要做好节日期间突发环境事件预防及处置工作。他说，应急工作压力大、任务重，希望继续做好防范和化解生态环境风险的准备，在新的一年取得新的成绩。李干杰还仔细询问了“12369”环保投诉热线和微信举报平台的运行情况，要求继续以高度负责的精神认真受理每一起举报，确保群众反映环境问题的渠道畅通。

在核与辐射应急指挥室，李干杰通过核与辐射应急指挥调度平台向全国核与辐射安全监管系统的工作人员拜年。他说，核与辐射安全责任重大，过去一年，全国核与辐射安全工作进展平稳、卓有成效。新的一年，希望大家不忘初心、牢记使命，不断提升核与辐射安全监管能力，确保万无一失。

李干杰还看望了办公厅文档处、研究室、信访办（保卫处），宣教司，机关服务局文印室、机关食堂、医务室、传达室，政务服务大厅的同志们，祝福大家新春快乐。

窗外寒风凛冽，室内温暖如春。李干杰的亲切慰问和殷切希望让广大干部职工深受感动。大家表示，新的一年要在部党组和部领导班子的有力领导下，继续努力工作，为打好打胜污染防治攻坚战作出更大贡献。

生态环境部办公厅、人事司、机关服务局主要负责同志陪同参加慰问活动。

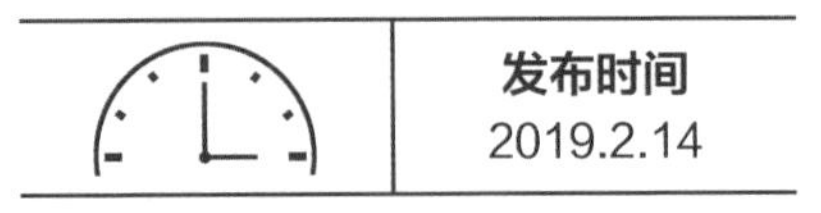

生态环境部召开部党组会议

2月14日，生态环境部党组书记、部长李干杰主持召开部党组会议，听取生态环境部2018年巡视工作总体情况以及各巡视组第二轮巡视工作情况的汇报，研究2019年巡视工作安排。

会议指出，巡视工作是落实全面从严治党主体责任、加强领导班子和干部队伍建设的重要抓手。党的十九大以来，生态环境部党组研究制订巡视工作五年规划，明确“全覆盖”目标任务，先后分两轮对12家部属单位开展巡视，同时完善工作制度机制，强化成果运用，巡视工作实现良好开局，达到了预期效果。

会议认为，党的十九大以来，被巡视单位不断强化党的政治建设，坚定“四个自信”，树牢“四个意识”，坚决做到“两个维护”，认真落实部党组工作部署，纪律意识、规矩意识不断增强，为推动生态环境保护工作提供了重要保障。

会议强调，对巡视发现的问题，各巡视组要原原本本反馈，一针见血，起到红脸出汗、正视问题、促进整改的作用；要督促被巡视党组织形成问题清单、任务清单、责任清单，明确责任人和完成时限，一件一件抓好整改落实，确保巡视取得实效；要强化成果运用，对发现的问题线索按照有关规定及时移交有关部门深入调查、严肃处理，对共性问题开展深入研究，举一反三、堵塞漏洞，共同营造风清气正的良好政治生态。

会议要求，进一步深入学习习近平总书记关于巡视工作的重要论述和党中央关于巡视工作的有关要求，统筹谋划2019年生态环境部巡视工作，认真制订巡视工作计划，做好巡视工作准备。各相关部门要加强协调配合，形成工作合力，落实好巡视工作任务。要深刻把握政治和业务的关系，把巡视工作与推进生态环境保护工作，尤其是打好污染防治攻坚战结合起来，坚持问题导向，紧盯领导干部这个“关键少数”，督促领导干部进一步提高政治站位、强化政治担当，不折不扣落实好党中央、国务院关于生态环境保护的各项决策部署，坚决打好打胜污染防治攻坚战。

生态环境部党组成员、副部长赵英民、刘华，中央纪委国家监委驻生态环境部纪检监察组组长、部党组成员吴海英，部党组成员、副部长庄国泰出席会议。

生态环境部副部长黄润秋列席会议。

驻部纪检监察组负责同志，行政体制与人事司、科技与财务司、机关党委主要负责同志，巡视办有关同志列席会议。

发布时间
2019.2.15

长江入河排污口排查整治专项行动暨试点工作启动会召开

2月15日，生态环境部在重庆市召开长江入河排污口排查整治专项行动暨试点工作启动会，打响了长江入河排污口排查整治工作的“发令枪”。

会议主要目的是深入贯彻习近平生态文明思想和习近平总书记关于长江“共抓大保护、不搞大开发”的战略要求，认真落实党中央、国务院决策部署，坚决打好长江保护修复攻坚战，启动长江入河排污口排查整治专项行动暨试点工作。

根据安排部署，此次专项行动将排查范围确定为长江经济带覆盖的沿江11个省（市）。具体来说，将以长江干流（四川省宜宾市至入海口江段）、主要支流（岷江、沱江、赤水河、嘉陵江、乌江、清江、湘江、汉江、赣江）及太湖为工作重点，共涉及上海市、重庆市两个直辖市，以及其他9个省的58个地级市和3个省直管县级市。

入河排污口排查整治是根本改善长江生态环境质量的基础工作，是压实各方治污责任的关键。

生态环境部有关负责同志在会上强调，要充分认识到排污口排查整治工作的复杂性和艰巨性。排污口虽小，但问题不简单，“牵一发而动全身”，可谓“小小排污口，环保大舞台”。专项行动将通过两年左右时间，重点完成“查、测、溯、治”四项主要任务，这将是一场硬仗，要准备“脱一层皮”。

“查”，就是在原有工作基础上，综合运用卫星遥感、无人机航拍、无人船监测以及智能机器人探测等先进技术手段和人工排查，全面摸清工业废水排污口、生活污水排污口以及所有直接、间接排放的各类排污口。

“测”，就是各地按照边排查、边监测的原则，制订入河排污口监测计划，把排污口的水质情况“测清楚”，了解和掌握水中都有什么污染物，当前的排放情况是怎样的。

“溯”，就是对监测发现的排污问题中突出的排污口进行溯源，查清污水的来龙去脉，厘清排污责任。

“治”，就是在排查、监测、溯源的基础上，按“一口一策”的原则，分类型、分步骤、有重点地开展排污口清理整治工作。对入河排污口整治实行销号制度，整治完成一个，销号一个。

“首先要弄清楚向长江排污的到底有多少个排污口，到底在哪里排，到底谁在排，到底排什么，到底排多少。”生态环境部有关负责同志指出，专项行动要紧紧扭住入河排污口这个“牛鼻子”，把入河排污口这个最重要的基础性“底数”摸清楚，为改善长江生态环境质量提供保障。

综合考虑工作基础、自然特点、气象条件等多种因素，生态环境部决定将重庆市渝北区和江苏省泰州市作为此次专项行动的试点。试点城市将全面查清各类排污口的情况和存在的问题，并实施分类管理，落实整治措施，形成行之有效、可复制、可推广的技术规范和工作规程。其他城市“压茬式”跟进，借鉴试点经验做法，结合本地实际，全面铺开排查整治工作。

按照工作要求，试点城市2019年上半年的主要任务是“查”和“测”，即边查边测；下半年，统筹做好“溯、治”工作。对其他城市而言，2019年上半年的主要任务是学习试点经验，按照试点总结出来的技术方案和工作经验制订各地市的“查、测”工作方案，并开展工作。

“这次的排查与以往工作最大的不同就是只要向长江排水的‘口子’就要应查尽查。”生态环境部有关负责同志特别强调，排查工作不是“推倒重来”，而是在原有工作基础上的拓展和深化。

生态环境部相关司局、直属单位负责同志，长江经济带11个省（市）生态环境厅（局）、专项行动涉及的63个城市的政府及部门负责同志参加会议；泰州市委、市政府、相关部门以及沿江区县党委、政府负责同志在江苏省泰州市分会场参加会议。

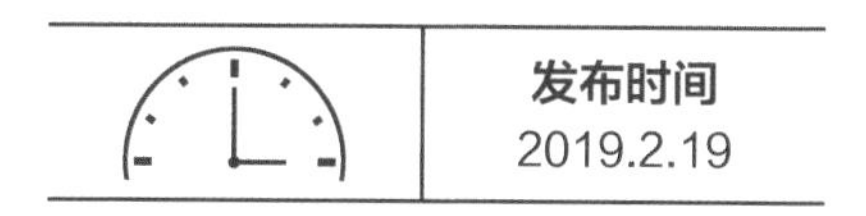

生态环境部与全国工商联签署《关于共同推进民营企业绿色发展　打好污染防治攻坚战合作协议》

2月19日，生态环境部党组书记、部长李干杰与中央统战部副部长，全国工商联党组书记、常务副主席徐乐江在京签署两部门《关于共同推进民营企业绿色发展　打好污染防治攻坚战合作协议》。此前两部门已联合印发《关于支持服务民营企业绿色发展的意见》，提出营造企业环境守法氛围、健全市场准入机制、完善环境法规标准、规范环境执法行为、加快"放管服"改革、强化科技支撑服务、大力发展环保产业等18项重点举措。

在签约仪式上，李干杰说，2018年是生态环境保护事业发展史上具有重要里程碑意义的一年，全国生态环境系统以习近平新时代中国特色社会主义思想和党的十九大精神为指引，认真贯彻落实习近平生态文明思想和全国生态环境保护大会决策部署，顺利完成生态环境部组建工作，有序推进组建生态环境保护综合执法队伍，推动污染防治攻坚战开局良好，蓝天、碧水、净土保卫战全面展开，生态环境质量持续改善。

李干杰指出，当前打好污染防治攻坚战面临思想认识上的摇摆性、污染治理任务的艰巨性、工作进展的不平衡性、工作基础的不适应性、自然因素影响的不确定性、国际形势的复杂性等多重挑战，也面临诸多大好机遇。

要坚持底线思维，准确识别和防控生态环境领域突发环境事件风险、环境问题引发的社会风险、污染防治攻坚战约束性目标不能圆满完成的风险“三个重大风险”。要强化斗争精神，有效克服自满松懈、畏难退缩、简单浮躁、与己无关“四种消极情绪和心态”。要保持战略定力，做到“五个坚定不移”，即坚定不移深入贯彻习近平生态文明思想，坚定不移全面落实全国生态环境保护大会精神，坚定不移打好污染防治攻坚战，坚定不移推进生态环境治理体系和治理能力现代化，坚定不移打造生态环境保护铁军。要坚持正确的策略和方法，落实“六个做到”，即做到稳中求进、统筹兼顾、综合施策、两手发力、点面结合、求真务实。

李干杰强调，打好污染防治攻坚战，需要全社会力量共同参与。全国工商联和生态环境部签署合作协议是深入贯彻习近平生态文明思想，全面落实全国生态环境保护大会、中央经济工作会议和中央民营企业座谈会精神的重要举措和具体行动，将有力促进民营企业绿色发展、打好污染防治攻坚战。希望双方以合作协议签署为契机，加强工作沟通协调和组织领导，合作开展调研培训和宣传解读，推进两部门务实合作取得更加丰硕的成果，推动生态环境保护事业和非公有制经济共同发展。

徐乐江指出，工商联是中国共产党领导的人民团体和商会组织，是党和政府联系非公有制经济人士的桥梁纽带，是政府管理和服务非公有制经济的助手。参与污染防治是工商联学习贯彻党的十九大精神和习近平生态文明思想的必然要求，也是工商联开创“两个健康”工作新局面的重要举措。他说，非公有制经济是我国社会主义市场经济的重要组成部分，民营企业是生态环境治理保护的主体，民营企业家是打好污染防治攻坚战的重要力量。工商联必须把参与污染防治攻坚战作为重大政治责任，积极组织引导广大民营企业增强推进生态文明建设的自觉性和主动性，在生态环境部的帮助支持下，领任务、挑担子，带领民营企业共同打好污染防治攻坚战。

徐乐江表示，生态环境部和全国工商联加强合作是贯彻落实习近平总书记民营企业座谈会重要讲话精神的具体举措。污染防治攻坚战是一项涉及面广、综合性强、艰巨复杂的系统工程，非一时之功。既要加强监管又要抓好服务；既要发挥好行政、法治的约束作用，又要发挥好经济、市场和技术的支撑保障作用。他指出，中国环保事业的发展需要依靠技术先进、创新灵活的民营企业。希望会同生态环境部共同探索如何更好地引导帮助民营企业进行污染治理工作，更有力地支持扶植民营治污企业的健康发展。

徐乐江强调，下一步要着力抓好合作协议和《关于支持服务民营企业绿色发展的意见》落实，进一步强化沟通协调机制，搭建各类服务平台，畅通民营企业与生态环境部门的交流渠道，推进污染防治和支持服务民营企业发展的各项政策落地落细；创新工作手段，通过针对污染企业开展教育培训、确定重点民营企业为污染监测点或环境治理示范点等方式，提高企业环保自觉性，营造企业守法氛围，促进企业高质量发展。

生态环境部党组成员、副部长赵英民、庄国泰，全国工商联副主席谢经荣，党组成员、秘书长赵德江出席签约仪式。两部门有关司局主要负责同志参加签约仪式。

按照协议，两部门将在落实《关于支持服务民营企业绿色发展的意见》以及加强工作沟通协调、调研、培训、宣传等方面深化合作。

发布时间
2019.2.23

生态环境部部长在《中国纪检监察》杂志发表署名文章：力戒形式主义、官僚主义 坚决扛起生态环境保护政治责任

习近平总书记在十九届中央纪委三次全会上强调，加强党的政治建设，保证全党集中统一、令行禁止，要把力戒形式主义、官僚主义作为重要任务。生态环境系统各级党组织和广大党员干部必须认真贯彻落实习近平总书记重要指示批示精神，力戒形式主义、官僚主义，为人民群众创造良好生产生活环境。

一、从讲政治的高度看待反对形式主义、官僚主义

党的十八大以来，以习近平同志为核心的党中央从制定并实施中央八项规定切入，开启全面从严治党砥砺历程。习近平总书记多次作出重要指示批示，将形式主义、官僚主义提到党和人民事业大敌的高度来对待，要求下更大功夫、拿出过硬措施，扎扎实实整改、彻彻底底纠治。特别是习近平总书记在中央纪委三次全会上的重要讲话，将力戒形式主义、官僚主义作为加强党的政治建设的重要任务进行部署，是我们党在思想认识、方法实践上的又一次重大跃升，表明了党中央坚决整治形式主义、官僚主义的鲜明态度和坚定决心，向全党全国人民释放了坚定不移全面从严治党、驰而不息改进作风的强烈信号。

形式主义、官僚主义严重背离党的政治立场、政治方向、政治原则、政治基础，与党的性质宗旨和优良作风格格不入，已经成为当前党内存在的突出矛盾和问题，成为阻碍党的路线方针政策和党中央重大决策部署贯彻落实的大敌。秦岭北麓西安境内违建别墅问题长期整而未治、禁而不绝，一个重要原因就是有关地区和领导干部形式主义、官僚主义作风在作祟，对党的十八大以来生态环境保护政策越来越严的大势头脑不清醒、认识跟不上、工作不落地，落实习近平总书记重要指示批示精神不严肃、不认真、不担当，讲政治停留在口头上、会议上、表面文章上，没有真正落实到行动中。

我们要以秦岭违建别墅事件为镜鉴，把思想和行动切实统一到习近平总书记关于坚决整治形式主义、官僚主义的系列重要讲话和指示批示精神上来，始终把整治形式主义、官僚主义作为树牢“四个意识”、坚定“四个自信”、做到“两个维护”、当好“三个表率”、建设模范机关的重要政治任务，作为正风肃纪、反对“四风”的首要任务、长期任务，摆在更加突出位置，坚决抓好落实，做到党中央提倡的坚决响应、党中央决定的坚决执行、党中央禁止的坚决不做，确保党中央决策部署得到不折不扣的贯彻落实。

二、深挖细查生态环境领域形式主义和官僚主义突出问题

2018年9月，中央纪委办公厅印发《关于贯彻落实习近平总书记重要指示精神 集中整治形式主义、官僚主义的工作意见》，提出重点整治的4个方面12类形式主义、官僚主义突出问题，在生态环境领域都或多或少存在。

在贯彻落实党的路线方针政策、中央重大决策部署方面，有的地方和单位对中央精神只做面上轰轰烈烈的传达，口号式、机械式的传达，上下一般粗的传达；有的在工作中空喊口号，单纯以会议贯彻会议、以文件落实文件，缺乏实际

行动和具体举措。对20个省（区）开展的第一批中央生态环境保护督察“回头看”发现，敷衍整改较为多见，整改要求和工作措施没有真正落到实处；表面整改时有发生，一些地方和部门放松整改要求，避重就轻，做表面文章，导致问题得不到有效解决；假装整改依然存在，有的在整改工作中弄虚作假、谎报情况，有的假整改、真销号，有的甚至顶风而上，性质恶劣。

在联系群众、服务群众方面，有的地方和单位对基层群众反映的环境污染问题无动于衷、消极应付，往往在上级领导批示、造成社会舆论后才开展相关工作；有的对群众合理诉求推诿扯皮、冷硬横推，对群众态度颐指气使；有的政务服务窗口态度差、办事效率低。

在履职尽责方面，有的地方和单位遇到“硬骨头”绕着走、碰到矛盾躲着走、看见难点低头走，不愿担事、不想干事、不敢担当。有的对待环境问题处置措施简单粗暴，存在“一律关停”等“一刀切”做法；有的不在采取措施改善生态环境质量上下功夫，而在干扰甚至伪造环境监测数据上动歪脑筋。

在学风会风文风及检查调研方面，有的地方和单位为开会而开会，不研究实情、不办实事，为发文而发文，文件照抄照转；有的调查研究深入基层一线不够，不接地气，走马观花，不掌握实际问题和矛盾，提出意见建议可操作性不强，调研成果不管用。

三、将力戒形式主义、官僚主义落实到生态环境保护的各项工作中去

生态环境保护是关系党的使命宗旨的重大政治问题，也是关系民生的重大社会问题。生态环境系统各级党组织要坚决履行管党治党主体责任，严格落实监督责任，“关键少数”发挥关键作用，将力戒形式主义、官僚主义落实到生态环境保护的各项工作中去，在思想上、政治上、行动上同以习近平同志为核心的党中

央保持高度一致。

以党的政治建设为统领。树牢“四个意识”、坚定“四个自信”，坚决做到“两个维护”，严肃查处空泛表态、应景造势、敷衍塞责、出工不出力等问题，做习近平总书记重要指示批示和党中央决策部署的坚定执行者、落实者。强化理论武装，扎实开展“不忘初心、牢记使命”主题教育，深入学习贯彻习近平新时代中国特色社会主义思想和党的十九大精神，做到系统学、跟进学、联系实际学。进一步深入学习贯彻习近平生态文明思想，使之成为化解矛盾和难题、坚定信心和定力、谋划发展和布局的强大思想武器。

坚决打好污染防治攻坚战。坚持以人民为中心的发展思想，强化斗争意识、斗争精神、斗争魄力，做到稳中求进、统筹兼顾、综合施策、两手发力、点面结合、求真务实，聚焦打好标志性战役，加大工作和投入力度，切实解决环境保护领域侵害群众利益的问题，确保实现没有“水分”的生态环境质量改善，协同推进经济高质量发展和生态环境高水平保护。切实增强服务意识，像对待群众信访投诉一样，重视企业对环境监管的合理诉求，帮助企业制定环境治理解决方案。

加快打造生态环境保护铁军。坚持正确选人用人导向，坚持党的好干部标准，着力培养忠诚干净担当的高素质干部。认真落实《中共中央办公厅关于进一步激励广大干部新时代新担当新作为的意见》，旗帜鲜明为敢干事、能干事的干部撑腰鼓劲。切实加强对年轻干部的思想政治工作，教育引导青年干部形成正确的世界观、人生观、价值观。坚决落实中央八项规定及其实施细则精神，坚持不懈、化风成俗。贯通运用监督执纪“四种形态”，一体推进不敢腐、不能腐、不想腐，巩固发展反腐败斗争压倒性胜利。

（来源：《中国纪检监察》杂志　　作者：生态环境部党组书记、部长　李干杰）

发布时间
2019.2.23

渤海综合治理攻坚战座谈会在京举行

2月22日，渤海综合治理攻坚战座谈会在京举行。生态环境部部长李干杰出席会议并讲话。他强调，要坚决打好渤海综合治理攻坚战，推动渤海生态环境质量稳步改善，还渤海以水清滩净、和谐美丽。

李干杰指出，党中央、国务院高度重视渤海生态环境保护。习近平总书记多次发表重要讲话、作出重要批示，要求打好渤海综合治理攻坚战。国务院批准印发《渤海综合治理攻坚战行动计划》，明确了具体目标任务。我们要旗帜鲜明讲政治，充分认识打好渤海综合治理攻坚战是落实以人民为中心的发展思想，加快解决渤海存在的突出生态环境问题、维护海洋生态安全、提升地区经济高质量发展水平的重要举措，切实将攻坚战各项工作做深、做实、做细。

李干杰表示，党的十八大以来，环渤海地区各级党委、政府生态文明意识不断提升，加强生态环境保护的自觉性和主动

性不断加强，实施入海河流治理、海湾综合整治、非法养殖清理等一系列措施，渤海海水水质企稳向好，局部区域生态环境质量出现改善，为打好渤海综合治理攻坚战奠定了坚实基础。但总体而言，渤海区域性、复合型的污染问题、长期形成的生态问题、结构性的风险问题依旧突出，打好渤海综合治理攻坚战任务十分艰巨。

李干杰强调，打好渤海综合治理攻坚战要按照稳中求进、统筹兼顾、综合施策、两手发力、点面结合、求真务实的总要求，努力实现“一个目标”，综合施策“三管齐下”。

“一个目标”就是以实现“清洁渤海、健康渤海、安全渤海”为战略目标，坚持陆海统筹、以海定陆，治标与治本相结合，重点突破与全面推进相衔接，确保渤海生态环境不再恶化、三年综合治理见到实效。

“三管齐下”就是指从问题实际出发，把减排污作重点、扩容量当基础、防风险为底线，实现污染控制、生态保护、风险防范协同推进。在污染防治方面，查排口、控超标、清散乱；在保护生态方面，守红线、治岸线、修湿地；在管控风险方面，查源头、排隐患、防风险。

第一，构建“分工+协同”的责任体系，做到合力攻坚。建立实施中央统筹、省负总责、县市抓落实的工作推进机制。环渤海三省一市作为攻坚战的实施主体，要切实加强组织领导，尽快出台实施方案，逐级分解目标和任务，构建一级抓一级、层层抓落实的工作格局。

第二，构建“经济+环境”的管控体系，做到源头攻坚。严格环境准入与退出，加快编制“三线一单”（生态保护红线、环境质量底线、资源利用上线和生态环境准入清单），明确禁止和限制发展的涉水涉海行业、生产工艺和产业目录，严格执行环境影响评价制度，统筹开展“散乱污”企业清理整治，淘汰不符合规定的落后生产工艺装备。

第三，构建“陆域+海域”的治理体系，做到系统攻坚。加快实施陆源污染治理行动，排查整治入海排污口，开展入海河流基本消除劣Ⅴ类国控断面专项工作，协同推进农业农村污染防治。深入开展海域污染治理，加快建立实施“湾长制”，健全完善港口、船舶、养殖活动及海洋垃圾污染防治体系。统筹实施生态保护修复，严守渤海海洋生态保护红线，实施最严格的围填海和岸线开发管控。强化环境风险防范，及时摸清重点风险源分布情况，持续开展环境风险评估，强化专项执法检查，加强海洋生态灾害预警与应急处置。

第四，构建“督察+调度”的督导体系，做到压茬攻坚。统筹实施排查、交办、核查、约谈、专项督察“五步法”，结合第二轮中央生态环境保护督察，对相关省份落实攻坚战任务开展专项督察。建立工作调度机制，对渤海综合治理全过程进行跟踪、调度、评估和预警，及时发现和协调解决重大问题。

第五，构建“科研+监测”的支撑体系，做到科学攻坚。构建集中和分散有机结合、行政管理与科学研究深度融合的联合攻关机制，组建驻点工作组，下沉到沿海城市，构建“边帮扶、边完善、边督促、边产出”的工作模式，推进落实“一市一策”“一河一策”“一口一策”。强化网格化监测和动态监视监测，建设海洋环境实时在线监控系统，确保监测数据“真、准、全”，为攻坚战实施提供“靶向制导”和“精准导航”。

李干杰指出，渤海综合治理攻坚战是一场大仗、硬仗、苦仗，必须不断强化斗争意识、斗争精神、斗争魄力，坚决克服自满松懈、畏难退缩、简单浮躁、与己无关四种消极情绪和心态，强化担当、狠抓落实。要建立工作任务台账，拉条挂账，挂图作战，把各项工作抓实、抓细、抓准。要依靠群众，加大信访举报线索的分析和甄别，及时向地方政府交办问题。要积极主动开展宣传报道，及时回应各界关切，营造全社会共同支持打好渤海综合治理攻坚战的良好氛围。

李干杰最后强调，严格禁止以渤海综合治理攻坚战为名搞“一刀切”。各地区要立足实际情况制定实施方案。在工作中坚决做到分类指导、精准施策、依法监管，严格禁止“一律关停”“先停再说”“虚假整改”等简单粗暴行为和敷衍应对做法。

天津、河北、辽宁、山东三省一市人民政府分管负责同志，国家发展和改革委、财政部、自然资源部有关司局负责同志在座谈会上发言。

生态环境部副部长翟青主持会议。

国家发展和改革委、科学技术部、工业和信息化部、财政部、自然资源部、住房和城乡建设部、交通运输部、水利部、农业农村部、文化和旅游部、应急管理部、国家市场监督管理总局、国家林草局、中国海警局有关司局负责同志，环渤海三省一市发展和改革委、财政厅（局）、自然资源厅（局）负责同志以及生态环境厅（局）主要负责同志和相关处室主要负责同志，生态环境部相关司局、部属单位主要负责同志，环渤海13个沿海城市（区）人民政府分管负责同志和生态环境部门主要负责同志参加会议。

发布时间
2019.2.26

李干杰会见韩国环境部部长

生态环境部部长李干杰2月26日在京会见了韩国环境部部长赵明来，双方就加强大气污染防治、推进中韩环境合作中心建设等方面的合作进行了交流。

李干杰首先代表生态环境部对赵明来一行的来访表示欢迎，祝贺赵明来担任韩国环境部部长，并介绍了中国生态环境保护工作进展。李干杰说，2018年中国召开全国生态环境保护大会，确立习近平生态文明思想，新组建生态环境部，正在组建生态环境保护综合执法队伍，扎实推进蓝天、碧水、净土保卫战，坚决打好七场标志性战役，污染防治攻坚战开局良好。

李干杰强调，中国政府坚定不移推进大气污染防治，实施打赢蓝天保卫战三年行动计划，完善重点地区大气污染防治协作机制，开展重点区域强化监督，持续推进北方地区冬季清洁取暖，积极应对重污染天气，大气环境质量持续改善。

2018年，全国338个地级及以上城市优良天数比例达到79.3%，同比上升1.3个百分点；$PM_{2.5}$平均浓度达到39微克/米^3，同比下降9.3%。

李干杰指出，习近平主席与文在寅总统高度重视和支持中韩环境合作。2018年6月，中韩环境合作中心正式成立，在统筹协调双边环境合作方面发挥积极作用。2019年1月21日至24日，在韩国首尔举行的第3次中韩环境合作政策对话会和第23次中韩环境合作联合委员会上，双方达成诸多共识并就未来的具体合作项目达成一致，中韩环境合作取得一系列成果。

李干杰表示，愿以中韩环境合作中心建设为依托，继续加强同韩国的交流合作，不断推进东北亚空气污染物长距离输送项目，共同改善区域大气环境质量。希望双方进一步落实《中韩环境合作规划（2018—2022年）》，推动中韩在共建"一带一路"绿色发展国际联盟、举办《生物多样性公约》第15次缔约方大会和绿色冬奥会等方面开展更加富有成效的务实合作。

赵明来对生态环境部的组建表示祝贺，对中国在生态环境保护领域采取的有力措施以及开展的中韩环境合作表示赞赏，并向李干杰介绍了韩国近年来在大气环境治理、低碳经济、绿色发展等领域的工作进展。赵明来提出，希望进一步加强与生态环境部在中韩大气污染防治合作以及中韩环境合作中心建设方面的合作。衷心祝愿中国2020年《生物多样性公约》第15次缔约方大会以及2022年北京冬奥会取得圆满成功。

会见期间，两国环境部长还见证并签署了《关于空气质量预报信息和预报技术交流合作的工作方案》和《关于加强中韩环境合作中心运行的工作方案》。

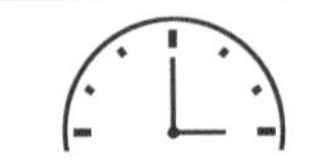

发布时间
2019.2.27

生态环境部、国家发展和改革委联合召开长江保护修复攻坚战推进视频会

2月27日，生态环境部、国家发展和改革委在京联合召开长江保护修复攻坚战推进视频会。生态环境部部长李干杰、国家发展和改革委副秘书长周晓飞出席会议并讲话。李干杰强调，要深入贯彻习近平生态文明思想，认真落实习近平总书记关于推动长江经济带发展重要讲话精神，系统治理，重点突破，坚决打好打胜长江保护修复攻坚战。

李干杰指出，习近平总书记高度重视长江保护修复工作，亲自谋划、亲自部署、亲自推动，多次发表重要讲话、作出重要批示，为打好长江保护修复攻坚战提供了思想指引和根本遵循。经国务院批准，生态环境部联合国家发展和改革委印发《长江保护修复攻坚战行动计划》，明确了攻坚任务和保障措施。我们要进一步提高政治站位，树牢“四个意识”，坚定“四个自信”，坚决做到“两个维护”，深刻学习领会习近平总书记重要讲话和指示批示精神，坚决扛起长江保护修复政治责任，全力落实攻坚战各项工作，推动长江生态环境质量进一步改善，增强沿江群众的获得感、幸福感、安全感，夯实高质量发展的生态环境基础。

李干杰表示，近年来，沿江11个省（市）及有关部门扎实推进长江保护修复

各项工作，在黑臭水体整治、饮用水水源地环境保护、污水集中处理设施建设、生态保护修复、固体废物及危险废物管理等方面取得阶段性成果。总体上，长江水环境呈现出逐年改善、持续好转的良好态势。但是长江生态环境保护面临的形势依然严峻，污染物排放量大、生态破坏严重、环境风险隐患突出，长江保护修复任重道远。

李干杰强调，实施长江保护修复必须坚持山水林田湖草是生命共同体的整体系统观，统筹流域上下游、左右岸合力治污，综合运用空间管控、达标排放等手段系统推进。要做到稳中求进、统筹兼顾、综合施策、两手发力、点面结合、求真务实，抓住生态环境质量改善的“牛鼻子”，紧盯八个重点领域的重点问题，采取针对性措施，形成一批标志性成果，示范带动整体长江保护修复工作。

一是开展劣Ⅴ类水体整治。以长江流域现存12个劣Ⅴ类国控断面为重点，分析原因、制定方案，通过控源截污、生态修复等综合措施，力争2020年年底前国控断面基本消除劣Ⅴ类，为全国劣Ⅴ类水体整治起到示范带头作用。

二是实施入河排污口排查整治。以长江干流、主要支流及太湖为重点，扎实做好入河排污口“查、测、溯、治”等排查整治工作，摸清长江入河排污口底数，建立健全排污口排查整治技术规范与工作规程，推动建立权责清晰、监控到位、管理规范的长江入河排污口监管体系。

三是启动“三磷”排查整治。以湖北、四川、贵州、云南、湖南、重庆、江苏7个省（市）为重点，对“三磷”（磷矿、磷化工企业、磷石膏库）达标排放治理、初期雨水收集处理、物料遗撒和“跑冒滴漏”管理、渗滤液拦蓄设施和地下水监测井建设情况等开展排查整治，有效缓解长江总磷污染。

四是持续推进“绿盾”专项行动。以长江干流、主要支流和重点湖库的各级自然保护地为对象，以卫星遥感监测作为发现问题的主要手段，全面排查自然保护地中存在的对长江生态环境影响较大的开发建设活动，于2020年年底前基本完成整改。

五是深入推动“清废”专项行动。以长江经济带126个地级及以上城市和湖北省3个直辖县为重点，排查长江干流、主要支流、重点湖泊和滩涂、湿地及沟、渠、涵洞2千米范围内固体废物堆放、贮存、倾倒和填埋情况，对发现的问题实施分类处理、分级挂牌。2020年年底前，所有挂牌督办的问题基本完成整改。

六是持续开展饮用水水源地专项行动。以长江经济带供水人口在10000人或日供水1000吨以上的饮用水水源地（“千吨万人”水源地）为重点，建立乡镇级集中式水源地保护技术规范，2020年年底前基本完成饮用水水源地排查整治。

七是持续实施城市黑臭水体整治。以长江经济带98个地级城市为重点，检查各地黑臭水体整治工作进展及存在的问题，指导地方补齐城市环境基础设施建设短板，督促滞后城市加快黑臭水体整治进度，确保2020年地级以上城市建成区黑臭水体消除比例达90%以上。

八是开展省级及以上工业园区污水处理设施整治。以管网建设和达标排放为重点，开展污水收集处理设施整治工作，2020年年底前实现所有工业园区污水收集管网全覆盖，污水集中处理设施稳定达标运行。

李干杰要求，要进一步强化组织领导，确保长江保护修复攻坚任务落地见效。生态环境部与国家发展和改革委将建立定期调度机制，及时掌握和通报工作任务进展，并通过加强检查督促、指导帮扶、信息公开等措施，督促滞后地区加快进度。要加强队伍建设，加快打造生态环境保护铁军，将全面从严治党要求落实到长江保护修复工作中。沿江各省市要组织制定本地区工作方案，进一步细化分解，明确分工，倒排工期，确保圆满完成攻坚战各项目标任务，为全面建成小康社会、建设美丽中国作出新的更大贡献。

周晓飞在讲话中指出，推动长江经济带发展是以习近平同志为核心的党中央作出的重大决策，是关系国家发展全局的重大战略。要提高政治站位、深化思想认识，将思想和行动高度统一到习近平总书记关于推动长江经济带发展的重要讲话精神上来，把修复长江生态环境摆在压倒性位置，切实增强打好长江保护修复攻坚战的使命感和紧迫感。

周晓飞强调，要聚焦难点、突破重点，紧紧抓住和重点推进城镇污水垃圾处理、化工污染治理、农业面源污染治理、船舶污染治理和尾矿库污染治理“4+1”工程，扎实推进长江生态环境系统性保护修复。要坚持问题导向、主动担当作为，创新工作方式方法，强化督察落实，狠抓突出生态环境问题整改。要分工协作、铆实责任，着力推动《长江保护修复攻坚战行动计划》实施，坚决打好长江保护修复攻坚战。

生态环境部副部长翟青主持会议。

国家发展和改革委相关司局负责同志，生态环境部相关司局、部属单位主要负责同志在主会场参加会议。长江经济带11个省市人民政府副秘书长，市级和县级人民政府负责同志，省、市、县三级生态环境部门主要负责同志及发展和改革部门负责同志，生态环境部华东督察局、华南督察局、西南督察局、南京环境科学研究所、华南环境科学研究所、长江流域水资源保护局主要负责同志在当地分会场参加会议。

本月盘点

微博：本月发稿273条，阅读量28759699；

微信：本月发稿174条，阅读量1064402。

◆ 生态环境部、住房和城乡建设部公布第二批全国环保设施和城市污水垃圾处理设施向公众开放单位名单

◆ 生态环境部部长会见《生物多样性公约》执行秘书

◆ 生态环境部工作组紧急赶赴江苏盐城指导环境应急工作

发布时间
2019.3.1

生态环境部通报京津冀及周边地区和汾渭平原近期空气质量形势

生态环境部今日向媒体通报，根据中国环境监测总站、中国气象局国家气象中心及各省级环境监测部门联合会商结果，受区域弱风、逆温及高湿等不利因素综合影响，预计3月1—5日，京津冀及周边地区和汾渭平原将出现一次区域性重度及以上污染过程，个别城市将达到严重污染级别，影响范围包括京津冀中南部、山东西部、山西中南部、河南大部，以及汾渭平原城市。其中，京津冀中南部、山东西部、山西中南部及河南北部地区可能出现5天中至重度污染过程，京津冀中南部部分城市可能出现4～5天重至严重污染过程。汾渭平原可能出现3天以上中至重度污染过程。

京津冀及周边地区：2—3日，受冷空气和区域性降水影响，区域北部和山东东部空气质量略有改善，河北中南部仍以重至严重污染为主；4—5日扩散条件持续不利，污染程度较重，河北中南部将出现严重污染；6日前后，受弱冷空气过程影响，区域污染形势自北向南逐步缓解，但河南及山东部分地区污染过程可能持续到7日。8日起，区域近地面主导风向重新转为偏南，中层大气升温，扩散条件再次转差，有可能出现新一轮区域性中至重度污染过程，具体情况有待进一步跟踪研判。

北京市2—3日持续受高压后部控制，盛行偏西南风，中层温度回升，扩散条件明显不利，预计将出现中至重度污染；4日污染水平持续上升，空气质量维持重度污染；5日起，受西北冷高压影响，空气质量有所改善。8日起，扩散条件转为不利，预计仍将发生一次中至重度污染过程。

汾渭平原：2日，汾渭平原大部受冷空气和降水影响，预计区域整体以良到轻度污染为主；3—5日，受高湿、静稳等不利气象条件影响，扩散条件转差，预计区域大部分地区将出现中至重度污染。6日前后，受东路冷空气影响，汾渭平原扩散条件有所好转，但陕西关中地区6日可能受到东部地区污染传输影响，污染形势有所加重，具体形势有待进一步跟踪研判。

生态环境部已向北京市、天津市、河北省、山西省、山东省、河南省、陕西省人民政府发函，通报空气质量预测预报信息。要求各地根据实际情况，及时启动或调整、维持相应级别预警，切实落实各项减排措施，减轻重污染天气影响，最大限度保障人民群众身体健康。目前，北京市、天津市、河北省、山西省、山东省、河南省部分城市根据当地空气质量预测预报结果，已经发布重污染天气橙色或红色预警。

生态环境部派驻京津冀大气污染传输通道城市及汾渭平原各城市的督促检查工作组和跟踪研究工作组，将重点督促检查各地应急减排措施落实情况，跟踪评估各地应急减排措施效果，支撑各地科学应对重污染天气过程。

发布时间
2019.3.4

生态环境部部长：治污攻坚要保持方向决心和定力不动摇

下午5时10分，当生态环境部部长李干杰踏上首场“部长通道”时，现场记者们纷纷抬起头。近年来，生态环境保护受到越来越多的关注。

“如何评价过去一年污染防治攻坚战取得的成效，新的一年生态环境部有哪些新举措？”

“总体来说，这场攻坚战开局良好，生态环境质量持续明显改善。”对于记者的这一提问，李干杰从容应答：“污染防治攻坚战是党的十九大确定的决胜全面建成小康社会的三大攻坚战之一。一年多来，各地区、各部门、社会各界深入贯彻习近平生态文明思想和全国生态环境保护大会精神，按照党中央、国务院的决策部署，扎实推进蓝天、碧水、净土保卫战。2018年，全国338个地级以上城市的细颗粒物（$PM_{2.5}$）平均浓度同比下降9.3%，其中北京市下降了12.1%；全国地表水好于Ⅲ类的水体比例同比增长3.1个百分点，劣Ⅴ类水体比例下降1.6个百分点。”

李干杰说，总体来讲，生态环境保护领域的各项目标指标都圆满完成了年度计划，同时也达到了“十三五”规划的序时进度要求。这说明当前污染治理的方向和路子是正确的。对此，我们应该充满信心。但同时，我们也应看到当前污染防治攻坚战面临的困难和问题还不少，挑战还很多、很大。下一步，对污染防治攻坚战的总体考虑就是深刻领会和坚决贯彻习近平总书记在中央经济工作会议上的重要讲话精神，坚守阵地、巩固成果，不能放宽放松，更不能走“回头路”，要保持方向、决心和定力不动摇。

对生态环境部具体推动这场攻坚战的思路和举措，李干杰概括为“四、五、六、七”。“四”就是有效克服“四种消极情绪和心态”，即自满松懈、畏难退缩、简单浮躁、与己无关的情绪和心态。“五”就是始终保持“五个坚定不移”，即坚定不移深入贯彻习近平生态文明思想，坚定不移全面落实全国生态环境保护大会精神和党中央、国务院决策部署，坚定不移打好污染防治攻坚战，坚定不移推进生态环境治理体系和治理能力现代化，坚定不移打造生态环境保护铁军。“六”就是认真落实“六个做到”，即做到稳中求进，既打攻坚战又打持久战，既尽力而为又量力而行；做到统筹兼顾，既追求好的环境效益，又追求好的经济效益和社会效益；做到综合施策，既运用好行政和法治的手段，又更多地运用好市场经济和技术的手段；做到两手发力，既抓宏观，做好顶层设计、政策制定、面上的指导推动，又抓微观，强化督察执法，传递压力、落实责任；做到点面结合，既整体推进，又重点突破；做到求真务实，既妥善解决好一些历史遗留问题，又攻坚克难、夯实基础，为未来持续发展创造良好的条件，确保环境质量的改善是没有“水分”的，能够经得起历史和时间的检验。“七”就是聚焦打好七场标志性战役，即蓝天保卫战、柴油货车污染治理攻坚战、长江保护修复攻坚战、渤海综合治理攻坚战、城市黑臭水体治理攻坚战、水源地保护攻坚战、农业农村污染治理攻坚战，以实实在在的成效取信于民。

有记者问到生态环境部组建方案实现的“五个打通”进展情况，李干杰做了个形象的比喻：“既有‘物理变化’，又有‘化学变化’，基本做到了表里如一、形实一致。”

李干杰告诉记者，一年来，生态环境部会同相关部门认真严格地遵照中央改革要求，扎实推进相关改革工作，在积极推进相关机构、职能、人员、编制整合优化的同时，也着力推进了一些具体的业务工作，尽快地融合增效，较好地达成了改革目标，取得了比较好的效果。

对于“表”和“形”也就是“物理变化”，李干杰说，生态环境部按期顺利地与相关七个部门一起很好地完成了机构、人员、设施的转隶，同时按照中共中央办公厅印发的“三定”规定，制定落实了生态环境部“三定”规定的细化方案。

对于“里”和“实”也就是“化学变化”，李干杰说，通过职能的理顺优化、力量的整合凝聚，特别是确保一项工作由一个部门全链条地贯通、贯彻、落实，产生了显著的“化学反应”，产生了新的能量、新的产品，从而推动了生态环境保护工作更加有力、有序、有效地开展。

李干杰告诉记者：“在渤海综合治理攻坚战和长江保护修复攻坚战中，我们按照海陆统筹、以海定陆、水陆统筹、以水定岸的原则，把排污口的排查和整治摆在优先的位置，作为首要的一项工作来推动。具体工作就是‘查、测、溯、治’，即排查、监测、溯源、整治”。李干杰说，目前相关工作都在紧锣密鼓地推进，并取得了一定成效。如果没有机构改革打通“痛点”“堵点”，相关工作要真正见到实效是很困难的。

李干杰强调，事实证明，党中央有关生态环境部组建的改革决策是非常正确的，确实解决了过去长期以来存在的职责交叉重复、九龙治水、多头管理、力量分散的问题，为打好污染防治攻坚战创造了良好的条件、提供了重要的支撑。

李干杰告诉记者，生态环境部将继续会同相关方面，在做好部系统本级改革的同时，大力积极地指导、帮助、支持、推动地方层面的相关改革工作，力图改革能够不断地释放出红利，切实增进人民群众对于改革的获得感。

发布时间
2019.3.8

生态环境部、住房和城乡建设部公布第二批全国环保设施和城市污水垃圾处理设施向公众开放单位名单

今日，生态环境部、住房和城乡建设部联合公布第二批全国环保设施和城市污水垃圾处理设施向公众开放单位名单。

名单共包括全国31个省（区、市）和新疆生产建设兵团的511家设施单位，其中包括159家环境监测设施、162家城市污水处理设施、116家城市生活垃圾处理设施及74家危险废物和废弃电器电子产品处理设施单位。

生态环境部有关负责人表示，推进四类设施向公众开放是构建和完善环境治理体系的务实举措，能够有效保障公众的知情权、参与权、监督权，实现在开放中促进理解，在理解中促进共治，在共治基础上实现共享。2018年，全国环保设施和城市污水垃圾处理设施开放工作取得了良好的社会宣传效果。第二批名单在第一批的基础上，覆盖了全国30%以上的地市级城市。公众可以通过公布的设施单位联系人和联系电话预约参观。下一步，将继续贯彻中共中央、国务院《关于全面加强生态环境保护　坚决打好污染防治攻坚战的意见》要求，落实《关于进一步做好全国环保设施和城市污水垃圾处理设施向公众开放工作的通知》，确保2019年年底前，各省（区、市）四类设施开放城市的比例达到70%。

2017年12月29日，生态环境部、住房和城乡建设部公布首批124家环保设施和城市污水垃圾处理设施开放名单。截至2018年年底，各省（区、市）各类设施单位共组织开放活动6506次，接待公众超过27万人次，让公众通过亲身体验实地了解环保工作，增进了公众对环保工作的信任度，并以实际行动参与其中，成为解决环境问题的参与者、贡献者。

点击查看

关于公布第二批全国环保设施和城市污水垃圾处理设施向公众开放单位名单的通知

致女环保人｜特别的爱，源自特别的你

点击查看

致女环保人｜特别的爱，源自特别的你

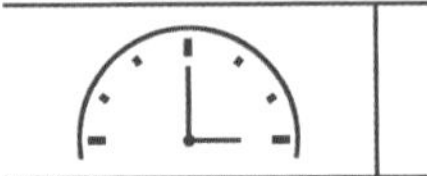

发布时间
2019.3.14

生态环境部部长出席生态环境保护督察专题培训班并讲话

近日，生态环境保护督察专题培训班在京举办，生态环境部部长李干杰出席培训班并讲话。他强调，要推动中央生态环境保护督察向纵深发展，助力打好污染防治攻坚战，在督察实践中打造生态环境保护铁军排头兵。

李干杰首先传达学习了习近平总书记3月5日在参加十三届全国人大二次会议内蒙古代表团审议时的重要讲话精神。他指出，习近平总书记高度重视生态文明建设和生态环境保护，党的十八大以来，就此提出一系列新理念、新思想、新战略、新要求，系统形成了习近平生态文明思想，推动我国生态文明建设和生态环境保护从实践到认识发生了历史性、转折性、全局性变化，取得历史性成就。习近平总书记在参加内蒙古代表团审议时，首次用“四个一”“三个体现”强调了生态文明建设的极端重要性，明确提出推进新时代生态文明建设和生态环境保护要落实“四个要”，具有很强的政治性、思想性、针对性和指导性。生态环境部门要从深入学习宣传贯彻习近平生态文明思想、坚决打好污染防治攻坚战、夯实生态环境保护基础、抓好生态文明建设试点示范等方面认真贯彻落实好习近平总书记重要讲话精神。

李干杰强调，中央生态环境保护督察是习近平总书记亲自倡导、亲自推动的重大改革举措，是加强生态环境保护、推进生态文明建设的重大制度安排和重要抓手。自建立实施以来成效显著，达到了“中央肯定、地方支持、百姓点赞、解决问题”的效果，主要表现为“五个推动”，即推动了习近平生态文明思想贯彻落实，推动了绿色发展、经济高质量发展，推动了一批突出生态环境问题得到解决，推动了建立生态环境保护长效机制，推动了职能和作风的改进与优化。

李干杰要求，要深入贯彻习近平生态文明思想特别是总书记关于生态环境保护督察的重要讲话和指示批示精神，按照党中央、国务院决策部署，聚焦打好污染防治攻坚战和推动高质量发展，落实好“坚定、聚焦、精准、双查、引导”的总体要求，不断推进生态环境保护督察向纵深发展，着力做好五方面工作。

一是严格督促整改落实。开展督察整改任务清单化调度，以“钉钉子”精神对问题咬住不放、一盯到底，不解决问题绝不松手。

二是全面启动第二轮例行督察。从2019年起，用三年左右时间完成第二轮中央生态环境保护例行督察，再用一年时间开展“回头看”。在第二轮督察中，将适当拓展督察范围，将有关部门和企业纳入督察对象。

三是深入推进专项督察。围绕污染防治攻坚战七大标志性战役及其他重点领域，针对生态环境问题突出的地方、部门和企业，组织开展机动式、点穴式专项督察。

四是夯实制度和能力基础。健全督察相关制度规范，完善中央和省级生态环境保护督察体系。推进督察信息化建设，加大卫星遥感、无人机、大数据等技术应用，不断提高督察质量和效率。

五是切实加强督察队伍建设。要落实全面从严治党要求，不断增强督察队伍思想、能力、作风建设，督察队伍要走在前、做表率，在督察实践中打造生态环境保护铁军的排头兵、冲锋队。

生态环境部副部长翟青、中央纪委国家监委驻生态环境部纪检监察组组长吴海英分别出席培训班并讲话，就进一步改进督察工作、强化督察廉政纪律等提出明确要求。培训班还邀请中共中央办公厅、国务院办公厅、中组部、中宣部、司法、检察、审计以及中央广播电视总台等部门和单位的同志为学员授课。

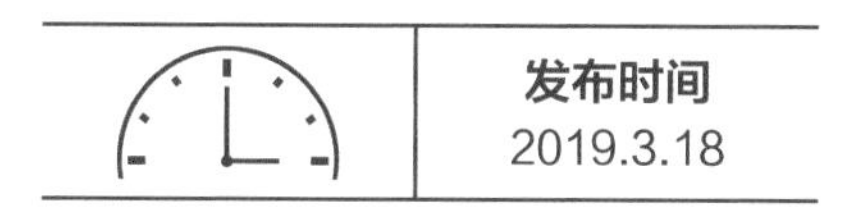

生态环境部发布《2018年全国生态环境质量简况》

一、综述

2018年是我国生态环境保护事业发展史上具有重要里程碑意义的一年。全国生态环境保护大会在北京召开，习近平总书记出席会议并发表重要讲话，正式确立习近平生态文明思想。中共中央、国务院印发《关于全面加强生态环境保护　坚决打好污染防治攻坚战的意见》，明确了打好污染防治攻坚战的时间表、路线图、任务书。十三届全国人大一次会议表决通过《宪法修正案》，把新发展理念、生态文明和建设美丽中国的要求写入《宪法》。在党和国家机构改革中，新组建生态环境部，统一行使生态和城乡各类污染排放监管与行政执法职责；同时，组建生态环境保护综合执法队伍，增强执法的统一性、独立性、权威性和有效性。

各地区、各部门以习近平新时代中国特色社会主义思想为指导，全面贯彻党的十九大和十九届二中、十九届三中全会精神，深入贯彻习近平生态文明思想和全国生态环境保护大会精神，按照党中央、国务院决策部署，以改善生态环境质量为核心，坚持稳中求进、统筹兼顾、综合施策、两手发力、点面结合、求真务实，协同推进经济高质量发展和生态环境高水平保护，蓝天、碧水、净土保卫战全面展开，污染防治攻坚战开局良好。

2018年，全国生态环境质量持续改善。338个地级及以上城市（以下简称338个城市）平均优良天数比例为79.3%，同比上升1.3个百分点；$PM_{2.5}$浓度为39微克/米^3，同比下降9.3%。京津冀及周边地区、长三角、汾渭平原$PM_{2.5}$浓度同比分别下降11.8%、10.2%、10.8%。全国地表水Ⅰ～Ⅲ类水质断面比例为71.0%，同比上升3.1个百分点；劣Ⅴ类断面比例为6.7%，同比下降1.6个百分点。近岸海域水质总体稳中向好。化学需氧量、氨氮、二氧化硫、氮氧化物排放量同比分别下降3.1%、2.7%、6.7%、4.9%，单位国内生产总值能耗、二氧化碳排放同比分别下降3.1%、4.0%。生态环境保护年度目标任务圆满完成，达到“十三五”规划序时进度要求。

二、大气

（一）环境空气质量

全国338个城市中，有121个城市环境空气质量达标，占全部城市数的35.8%，同比上升6.5个百分点；338个城市平均优良天数比例为79.3%，同比上升1.3个百分点；$PM_{2.5}$浓度为39微克/米^3，同比下降9.3%；PM_{10}年平均浓度为71微克/米^3，同比下降5.3%。

按照环境空气质量综合指数评价，169个重点城市中，环境空气质量相对较差的20个城市（从第169名到第150名，逆序）依次是临汾市、石家庄市、邢台市、唐山市、邯郸市、安阳市、太原市、保定市、咸阳市、晋城市、焦作市、西安市、新乡市、阳泉市、运城市、晋中市、淄博市、郑州市、莱芜市和渭南市；空气质量相对较好的20个城市（从第1名到第20名）依次是海口市、黄山市、舟山市、拉萨市、丽水市、深圳市、厦门市、福州市、惠州市、台州市、珠海

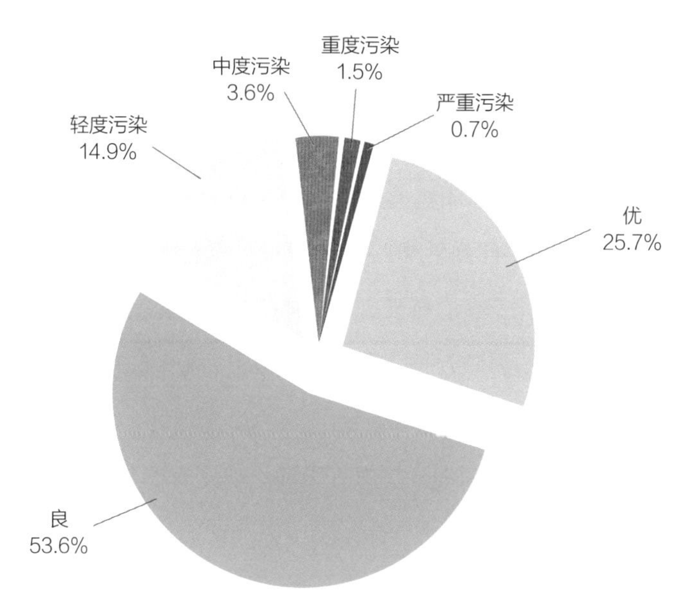

图1　2018年338个城市环境空气质量级别比例

市、贵阳市、中山市、雅安市、大连市、昆明市、温州市、衢州市、咸宁市和南宁市。

京津冀及周边地区“2+26”城市平均优良天数比例为50.5%，同比上升1.2个百分点；$PM_{2.5}$浓度为60微克/米^3，同比下降11.8%。北京市优良天数比例为62.2%，同比上升0.3个百分点；$PM_{2.5}$浓度为51微克/米^3，同比下降12.1%。长三角地区41个城市平均优良天数比例为74.1%，同比上升2.5个百分点；$PM_{2.5}$浓度为44微克/米^3，同比下降10.2%。汾渭平原11个城市平均优良天数比例为54.3%，同比上升2.2个百分点；$PM_{2.5}$浓度为58微克/米^3，同比下降10.8%。珠三角地区9个城市平均优良天数比例为85.4%，同比上升0.9个百分点；$PM_{2.5}$浓度为32微克/米^3，同比下降5.9%。

（二）酸雨

471个监测降水的城市（区、县）中，酸雨频率平均为10.5%，同比下降0.3个百分点。全国降水pH年均值范围为4.34～8.24。其中，酸雨（降水pH年均值低于5.6）城市比例为18.9%，同比上升0.1个百分点；较重酸雨（降水pH年均值低于5.0）城市比例为4.9%，同比下降1.8个百分点；重酸雨（降水pH年均值低于4.5）城市比例为0.4%，同比持平。酸雨类型总体仍为硫酸型。

全国酸雨区面积约为53万平方千米，占国土面积的5.5%，同比下降0.9个百分点。酸雨污染主要分布在长江以南-云贵高原以东地区，主要包括浙江省、上海市的大部分地区，福建省北部、江西省中部、湖南省中东部、广东省中部、重庆市南部地区。

三、淡水

（一）全国地表水

1940个国家地表水考核断面中，Ⅰ～Ⅲ类水质断面比例为71.0%，同比上升3.1个百分点；劣Ⅴ类断面比例为6.7%，同比下降1.6个百分点。

长江、黄河、珠江、松花江、淮河、海河、辽河七大流域和浙闽片河流、西北诸河、西南诸河的1613个水质断面中，Ⅰ～Ⅲ类水质断面比例为74.3%，同比上升2.5个百分点；劣Ⅴ类断面比例为6.9%，同比下降1.5个百分点。

西北诸河和西南诸河水质为优，长江、珠江流域和浙闽片河流水质良好，黄河、松花江和淮河流域为轻度污染，海河和辽河流域为中度污染。

监测的111个重要湖泊（水库）中，Ⅰ～Ⅲ类水质湖泊（水库）比例为66.7%，劣Ⅴ类比例为8.1%，主要污染指标为总磷、化学需氧量和高锰酸盐指数。107个监测营养状态的湖泊（水库）中，贫营养占9.3%，中营养占61.7%，轻

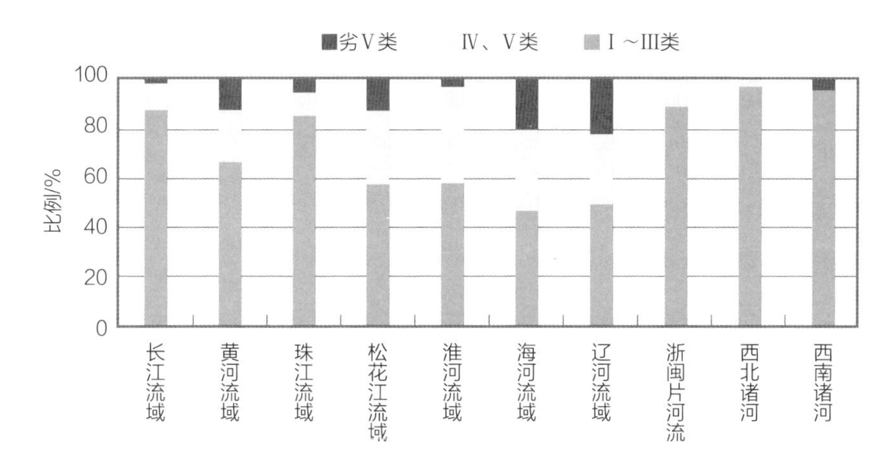

图2　2018年七大流域和浙闽片河流、西北诸河、西南诸河水质状况

度富营养占23.4%，中度富营养占5.6%。太湖为轻度污染、轻度富营养状态，主要污染指标为总磷。巢湖为中度污染、轻度富营养状态，主要污染指标为总磷。滇池为轻度污染、轻度富营养状态，主要污染指标为化学需氧量和总磷。

（二）地级及以上城市集中式生活饮用水水源地

按照监测断面（点位）数量统计，338个城市的906个在用集中式生活饮用水水源地监测断面（点位）中，有814个全年均达标，占89.8%。其中，地表水水源地监测断面（点位）577个，有534个全年均达标，占92.5%，主要超标指标为硫酸盐、总磷和锰；地下水水源地监测断面（点位）329个，有280个全年均达标，占85.1%，主要超标指标为锰、铁和氨氮。

按照水源地数量统计，338个城市的871个在用集中式生活饮用水水源地中，达到或优于III类水质的水源地比例为90.9%。

（三）重点水利工程水体

三峡库区的长江38条主要支流的77个水质监测断面中，I～III类水质断面比例为96.1%，Ⅳ类断面比例为3.9%。营养状态监测结果表明，富营养状态的断面比例为18.2%，中营养状态比例为76.6%，贫营养状态比例为5.2%。

南水北调（东线）长江取水口夹江三江营断面、输水干线京杭运河里运河段、宿迁运河段和韩庄运河段水质均为Ⅱ类，宝应运河段、不牢河段和梁济运河段水质为Ⅲ类，洪泽湖和骆马湖为轻度富营养，南四湖和东平湖为中营养。

南水北调（中线）丹江口水库为中营养，取水口陶岔断面水质为Ⅱ类，入丹江口水库的9条支流水质均为优良。

四、海洋

（一）管辖海域

2018年夏季，符合一类海水水质标准的海域面积占管辖海域的96.3%；劣于四类海水水质标准的海域面积占管辖海域的1.1%，主要分布在辽东湾、渤海湾、莱州湾、江苏沿岸、长江口、杭州湾、浙江沿岸、珠江口等近岸区域。主要污染指标为无机氮、活性磷酸盐和石油类。

（二）近岸海域

全国近岸海域水质总体稳中向好，水质级别为一般，主要污染指标为无机氮和活性磷酸盐。417个点位中，一类和二类海水比例合计为74.6%，同比上升6.7个百分点；劣四类为15.6%，同比持平。其中，渤海近岸海域水质一般，主要污染指标为无机氮；黄海近岸海域水质良好，主要污染指标为无机氮；东海近岸海域水质差，主要污染指标为无机氮和活性磷酸盐；南海近岸海域水质良好，主要污染指标为无机氮和活性磷酸盐。

重要河口海湾：9个重要河口海湾中，北部湾水质为优，胶州湾水质良好，辽东湾水质变差，其他河口海湾水质基本保持稳定。

入海河流：监测的194个入海河流断面中，Ⅰ～Ⅲ类断面比例为45.9%，劣Ⅴ类断面比例为14.9%。主要污染指标为化学需氧量、高锰酸盐指数和总磷。

五、自然生态

（一）生态环境质量

2018年监测的2583个县域中，植被覆盖指数为“优”、“良”、“一般”、“较差”和“差”的县域分别有1783个、507个、172个、74个和47个，分别占国土面积的45.4%、12.6%、8.5%、11.7%和21.8%。

2017年监测的2591个县域中，生态环境质量为“优”、“良”、“一般”、“较差”和“差”的县域分别有519个、1042个、714个、288个和28个。“优”和“良”的县域主要分布在秦岭-淮河以南及东北的大、小兴安岭和长白山地区，面积占国土面积的44.4%，同比上升2.4个百分点。

（二）生物多样性

我国高度重视生物多样性保护工作，是生物多样性最丰富的国家之一，近年来生物多样性总体保持稳定。

生态系统多样性：中国具有森林类型212类、竹林36类、灌丛113类、草甸77类、草原55类、荒漠52类、自然湿地30类。有黄海、东海、南海、黑潮流域四大海洋生态系统，以及农田、人工林、人工湿地、人工草地和城市等人工生态系统。

物种多样性：中国已知物种及种下单元数98317种，其中，动物界42048种，植物界44510种，17700种高等植物和1298种脊椎动物为我国特有。

遗传资源多样性：中国有栽培作物528类，栽培种1339个，经济树种达1000种以上，中国原产的观赏植物种类达7000种，家养动物576个品种。

受威胁物种：对全国34450种高等植物、4357种脊椎动物、9302种大型真菌的评估结果表明，3767种高等植物、932种脊椎动物、97种大型真菌受到威胁，分别占10.9%、21.4%、1.0%；需要重点关注和保护的高等植物、脊椎动物、大型真菌分别达到10102种、2471种、6538种。

六、声环境

（一）区域声环境

开展昼间区域声环境监测的323个地级及以上城市的等效声级平均为54.4 dB（A）。其中，13个城市昼间区域声环境质量评价等级为一级，占4.0%；205个城市为二级，占63.5%；99个城市为三级，占30.7%；4个城市为四级，占1.2%；2个城市为五级，占0.6%。

开展夜间区域声环境监测的319个地级及以上城市的等效声级平均为46.0 dB（A）。其中，4个城市夜间区域声环境质量评价等级为一级，占1.3%；121个城市为二级，占37.9%；172个城市为三级，占53.9%；17个城市为四级，占5.3%；5个城市为五级，占1.6%。

（二）道路交通声环境

开展昼间道路交通声环境监测的324个地级及以上城市的等效声级平均为67.0 dB（A）。其中，215个城市昼间道路交通声环境质量评价等级为一级，占66.4%；93个城市为二级，占28.7%；13个城市为三级，占4.0%；3个城市为四级，占0.9%。

开展夜间道路交通声环境监测的321个地级及以上城市的等效声级平均为58.1 dB（A）。其中，151个城市夜间道路交通声环境质量评价等级为一级，占47.1%；56个城市为二级，占17.4%；37个城市为三级，占11.5%；44个城市为四级，占13.7%；33个城市为五级，占10.3%。

（三）城市功能区声环境

开展功能区声环境监测的311个地级及以上城市中，各类功能区昼间达标率为92.6%，夜间达标率为73.5%。

七、辐射

（一）环境电离辐射

全国环境电离辐射水平处于本底涨落范围内。实时连续空气吸收剂量率和累积剂量处于当地天然本底涨落范围内。空气中天然放射性核素活度浓度处于本底水平，人工放射性核素活度浓度未见异常。长江、黄河、珠江、松花江、淮河、海河、辽河七大流域和浙闽片河流、西北诸河、西南诸河及重要湖泊（水库）中天然放射性核素活度浓度处于本底水平，人工放射性核素活度浓度未见异常。城市集中式饮用水水源地及地下饮用水中总α和总β活度浓度低于《生活饮用水卫生标准》（GB 5749—2006）规定的指导值。近岸海域海水和海洋生物中天然放射性核素活度浓度处于本底水平，人工放射性核素活度浓度未见异常。土壤中天然放射性核素活度浓度处于本底水平，人工放射性核素活度浓度未见异常。

（二）环境电磁辐射

直辖市和省会城市环境电磁辐射水平低于《电磁环境控制限值》（GB 8702—2014）规定的公众曝露控制限值。

八、气候变化

初步核算，2018年单位国内生产总值二氧化碳排放同比下降4.0%，超过年度预期目标0.1个百分点。

发布时间
2019.3.20

生态环境部部长在《人民日报》发表署名文章：深入推进生态环境保护综合行政执法改革 为打好污染防治攻坚战保驾护航

近日，中共中央办公厅、国务院办公厅印发《关于深化生态环境保护综合行政执法改革的指导意见》（以下简称《指导意见》），以习近平新时代中国特色社会主义思想为指导，立足党和国家事业发展全局，适应我国发展新的历史方位，顺应人民群众对美好生活的向往，对生态环境保护综合行政执法改革做出全面规划和系统部署，是打造生态环境保护执法铁军、推进我国生态环境治理体系和治理能力现代化建设的纲领性文件。

一、充分理解《指导意见》的重要意义

《指导意见》是党中央、国务院首个专门部署生态环境保护执法工作的政策文件，体现了党中央、国务院对生态环境保护执法的高度重视，对于破解当前体制机制障碍、促进生态环境保护事业发展具有重大而深远的意义。

深化生态环境保护综合行政执法改革，是立足当前、着眼未来，打好污染防治攻坚战、建设美丽中国的客观需要。党的十九大明确了新时代中国特色社会主义发展的战略安排，对加强生态文明建设做出重要部署。要实现这些战略目标和

任务，高效有力的生态环境执法体系必不可少。当前，生态环境保护执法机构设置和体制保障不够健全、权力制约和监督机制不够完善、职责交叉和权责脱节、基层执法队伍职责与能力不匹配等突出问题亟待解决。深化生态环境保护综合行政执法改革，就是要整合污染防治与生态保护执法职责和队伍，统一实行生态环境保护执法，合理配置执法力量，消除体制机制弊端。改革不仅要立足当前，为打好污染防治攻坚战保驾护航，更要放眼未来，构建服务于建设美丽中国、生态文明全面提升的组织架构和管理体制，形成人与自然和谐发展的现代化建设新格局和更加完善的生态文明制度体系。

深化生态环境保护综合行政执法改革，是放管结合、优化服务，完善和发展最严密生态环境法治制度的必然选择。党的十九大要求，坚持厉行法治，严格规范公正文明执法，实行最严格的生态环境保护制度，坚决制止和惩处破坏生态环境的行为。党的十九届三中全会要求，完善执法程序，严格执法责任，加强执法监督。深化生态环境保护综合行政执法改革，就是要突出依法行政、依法执法，推进机构、职能、权限、程序、责任的法定化，把全部执法活动纳入法治轨道。就是要适应“放管服”改革要求，加强源头治理、过程管控、末端问责，优化改进执法方式，严格禁止“一刀切”，做到监管有标准、执法有依据、履职讲公平、渎职必追究。就是要以人民为中心，体现人民意志、百姓意愿，切实解决群众关心的生态环境问题，为全面推进依法治国、加快建设法治政府奠定坚实基础。

深化生态环境保护综合行政执法改革，是顺应时代、担负使命，推进国家生态环境治理体系和治理能力现代化的必由之路。党的十八届三中全会要求，独立进行环境监管和行政执法，实行省以下环保机构监测监察执法垂直管理制度，整合组建生态环境保护综合执法队伍。令在必信，法在必行。生态环境保护执法是实施生态环境保护法律法规、依法管理生态环境保护事务的主要途径和重要方式。深化生态环境保护综合行政执法改革，就是要深入贯彻落实习近平生态文明思想，适应我国发展新的历史方位，顺应新事业的发展需要，增能力，提效能，让制度成为刚性的约束和不可触碰的高压线；就是要科学设置机构、优化职能、协同权责、加强监管、高效运行，构建政府为主导、企业为主体、社会组织和公众共同参与的生态环境治理体系，实现生态环境治理能力现代化。

二、准确把握《指导意见》的部署要求

《指导意见》立足国情、社情、民情，针对当前基层执法中存在的突出问题，提出了加强和改善地方执法的总体要求、重点任务、规范管理和组织实施，要准确领会和把握好《指导意见》精神，促进改革有力有序开展，创新和完善生态环境治理体制。

一要深刻领会改革的总体脉络。《指导意见》提出整合相关部门生态环境保护执法职能、统筹执法资源和执法力量、推动建立生态环境保护综合执法队伍的总体要求，以依法行政体制的权责统一、权威高效为目标，以增强执法的统一性、权威性和有效性为重点，坚持党的全面领导、优化协同高效、全面依法行政、统筹协调推进，到2020年基本建立职责明确、边界清晰、行为规范、保障有力、运转高效、充满活力的生态环境保护综合行政执法体制和体系。

二要全面落实改革的主要任务。《指导意见》提出职责整合、队伍组建、事权划分三个主要任务，要把握好“三个结合”。职责整合把握好“统与分”的结合，生态环境保护综合执法队伍依法统一行使相关污染防治和生态保护执法职责，相关行业管理部门依法履行生态环境保护“一岗双责”。队伍组建把握好“责与能”的结合，改革中应做到职责整合与编制划转同步实施、队伍组建与人

员划转同步操作，全面推进执法标准化建设。事权划分把握好“收与放”的结合，县级生态环境分局上收到设区市，实行“局队合一”，执法重心下移，市县级执法机构承担具体执法事项。

三要着力加强执法的规范管理。《指导意见》提出规范生态环境保护综合行政执法权力和程序、完善监督、强化联动、创新方式等具体改革任务。要全面梳理、规范和精简执法事项，建立权责清单，尽职照单免责、失职照单问责。要全面落实行政执法责任制，加强层级监督、外部监督，坚决排除违规人为干预，确保行政执法权力不越位、不错位、不缺位。要加强生态环境保护与其他领域综合执法队伍间的执法协同，厘清权责边界，强化联动执法，推进信息共享，形成执法合力；健全行政执法与司法衔接机制，加大生态环境违法犯罪行为打击力度。要健全“双随机一公开”监管、重点监管和信用监管等监管机制，推进“互联网+执法”，积极探索包容审慎监管执法。

三、切实抓好《指导意见》的贯彻落实

深化生态环境保护综合行政执法改革时间紧、任务重、难度大，必须在党中央集中统一领导下抓好贯彻落实，既要敢于创新，又要稳妥推进。

一是坚持讲政治、顾大局、守纪律。要把思想和行动统一到党中央的决策部署上来，增强“四个意识”，坚定“四个自信”，做到“两个维护”，发挥党在改革发展稳定大局中的领导核心作用，把党的领导贯穿于改革各方面和全过程。要严守机构编制、组织人事、财经工作纪律，绝不允许上有政策、下有对策，更不能选择性执行。各级党委和政府要加强领导，压实责任，确保顺利达成改革目标。

二是坚持注重统筹协同。要充分发挥中央和地方两个积极性，统筹推进省以下环保机构监测监察执法垂直管理体制改革、地方机构改革、其他四个领域综合

执法改革，统一谋划、统一部署、统一实施，综合考虑机构规格、编制管理、人员配备和执法保障等改革事项，鼓励地方与基层结合实际、因地制宜、积极探索，切实巩固和提升基层政府生态环境监管执法履职能力。

三是坚持稳扎稳打推动实施。要认真落实中央确定的改革方案，做到蹄疾步稳。要加强思想政治工作，对涉及的部门和个人，要耐心细致地做好宣传解读和答疑释惑，做到思想不乱、队伍不散、干劲不减，新老机构和人员平稳接替、尽快到位。要做好改革过渡期间的各项工作，相关污染防治和生态保护执法工作仍由原部门和机构承担，确保机构改革和日常工作两不误。

点击查看

关于贯彻落实《关于深化生态环境保护综合行政执法改革的指导意见》的通知

深化党和国家机构改革是一场深刻变革，我们要更加紧密地团结在以习近平同志为核心的党中央周围，全面落实《指导意见》各项要求，努力打造政治强、本领高、作风硬、敢担当，特别能吃苦、特别能战斗、特别能奉献的生态环境保护执法铁军，为打好污染防治攻坚战保驾护航。

（来源：《人民日报》　　作者：生态环境部党组书记、部长　李干杰）

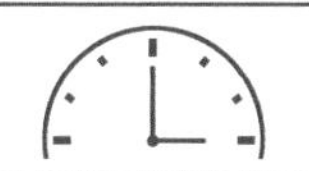

发布时间
2019.3.20

生态环境部部长会见《生物多样性公约》执行秘书

3月20日，生态环境部部长李干杰在京会见《生物多样性公约》（以下简称《公约》）执行秘书克里斯蒂娜·帕斯卡·帕梅尔女士，双方就生物多样性保护及《公约》第15次缔约方大会筹备进展等议题进行了交流。

李干杰首先对帕梅尔一行的来访表示欢迎。他说，帕梅尔女士就任以来，高度重视生物多样性与2030年可持续发展目标的紧密联系，强调增强各方行动与集体合力，共同遏制生物多样性丧失趋势，并取得积极进展和成效，中方对此表示高度赞赏。

李干杰指出，生物多样性是人类赖以生存和发展的基础，是衡量一个国家生态环境质量和生态文明程度的重要标志，也是衡量国家竞争力和高质量发展水平的重要标志。中方高度重视加强生物多样性保护，将其作为生态文明建设的重要内容，注重加强国际交流合作，并取得显著成效。

李干杰表示，中国成为2020年《公约》第15次缔约方大会东道国，体现了国际社会对中国生物多样性保护工作的认可，既为中方进一步提升全社会对生物多样性保护重要性的认识提供了重要契机，也为中方深度参与全球生物多样性保护合作提供了良好机会。中方将全面履行东道国义务，与秘书处及有关各方保持沟通，与各缔约方共同协商制定“2020年后全球生物多样性框架”文件，积极动员社会各方参与，努力举办一届圆满成功、具有里程碑意义的缔约方大会。

帕梅尔表示，中方为《公约》第15次缔约方大会进行了充分准备，展示了强烈的合作愿望和负责任大国形象，秘书处对此表示充分肯定和衷心感谢。希望本次缔约方大会能进一步宣传生物多样性保护的重要性，提升公众和社会的认知度、参与度，推动全球生物多样性保护达到新水平、实现新跨越。

双方还就《公约》第15次缔约方大会的具体时间安排等进行了沟通。

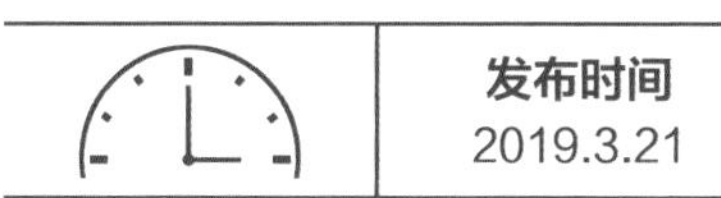

生态环境部工作组紧急赶赴江苏盐城指导环境应急工作

3月21日下午，江苏省盐城市陈家港化工园区发生爆炸事故。获知情况后，生态环境部高度重视，李干杰部长迅速作出批示，启动应急响应程序。翟青副部长率领工作组紧急赶赴事发现场，指导做好环境应急工作。

生态环境部现场指导“3·21”爆炸事故环境应急处置 第一时间封堵园区入河排口严防污染入海

3月21日下午，江苏省盐城市响水县“3·21”爆炸事故发生后，生态环境部立即启动应急响应程序，派出由翟青副部长带队的11人工作组紧急赶赴事发现场，指导做好环境应急处置工作。22日凌晨，生态环境部11人工作组抵达响水县爆炸事故现场，即刻开展工作。

经过对事故现场的查看分析，工作组认为，事故发生地距离最近的灌河河道不足2千米，距离灌河入海口仅十几千米，事故中产生的污染废水一旦进入灌河，将会使后续工作陷入被动，因此处置工作的关键在于坚决防止污染废水进入灌河进而污染黄海，必须第一时间截断园区入灌河排口。

通过现场排查，工作组与当地有关部门确认，决定对化工园区内新民河、新丰河和新农河三条入灌河河渠进行封堵，通过筑坝拦截的方式，在园区内形成约3.5平方千米的封闭圈，防止污染废水向南部河网扩散。

当晚，部队官兵和民兵连夜施工，对三条入河河渠实施封堵。截至22日上午，封堵工程已大部完工。工作组要求，不仅要紧盯污水排口进行封堵，还要严密封堵雨水排口，杜绝污染废水从雨水管道进入河道。根据安排，相关部门随后对封堵情况进行排查堵漏。

另据了解，江苏响水“3·21”爆炸事故发生后，江苏省生态环境厅抽调无锡、苏州、南通、连云港、扬州、泰州周边6个市的环境监测力量紧急驰援，对事故现场上风向、下风向的空气质量和园区内地表水开展应急监测。从3月21日晚9时起，江苏省生态环境厅已接连发布多期“3·21”爆炸事故应急监测最新进展。

发布时间
2019.3.21

生态环境部召开部常务会议

3月21日，生态环境部部长李干杰主持召开生态环境部常务会议，审议并原则通过生态环境部2019年会议计划和发文指标、《关于进一步规范适用环境行政处罚自由裁量权的指导意见》（以下简称《意见》）以及《挥发性有机物无组织排放控制标准》（GB 37822—2019）、《制药工业大气污染物排放标准》（GB 37823—2019）、《涂料、油墨及胶粘剂工业大气污染物排放标准》（GB 37824—2019）三项标准。

会议认为，加强会议和发文管理、治理"文山会海"是深入贯彻习近平总书记关于加强党的作风建设，力戒形式主义、官僚主义重要指示精神，全面落实中央办公厅《关于解决形式主义突出问题为基层减负的通知》要求的具体行动，也是生态环境部落实"基层减负年"的重要措施之一。要始终坚持开必要的会，发必要的文，开管用的会，发管用的文，绝不搞各种变通、形式主义、官僚主义，绝不以会议落实会议、以文件落实文件。要严格会议计划和发文指标总量控制，实现全年会议压减30%，发文削减三分之一。要严格会议管理，严禁随意提高会议规格、扩大会议规模，提倡各司局之间调剂共享会议指标或者开视频会议。严格计划外会议管理，实行增一减一，不允许突破会议指标总数。要注重提高会议实效，会前认真开展调查研究、做好意见沟通，会上不搞照本宣科，不搞泛泛表态，会后认真抓好会议部署落实。同时，鼓励通过请进来、走出去，点对点、面对面交流和电话沟通等多种创新方式替代开会。要明确发文依据，严格履行发文程序，加强发文审核把关，切实提高办文质量和实效。要严肃会议纪律，强化会议经费管理监督检查，以树立良好文风会风为抓手，推动作风和纪律建设向纵深发展，积极营造真抓实干、务求实效的良好风气。

会议指出，党中央、国务院高度重视深化“放管服”改革、优化营商环境，对规范行政执法提出明确要求。出台《意见》，对指导和督促地方生态环境部门进一步规范行使行政处罚自由裁量权、提高行政执法效能、保护企业合法权益具有重要意义。要坚持宽严相济、过罚相当的原则，严格规范公正文明执法，既对严重违法企业严惩重罚，又鼓励和引导企业即时改正轻微违法行为。要不断优化执法方式，重视保护企业合法权益，加强对企业的帮扶指导。要做好《意见》的宣传解读，提高地方执法部门对规范适用环境行政处罚自由裁量权重要性的认识，增进企业和社会公众的理解，营造有利于环境执法的良好氛围。要加强培训和指导，帮助一线执法人员精准掌握制定裁量基准的原则和方法，各省级生态环境部门要按时完成本地区自由裁量基准的制定或修订工作。

会议强调，制定《挥发性有机物无组织排放控制标准》《制药工业大气污染物排放标准》《涂料、油墨及胶粘剂工业大气污染物排放标准》三项标准对完善污染物排放标准体系、补齐挥发性有机物污染防治短板、打赢蓝天保卫战将发挥重要的支撑作用，要认真做好三项标准的发布和实施工作。后续要抓好大气污染物排放标准体系建设，加快修订已出台的行业排放标准，全面增加无组织排放管控要求。要加快挥发性有机物排放标准体系建设，抓紧农药、包装印刷等涉挥发性有机物重点行业排放标准制修订工作。要加强挥发性有机物监测和执法能力建设，制定监测方法标准和在线监测技术规范，强化自动监控体系建设，加快配备便携式监测仪器和技术培训，推动标准有效落实。

生态环境部副部长翟青、赵英民、刘华，中央纪委国家监委驻生态环境部纪检监察组组长吴海英出席会议。

驻部纪检监察组负责同志，部机关各部门、有关部属单位主要负责同志参加会议。

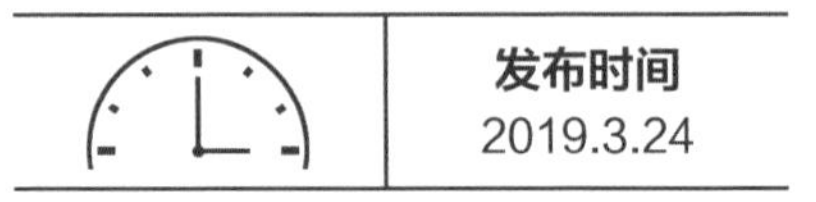

生态环境部有关负责人陪同《生物多样性公约》执行秘书在昆明考察

3月21日至24日，生态环境部有关负责人陪同《生物多样性公约》（以下简称《公约》）秘书处执行秘书克里斯蒂娜·帕斯卡·帕梅尔女士一行赴云南省昆明市实地考察《公约》第15次缔约方大会（COP15）办会条件及相关保障工作等。秘书处一行详细考察询问了会议住宿、交通、餐饮、会场保障及会务准备等情况。帕梅尔女士对中国政府为筹备大会所做努力予以高度赞赏，对选择昆明作为大会举办城市表示高度认可，对昆明举办大会的各项条件予以充分肯定，对这次缔约方会议举办成功充满信心。

生态环境部有关负责人指出，这次会议非常重要，云南省委、省政府、有关部门，以及昆明市委、市政府认真贯彻落实韩正副总理在中国生物多样性保护国家委员会会议上的重要讲话精神，全力以赴、精心组织、通力合作，为这次考察做了大量卓有成效的准备工作。下一步，要强化绿色办会理念，并自始至终将大会各项要求落到实处，高标准、高质量、高效率完成各项工作，充分展示我国生物多样性保护的成就，举办一届圆满成功、具有里程碑意义的大会。

云南省委副书记、省长阮成发等会见了考察组一行，云南省政府及昆明市政府有关负责人陪同考察。

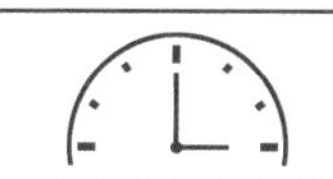

发布时间
2019.3.27

坚决打好污染防治攻坚战
——《学习时报》专访生态环境部党组书记、部长

习近平生态文明思想推动我国生态文明建设和生态环境保护从实践到认识发生了历史性、转折性、全局性变化，取得了历史性成就。要深入贯彻落实习近平生态文明思想，保持加强生态环境保护建设的战略定力，坚守阵地、巩固成果，绝不放宽放松，平衡和处理好发展与保护的关系，实现发展和保护协同共进。

学习时報
STUDY TIMES

重要言论

各级党委要把思想政治理论课建设摆上重要议程，抓住制约思政课建设的突出问题，在工作格局、队伍建设、支持保障等方面采取有效措施，要建立党委统一领导、党政齐抓共管、有关部门各负其责、全社会协同配合的工作格局，推动形成全党全社会努力办好思政课、教师认真讲好思政课、学生积极学好思政课的良好氛围。

坚决打好污染防治攻坚战
——访生态环境部党组书记、部长李干杰

抢占媒体深度融合发展制高点

深入学习贯彻习近平新时代中国特色社会主义思想

本期导读
毛泽东与《三国演义》
改革和发展：防控金融风险的重要前提
外商投资法：进一步迈向制度型开放
科技体制改革的关键是"解放科学家"

不断提高党员干部的政治能力

污染防治攻坚战是党的十九大提出的我国全面建成小康社会决胜时期的“三大攻坚战”之一。污染防治攻坚战取得了哪些成效？如何打赢打好污染防治攻坚战？记者专访了生态环境部党组书记、部长李干杰。

《学习时报》：习近平生态文明思想为推动生态文明建设提供了思想指引和根本遵循。请您谈一谈，生态环境部如何抓好落实？

李干杰：党的十八大以来，习近平总书记就生态文明建设和生态环境保护提出了一系列新理念、新思想、新战略、新要求，形成了习近平生态文明思想，推动我国生态文明建设和生态环境保护从实践到认识发生了历史性、转折性、全局性变化，取得了历史性成就。生态环境部从四个方面贯彻落实习近平生态文明思想。

一是深入学习宣传贯彻习近平生态文明思想。习近平生态文明思想博大精深，其中最重要的有“八个观”，即生态兴则文明兴、生态衰则文明衰的深邃历史观，人与自然和谐共生的科学自然观，绿水青山就是金山银山的绿色发展观，良好生态环境是最普惠的民生福祉的基本民生观，山水林田湖草是生命共同体的整体系统观，用最严格制度保护生态环境的严密法治观，全社会共同建设美丽中国的全民行动观，共谋全球生态文明建设的共赢全球观。对我们而言，习近平生态文明思想既是重要的价值观又是重要的方法论，是做好工作的定盘星、指南针、金钥匙。当前的首要任务，就是要深入学习宣传贯彻习近平生态文明思想，以此提高认识、统一思想、指导实践、推动工作。

二是坚决打好污染防治攻坚战。以改善生态环境质量为核心，以解决人民群众反映强烈的突出生态环境问题为重点，围绕污染物总量减排、生态环境质量提高、生态环境风险管控三类目标，突出大气、水、土壤污染防治三大领域，坚决打好污染防治攻坚战。

三是夯实三大基础。推动形成绿色发展方式和生活方式，加强生态系统保护和修复，推进生态环境治理能力和治理体系现代化。

四是抓好试点示范。大力推动生态文明示范区创建、绿水青山就是金山银山实践创新基地建设，积极探索以生态优先、绿色发展为导向的高质量发展新路子，在全国形成可复制、可推广的经验。

《学习时报》：作为三大攻坚战之一，污染防治攻坚战已经打了一年多，进展和成效如何？

李干杰：污染防治攻坚战是以习近平同志为核心的党中央着眼党和国家发展全局，顺应人民群众对美好生活的期待作出的重大战略部署。

一年多来，各地区、各部门、各方面深入贯彻习近平生态文明思想和全国生态环境保护大会精神，按照党中央、国务院决策部署，扎实推进蓝天、碧水、净土保卫战，污染防治攻坚战总体而言开局良好，生态环境质量持续改善。2018年，全国338个地级及以上城市优良天数比例同比上升1.3个百分点，细颗粒物平均浓度同比下降9.3%。总之，生态环境保护各项目标指标均圆满完成年度任务，并全部达到“十三五”规划序时进度要求。

具体而言，我们主要做了以下工作。

一是全面推进蓝天保卫战。开展蓝天保卫战重点区域强化监督，帮助地方和企业解决问题，向地方政府新交办2.3万个涉气环境问题。全国达到超低排放限值的煤电机组约8.1亿千瓦，占全国煤电总装机容量的80%。北方地区冬季清洁取暖试点城市由12个增加到35个，完成“煤改电”“煤改气”480余万户。煤炭等大宗物资运输加快向铁路运输转移，铁路货运量同比增加9.1%。

二是着力打好碧水保卫战。水源地保护、城市黑臭水体治理、农业农村污染治理、渤海综合治理、长江保护修复等攻坚战行动计划发布实施。推进集中式饮用水水源地环境整治，1586个水源地的6251个问题整改率达99.9%。强化入河、入海排污口监管，开展“湾长制”试点。推动2.5万个建制村开展环境综合整治。圆满完成1881个国家地表水水质自动站新建和改造工作。

三是扎实推进净土保卫战。完成农用地污染状况详查。严厉打击固体废物及危险废物非法转移和倾倒行为，挂牌督办的1308个突出问题中1304个完成整改，整改率达99.7%。推进垃圾焚烧发电行业达标排放，存在问题的垃圾焚烧发电厂全部完成整改。

四是大力开展生态保护和修复。初步划定京津冀、长江经济带和15个省份生态保护红线，其他省份划定方案基本形成。开展“绿盾2018”自然保护区监督检查专项行动，严肃查处一批破坏生态环境的典型案例。

五是强化生态环境督察执法。分两批对20个省（区）开展中央环保督察“回头看”，公开通报103个敷衍整改、表面整改、假装整改的典型案例，推动解决群众身边的生态环境问题7万多个。出台进一步强化生态环境保护监管执法的意见，规范执法行为。

六是积极推动经济高质量发展。出台生态环境领域进一步深化“放管服”改革的15项重点举措。编制长江经济带11个省（市）及青海省生态保护红线、环境质量底线、资源利用上线和生态环境准入清单。全国完成21.6万个项目环评审批，总投资额超过26万亿元。

七是有序推进生态环境保护机构改革。顺利完成生态环境部组建工作。深化生态环境保护综合行政执法改革，整合组建生态环境保护综合执法队伍。省以下生态环境机构监测监察执法垂直管理制度改革在全国推开。累计完成18个行业3.9万多家企业排污许可证核发，提前一年完成36个重点城市建成区污水处理厂排污许可证核发。

这些进展和成效，尤其是生态环境质量改善是在2017年生态环境质量同比改善幅度很大的基础上取得的，应该说很不容易，说明各有关方面做了大量卓有成效的工作、付出了艰苦的努力，也说明污染治理的方向和路子是切合实际、可行有效的，坚定了我们继续做好工作的决心和信心。

《学习时报》：当前，国际国内环境正在发生深刻复杂变化，打好污染防治攻坚战面临的形势如何？生态环境部打算如何继续推动这场攻坚战？

李干杰：党中央、国务院高度重视生态环境保护，推动经济高质量发展有利于生态环境保护，宏观经济和财政政策支持生态环境保护，体制机制改革红利惠及生态环境保护，正确的路子和方法能够切实推进生态环境保护。综合来看，机遇与挑战并存，机遇明显大于挑战。我们完全有条件、有能力解决生态环境突出问题，打好打胜污染防治攻坚战。

下一步，打好污染防治攻坚战总的考虑是，坚决贯彻落实习近平总书记在中央经济工作会议和全国“两会”上的重要讲话精神，保持加强生态环境保护建设的战略定力，坚守阵地、巩固成果，绝不放宽放松，更不走“回头路”，保持方向、决心和定力不动摇。就生态环境部具体推动这场攻坚战的思路和举措而言，可以概括为“四、五、六、七”。

“四”就是有效克服“四种消极情绪和心态”，即克服自满松懈、畏难退缩、简单浮躁、与己无关这四种消极情绪和心态。

“五”就是始终保持“五个坚定不移”，即坚定不移深入贯彻习近平生态文明思想，坚定不移全面落实全国生态环境保护大会精神，坚定不移打好污染防治攻坚战，坚定不移推进生态环境治理体系和治理能力现代化，坚定不移打造生态环境保护铁军。

“六”就是认真落实“六个做到”，即做到稳中求进，既打攻坚战，又打持久战；做到统筹兼顾，既追求好的环境效益，又追求好的经济效益和社会效益；做到综合施策，既发挥好行政、法治手段的约束作用，又更多发挥经济、市场和技术手段的支撑保障作用，特别强调要依法行政、依法治理、依法推进；做到两手发力，既抓宏观顶层设计，又抓微观推动落实；做到点面结合，既整体推进，又力求重点突破；做到求真务实，既妥善解决好历史遗留问题，又攻坚克难把基础夯实，绝不搞“数字环保”“口号环保”“形象环保”，确保实现没有“水分”的生态环境质量改善，确保攻坚战实效经得起历史和时间的检验。这“六个做到”，既是我们推动污染防治攻坚战相关具体工作的总体立场和态度，也是基本策略和方法。

“七”就是聚焦打好七大标志性重大战役，即打赢蓝天保卫战，打好柴油货车污染治理、城市黑臭水体治理、渤海综合治理、长江保护修复、水源地保护、农业农村污染治理攻坚战，以生态环境质量改善的实际成效取信于民。

《学习时报》：目前我国经济的下行压力加大，怎样平衡经济发展与环境保护之间的关系？环境保护在促进经济高质量发展中能够起到什么作用？

李干杰：长期以来，我们一直在积极探索发展与保护的关系，努力实现生态环境效益、经济效益和社会效益多赢。党的十八大以来，习近平总书记深刻把握人类文明发展规律、经济社会发展规律和自然规律，多次强调“生态兴则文明兴”“坚持人与自然和谐共生”“绿水青山就是金山银山”“推动形成绿色发展方式和生活方式”，阐述了经济社会发展和生态环境保护的关系，指明了实现发展和保护协同共进的新路径，为破解发展与保护的难题、实现人与自然和谐共生的现代化提供了方向指引和根本遵循。

近年来，我们不断加大生态环境保护工作力度，在改善生态环境质量的同时，不断增强推动经济高质量发展的重要力量，主要体现在三个方面：

一是推动供给侧结构性改革。严格执行环评制度，严把项目准入关口，优化产业布局和结构；依法依规加大督察执法力度，一批污染重、能耗高、技术水平低的企业被淘汰，一批绿色生态产业加快发展，一批传统产业优化升级。

二是营造公平竞争的市场环境。严格环境督察执法，进一步规范市场秩序，从更深层次激活了生产要素，有效解决“劣币驱逐良币”问题，促进合规企业生产负荷和效益不断提升。

三是培育经济发展新动能。2018年，全国生态保护和环境治理投资同比增长43%，同比上升19.1个百分点，环保产业预计销售收入同比增长两位数以上，对经济发展的贡献度日益上升，成为经济增长的新亮点。

必须看到，加强生态环境保护是有利于经济发展的。就长远而言是如此，从当下来看也是如此。我们所做的很多治污工作不仅不影响经济发展，还会拉动经济发展。比如开展黑臭水体治理，2018年，全国重点城市直接用于黑臭水体整治的投资累计1143.8亿元，很多昔日的“臭水沟”“臭水塘”变成市民休闲娱乐的公园和科技创新企业的聚集地，提升了城市品质，有力促进了城市高质量发展；在散煤治理中采取“煤改电”和“煤改气”，有效拉动了消费和投资，提高了老百姓的生活水平。

下一步，要在平衡和处理好发展与保护的关系方面发力。宏观层面上，我们将坚持做到两点。一是坚持稳中求进，一步一个脚印，有序推进污染防治攻坚战各项任务，既打攻坚战，又打持久战。坚决反对脱离实际，“层层加码、级级提速”。二是坚持统筹兼顾，力争每一项工作都能够同时实现“三个有利于”，即有利于减少污染物排放，改善生态环境质量；有利于推动结构调整优化，促进经济高质量发展；有利于解决老百姓身边的突出环境问题，消除和化解社会矛盾，促进社会和谐稳定，最终实现环境效益、经济效益和社会效益多赢。微观层面上，具体到对企业的环境执法监管，我们也是坚持两点。一是依法依规对环境违法行为坚决查处，防止“劣币驱逐良币”。二是对守法合规的企业应减少执法对正常生产经营的影响。这种“有保有压”的做法，就是要树立守法企业受益、违法企业受损的绿色发展导向。

（来源：《学习时报》　记者：闫书华）

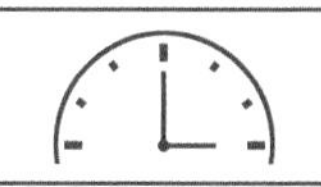

发布时间
2019.3.27

最新｜全国省级生态环境部门新闻发言人名单

2019年1月21日，生态环境部更新发布31个省级生态环境部门新闻发言人名单，这是生态环境部第二次发布省级生态环境部门新闻发言人名单。生态环境部相关负责人表示，下一步，生态环境部将进一步督促各级生态环保部门继续完善例行新闻发布制度，及时回应公众关注的热点问题。最新“完整版”31个省级生态环境部门新闻发言人名单，欢迎大家点击收藏，常联系！

省级环保部门新闻发言人名单

序号	省（区、市）	发言人姓名	发言人职务	新闻发布机构电话	新闻发布机构传真
1	北京	于建华	副局长	010-68717243	010-68466200
2	天津	谢华生	副局长	022-87671535	022-87671535
3	河北	陈恩惠	副巡视员	0311-87908917	0311-87908355
4	山西	陆　东	一级巡视员	0351-6371100	0351-6371095
5	内蒙古	张树礼	副巡视员	0471-4632188	0471-4632188
6	辽宁	陶宝库	副厅长	024-62788608	024-62788608
7	吉林	陈绍辉	副厅长	0431-89963137	0431-89963137
8	黑龙江	林奇昌	副厅长	0451-87111109	0451-87113067
9	上海	柏国强	总工程师	021-23115709	021-63556010

续表

序号	省（区、市）	发言人姓名	发言人职务	新闻发布机构电话	新闻发布机构传真
10	江苏	周富章	副厅长	025-86266073	025-86266072
11	浙江	单锦炎	副厅长	0571-28869119	0571-28869003
12	安徽	孙艳辉	总工程师	0551-62379177	0551-62376111
13	福建	郑　彧	总工程师	0591-83571232	0591-83571295
14	江西	石　晶	一级巡视员	0791-86866611	0791-86866611
15	山东	管言明	副厅长	0531-66226127	0531-66226133
16	河南	薛崇林	副厅长	0371-66309507	0371-66309501
17	湖北	万丽华	副厅长	027-87163862	027-87167360
18	湖南	潘碧灵	副厅长	0731-85698045	0731-85698045
19	广东	陈金銮	副厅长	020-87532509	020-87531752
20	广西	曹伯翔	副厅长	0771-2803997	0771-5844612
21	海南	毛东利	副厅长	0898-66762082	0898-66762083
22	重庆	陈　卫	副局长	023-89181875	023-89181961
23	四川	李岳东	副厅长	028-80589179	028-61359763
24	贵州	杨正伟	副厅长	0851-85569910	0851-85575279
		苗智会	副厅长		
		张　勇	副巡视员		
25	云南	杨春明	副厅长	0871-64110698	0871-64110698
26	西藏	张天华	副厅长	0891-6849039	0891-6849039
27	陕西	张育奎	副厅长	029-63916247	029-63916247
28	甘肃	白志红	副厅长	0931-8411589	0931-8418970
29	青海	司文轩	副厅长	0971-8175429	0971-8202112
30	宁夏	平学智	副厅长	0951-5160985	0951-5160988
31	新疆	温玉彪	副厅长级干部	0991-4165413	0991-4165414
		加尔肯·阿不力孜	副厅长级干部		
32	新疆生产建设兵团	汪　祥	副局长	0991-2890217	0991-2899252

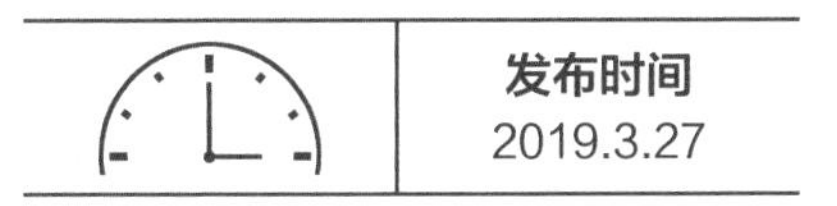

生态环境部部长赴响水察看“3·21”爆炸事故环境应急情况

生态环境部部长李干杰3月26日至27日赴江苏省盐城市响水县“3·21”爆炸事故现场，听取事故处理情况汇报，察看了解环境应急情况，并慰问一线工作人员。

李干杰首先来到江苏省消防移动指挥中心了解事故处理总体情况。在听取介绍后，李干杰提出五点意见。一是坚决贯彻落实习近平总书记重要指示精神，按照李克强总理等中央领导同志的批示要求，本着对人民高度负责的态度，切实防止次生灾害，确保生态环境安全。二是继续加强现场环境监测，为相关工作提供保障。坚持“有事报事，无事报平安”的原则，及时发布相关信息。三是进一步排查摸清事故现场的污染物情况，做到“心中有底”，分类进行处理。四是加快开展对爆炸现场受污染的水、土壤等的清理、转运、治理工作。五是采取有效措施，保证在长时间下大雨等情况下受污染的废水都不外溢。

李干杰十分关心事故现场废水的处置问题，先后详细察看了园区新民河、新丰河、新农河三个闸坝封堵情况以及裕廊石化高浓度废水暂存、陈家港污水处理厂运行和应急监测室建设等情况。在现场，李干杰不时向身边的工作人员询问技术细节，并叮嘱大家在工作中注意身体、保障安全。

生态环境部副部长翟青、江苏省常务副省长樊金龙陪同察看事故现场。

期间，李干杰还赴连云港市田湾核电站，调研1～4号运行机组总体情况和核安全监管情况，并实地察看了5号、6号机组的建设情况。他强调，要深刻吸取“3·21”事故教训，举一反三，进一步强化安全意识，严格安全管理，确保在建机组建设质量，在役机组运行安全。

本月盘点

微博：本月发稿346条，阅读量34921732；

微信：本月发稿223条，阅读量1380959。

- 生态环境部、中央文明办联合推选最美生态环保志愿者
- 生态环境部对2018年环境执法大练兵表现突出的集体和个人进行表扬
- 生态环境部通报7起中央生态环保督察典型案例问责情况

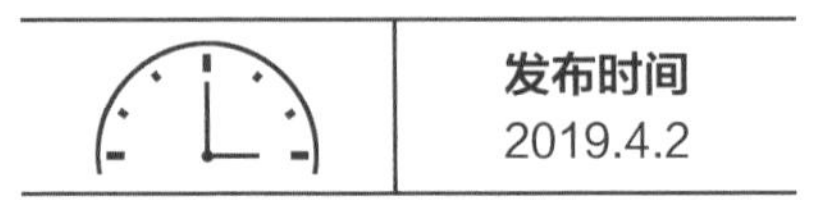

河北等10个省（区）公开中央生态环境保护督察“回头看”及专项督察整改方案

经党中央、国务院批准，中央生态环境保护督察组于2018年5月至7月组织对河北、内蒙古、黑龙江、江苏、江西、河南、广东、广西、云南、宁夏10个省（区）开展中央生态环境保护督察“回头看”及专项督察，并于2018年10月完成督察反馈。反馈后，10个省（区）党委、政府高度重视督察整改工作，认真研究制定整改方案。目前整改方案已经党中央、国务院审核同意。为回应社会关切，便于社会监督，压实整改责任，根据《环境保护督察方案（试行）》的要求，经中央生态环境保护督察办公室协调，10个省（区）统一对外全面公开督察整改方案。

10个省（区）的督察整改方案均围绕中央生态环境保护督察组的反馈意见研究确定整改任务和目标，共计确定676项整改任务，其中河北省57项，内蒙古自治区100项，黑龙江省60项，江苏省50项，江西省54项，河南省133项，广东省62项，广西壮族自治区45项，云南省58项，宁夏回族自治区57项。

整改措施主要包括落实党中央、国务院关于生态文明建设和生态环境保护重大决策部署；优化空间和产业布局，调整产业结构和能源结构；打好污染防治攻坚战，着力解决大气、水、土壤、农村等突出环境问题；加强自然保护区管理和违规建设项目清理退出；推进生态环境保护体制改革等。保障措施主要有加强组织领导、强化督办落实、加大整改宣传、严肃责任追究等。

整改方案还就每一项整改任务逐一明确责任单位、责任人、整改目标、整改措施和整改时限，实行拉条挂账、督办落实、办结销号，基本做到了可检查、可考核、可问责。

督察整改是环境保护督察的重要环节，也是深入推进生态环境保护工作的关键举措。下一步，中央生态环境保护督察办公室将对各地整改情况持续开展清单化调度并对重点整改任务开展盯办，组织现场抽查，紧盯整改落实情况。同时，督促地方利用“一台一报一网”（省级电视台、党报、政府网站）作为主要载体，加强督察整改工作的宣传报道和信息公开，对督察整改不力的地方和突出环境问题将组织机动式、点穴式督察，始终保持督察压力，确保督察整改取得实实在在的效果。

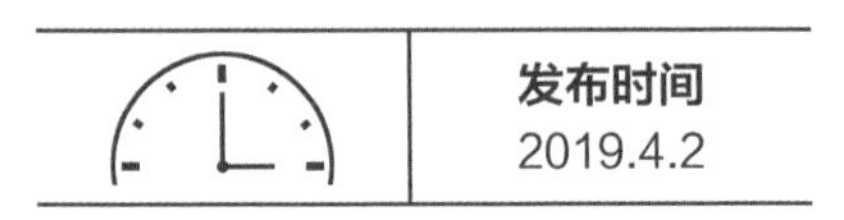

《环境噪声污染防治法》修改启动会召开

4月1日，受全国人大环资委委托，生态环境部召开了《环境噪声污染防治法》（以下简称《噪声法》）修改启动会。会上，生态环境部有关负责人强调，要充分认识《噪声法》修改的重要意义，在习近平生态文明思想的指导下，以人民为中心，积极稳妥做好《噪声法》修改，为不断满足人民群众日益增长的“宁静”生活环境需要提供法律依据。

生态环境部有关负责人指出，现行《噪声法》实施以来，在完善环境噪声有关规章和标准体系、提高环境噪声管理能力、促进产业发展、改善生活环境、保障人体健康等方面发挥了重要作用。但《噪声法》实施20多年来，我国经济社会发生了巨大变化，为适应环境噪声管理的新形势、新要求，推进环境治理体系和治理能力现代化，需要及时修改《噪声法》。

生态环境部有关负责人要求，下一步在修法过程中要按照积极稳妥务实的修法原则，确保法律中重要制度的有效性；要突出源头治理、问题导向，充分借鉴国外相关法律法规的经验和国内各地基层成熟有效的做法；要加强普法，提升管理能力水平和社会公众参与，凝聚社会共识；要保障修法投入，确保任务按期完成。

生态环境部有关负责同志和全国人大环资委代表，以及来自各相关领域的专家出席了会议。

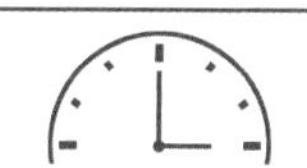

发布时间
2019.4.5

生态环境部、中央文明办联合推选最美生态环保志愿者

近日，生态环境部办公厅、中央文明办秘书局联合印发《关于开展“美丽中国，我是行动者”主题系列活动的通知》，部署开展推选最美生态环保志愿者等工作，推动“美丽中国，我是行动者”主题实践活动进一步往深里走、往实里走。

“美丽中国，我是行动者”主题实践活动于2018年六五环境日主场启动，近一年时间里，已在全国各地落地生根、开花结果，从形式到内容精彩纷呈，诞生了不少体现参与性及创新性的生动案例，更涌现出大量集奉献、友爱、互助、进步的志愿精神及践行“绿水青山就是金山银山”生态环保理念于一身的生态环保志愿者。为发挥典型示范作用，激发公众参与热情，培育生态道德，营造打好污染防治攻坚战的良好社会氛围，生态环境部、中央文明办将通过基层推荐、公众投票、专家评审等方式，推选出百名长期积极组织或参与生态环境保护实践活动的优秀志愿者，授予“最美生态环保志愿者”称号，六五环境日期间向社会公布名单，并邀请优秀代表参加

关于开展“美丽中国，我是行动者”主题系列活动的通知

2019年六五环境日国家主场活动。

两部委部署的2019年“美丽中国，我是行动者”主题系列活动还包括举办生态环保主题摄影及书画大赛等，展现美丽中国之美，弘扬生态文化，阐释“绿水青山就是金山银山”的丰富内涵。优秀作品将同时在六五环境日主场展示。

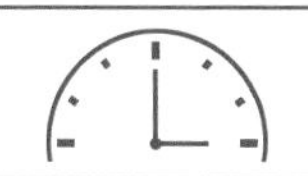

发布时间
2019.4.8

生态环境部部长在京会见保尔森基金会主席

生态环境部部长李干杰4月8日在京会见了保尔森基金会主席亨利·保尔森，双方就生物多样性保护、碳市场建设等方面的合作进行了交流。

李干杰首先代表生态环境部对保尔森一行的来访表示欢迎，并介绍了中国生态环境保护工作的新进展。他说，过去的2018年是中国生态文明建设和生态环境

保护事业发展史上具有重要里程碑意义的一年。贯彻新发展理念、推进生态文明和建设美丽中国的要求写入宪法；全国生态环境保护大会胜利召开，正式确立习近平生态文明思想；中共中央、国务院印发《关于全面加强生态环境保护　坚决打好污染防治攻坚战的意见》；生态环境部组建成立。下一步，将深入贯彻习近平生态文明思想，坚决打赢蓝天保卫战，着力打好碧水保卫战，扎实推进净土保卫战，加强生态系统保护与修复，推动形成绿色发展方式和生活方式，推进生态环境治理体系和治理能力现代化。

李干杰指出，中国政府高度重视2020年《生物多样性公约》第15次缔约方大会筹备工作，韩正副总理亲自主持召开会议批准大会筹备方案。中国将全面履行东道国义务，推动“2020年后全球生物多样性框架”取得协商一致。中方欢迎保尔森先生及保尔森基金会参与支持大会的举办。

李干杰表示，中国政府高度重视应对气候变化，扎实推进相关工作取得积极进展。在碳排放交易方面，中国自2011年起在北京等7个省市启动碳排放权交易试点，并于2017年12月正式启动全国碳排放交易体系。下一步，中国将稳步推进全国碳市场建设，重点做好碳市场管理制度建设、基础设施建设和能力建设等方面的工作，逐步建立起归属清晰、保护严格、流转顺畅、监管有效、公开透明、具有国际影响力的碳市场。中方赞赏保尔森先生及保尔森基金会在应对气候变化方面所做的工作，希望双方在碳市场建设等方面继续加强沟通，深入开展合作。

保尔森高度称赞中国政府在推动生态文明建设、加强生态环境保护特别是在大气污染治理方面取得的成效。希望与中方在现有工作的基础上，继续深化在国家公园体系建设等方面的合作，并为中国成功举办2020年《生物多样性公约》第15次缔约方大会给予支持。

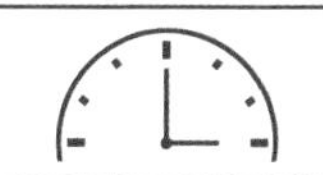

发布时间
2019.4.10

生态环境部对2018年环境执法大练兵表现突出的集体和个人进行表扬

近日，生态环境部印发《关于表扬2018年环境执法大练兵表现突出集体和个人的通报》（以下简称《通报》），对2018年环境执法大练兵活动中表现突出的集体和个人提出了表扬。

据悉，这是生态环境部连续第三年开展环境执法大练兵活动。与前两年不同的是，2018年生态环境部首次提出了“全员、全年、全过程”练兵，将练兵活动贯穿全年，并以“战练结合”的方式与污染防治攻坚战紧密结合，为京津冀等重点地区空气质量的改善作出了重要贡献。

2018年5月，习近平总书记在全国生态环境保护大会上提出，要建设一支生态环境保护铁军。2019年1月，生态环境部部长李干杰在全国生态环境保护工作会议上也指出，打好污染防治攻坚战这场大仗、硬仗和苦仗，必须要有一支作风过硬的铁军队伍。在《通报》中，生态环境部也表示，通过大练兵，各地环境执法力度持续加大，执法规范化程度明显提升，树立了环境执法队伍的良好形象。

关于表扬2018年环境执法大练兵表现突出集体和个人的通报

《通报》还请各级党委和政府继续重视生态环境执法工作，对大练兵表现突出的集体和个人给予充分肯定和鼓励，引导和激励行政区域内生态环境执法机构和生态环境执法人员以他们为榜样，锐意进取、攻坚克难，为打好污染防治攻坚战作出新的贡献。

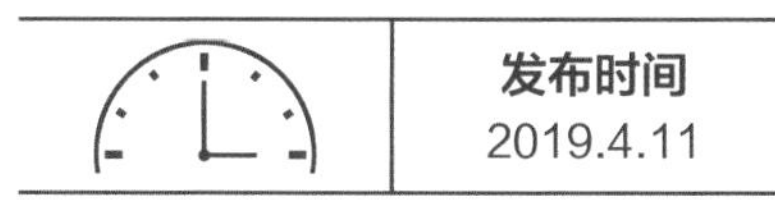

最美生态环保志愿者推选、生态环保主题摄影及书画大赛等六五环境日主题系列活动邀您参加

近日，生态环境部办公厅、中央文明办秘书局联合印发《关于开展“美丽中国，我是行动者”主题系列活动的通知》，部署开展推选最美生态环保志愿者等工作，推动“美丽中国，我是行动者”主题实践活动进一步往深里走、往实里走。

“美丽中国，我是行动者”主题实践活动于2018年六五环境日主场启动，近一年时间里，已在全国各地落地生根、开花结果，从形式到内容精彩纷呈，诞生了不少体现参与性及创新性的生动案例，更涌现出大量集奉献、友爱、互助、进步的志愿精神及践行“绿水青山就是金山银山”生态环保理念于一身的生态环保志愿者。

为发挥典型示范作用，激发公众参与热情，培育生态道德，营造打好污染防治攻坚战良好社会氛围，生态环境部、中央文明办将通过基层推荐、公众投票、专家评审等方式，推选出百名长期积极组织或参与生态环境保护实践活动的优秀志愿者，授予“最美生态环保志愿者”称号，六五环境日期间向社会公布名单，并邀请优秀代表参加2019年六五环境日国家主场活动。

两部委部署的2019年“美丽中国，我是行动者”主题系列活动还包括举办生态环保主题摄影及书画大赛等，展现美丽中国之美，弘扬生态文化，阐释“绿水青山就是金山银山”的丰富内涵。优秀作品将同时在六五环境日主场展示。

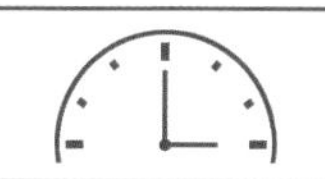

发布时间
2019.4.15

生态环境部部长会见日本环境大臣

4月15日，生态环境部部长李干杰在京会见了日本环境大臣原田义昭，双方就加强和深化生态环境领域的合作进行了深入交流。

李干杰首先代表生态环境部对原田义昭一行的来访表示欢迎。他说，环境合作是中日双边关系的重要组成部分，也是两国较早开展合作的领域之一。在两国合作中，中方充分借鉴日方先进的环境管理理念、技术与经验，推动了生态环境保护工作的开展。

李干杰指出，加强生态环境国际合作是推进中国生态环境保护事业不断发展的客观需要，对推动区域和全球可持续发展具有重要意义。面向未来，中国将继续扩大和加强生态环境国际合作，向包括日本在内的具有生态环境保护先进经验的国家和地区学习，并尽力支持、参与和推进国际环境治理进程，为全球生态安全作出中国贡献。

原田义昭称赞中国政府在推动生态文明建设、加强生态环境保护方面取得的成效，希望与中方加快磋商部门间生态环境合作谅解备忘录，以更好地指导两国未来的环境合作。

双方同意年内签署部门间生态环境合作谅解备忘录，并愿就G20（20国集团）能源与环境部长级会议、海洋塑料垃圾治理、《生物多样性公约》第15次缔约方大会、大气污染防治、应对气候变化、净化槽处理技术等双边、区域和全球议题加强交流与合作。

发布时间
2019.4.17

坚决贯彻党中央决策部署　打好污染防治攻坚战
——生态环境部部长接受《中国纪检监察》杂志专访

记者：习近平生态文明思想是新时代生态文明建设的根本遵循和行动指南，为加强生态环境保护、建设美丽中国提供了思想指引和实践路径。请谈一谈如何把握习近平生态文明思想的核心要义。

李干杰：习近平总书记历来高度重视生态文明建设和生态环境保护。党的十八大以来，习近平总书记走到哪里就把对生态环境保护的关切和叮嘱讲到哪里，深刻回答了为什么建设生态文明、建设什么样的生态文明、怎样建设生态文明等重大理论和实践问题，系统形成了习近平生态文明思想，有力指导了我国生态文明建设和生态环境保护取得历史性成就、发生历史性变革。

习近平生态文明思想的核心要义集中体现在“八个观”：即生态兴则文明兴、生态衰则文明衰的深邃历史观，人与自然和谐共生的科学自然观，绿水青山就是金山银山的绿色发展观，良好生态环境是最普惠的民生福祉的基本民生观，山水林田湖草是生命共同体的整体系统观，用最严格制度保护生态环境的严密法

治观，全社会共同建设美丽中国的全民行动观，共谋全球生态文明建设的共赢全球观。

习近平生态文明思想是习近平新时代中国特色社会主义思想的重要组成部分，既是重要的价值观又是重要的方法论，是我们做好工作的定盘星、指南针、金钥匙。生态环境系统各级党员干部必须深入学习宣传贯彻习近平生态文明思想，切实用以武装头脑、指导实践、推动工作。

记者：习近平总书记深刻指出，生态文明建设正处于关键期、攻坚期、窗口期。应该怎样理解这“三期叠加”的基本国情和现实情况？

李干杰：我国生态文明建设面临“三期叠加”，这是习近平总书记统筹考虑经济、政治、社会和环境诸要素在内的发展全局而作出的重大战略判断。

之所以说是“关键期”，是因为我国产业结构偏重、能源结构偏煤、产业布局偏乱，多领域、多类型、多层面的生态环境问题累积叠加，资源环境承载能力已经达到或接近上限。在我国经济由高速增长阶段转向高质量发展阶段的过程中，污染防治和环境治理是需要跨越的一道重要关口。如果现在不抓紧，将来解决起来难度会更大、代价会更大、后果会更重。我们必须咬紧牙关，爬过这个坡，迈过这道坎。

之所以说是“攻坚期”，是因为人民群众对优美生态环境的需要已经成为我国社会主要矛盾的重要方面，重污染天气、黑臭水体、垃圾围城等问题成为重要的民生之患、民心之痛，成为全面建成小康社会的明显短板。我们必须加快治理、加紧攻坚，提供更多优质生态产品，不断满足人民日益增长的优美生态环境需要。

之所以说是“窗口期”，是因为党中央、国务院高度重视生态环境保护，推动经济高质量发展有利于生态环境保护，宏观经济和财政政策支持生态环境保护，体制机制改革红利惠及生态环境保护，多年实践也探索出一套行之有效的保护生态环境的路子和方法，我们完全有条件、有能力解决生态环境的突出问题。

记者：习近平总书记在今年全国两会参加内蒙古代表团审议时强调，不能因为经济发展遇到一点困难，就开始动铺摊子上项目、以牺牲环境换取经济增长的念头。请问生态环境部采取了哪些有力举措来协调推进经济高质量发展和生态环境高水平保护?

李干杰：近年来，我们不断加大生态环境保护工作力度，在改善生态环境质量的同时，成为推动经济高质量发展的重要力量和抓手，主要体现在三个方面：

一是推动供给侧结构性改革。严格执行环评制度，严把项目准入关口，优化产业布局和结构；依法依规加大督察执法力度，一批污染重、能耗高、技术水平低的企业被淘汰，一批绿色生态产业加快发展，一批传统产业优化升级。

二是营造公平竞争的市场环境。严格环境督察执法，进一步规范市场秩序，从更深层次激活了生产要素，有效解决“劣币驱逐良币”的问题，促进合规企业生产负荷和效益不断提升。

三是培育经济发展新动能。2018年，全国生态保护和环境治理投资同比增长43%，同比上升19.1个百分点，环保产业预计销售收入同比增长两位数以上，对经济发展的贡献度日益上升，成为经济增长的新亮点。

下一步，应聚焦贯彻新发展理念、统筹经济高质量发展和生态环境高水平保护，探索以生态优先、绿色发展为导向的高质量发展新路子，在全国形成可复制、可推广的经验。

记者：习近平总书记多次强调，要以壮士断腕的决心、背水一战的勇气、攻城拔寨的拼劲，坚决打好污染防治攻坚战。请介绍打好污染防治攻坚战的有关情况。

李干杰： 打好污染防治攻坚战是党中央赋予生态环境部门的政治任务，也是我们这代环保人的使命。生态环境部推动打好污染防治攻坚战的思路和举措，可以概括为“四、五、六、七”。

“四”就是克服“四种不良情绪”，即有效克服自满松懈、畏难退缩、简单浮躁、与己无关四种消极情绪和心态。

“五”就是始终保持“五个坚定不移”，即坚定不移深入贯彻习近平生态文明思想，坚定不移全面落实全国生态环境保护大会精神，坚定不移打好污染防治攻坚战，坚定不移推进生态环境治理体系和治理能力现代化，坚定不移打造生态环境保护铁军。

“六”就是认真落实“六个做到”，即做到稳中求进、统筹兼顾、综合施策、两手发力、点面结合、求真务实。

“七”就是聚焦打好“七大标志性重大战役”，即打赢蓝天保卫战，打好柴油货车污染治理、城市黑臭水体治理、渤海综合治理、长江保护修复、水源地保护、农业农村污染治理攻坚战，以生态环境质量改善的实际成效取信于民。

记者：生态环境保护政治性很强、业务性也很强。生态环境部如何通过全面加强党的建设，全面从严治党，坚决整治形式主义、官僚主义，确保党中央的决策部署在生态环境系统得以贯彻落实？

李干杰：生态环境保护是一项业务性很强的政治工作。生态环境部党组始终坚决落实全面从严治党主体责任，驻部纪检监察组坚决履行监督责任，相互紧密支持配合着力打造生态环境保护铁军，为贯彻落实党中央决策部署提供坚强保障。当前和今后一段时期，我们将着力做好以下工作：

一是加强政治和思想建设。认真落实《中共中央关于加强党的政治建设的意见》，扎实开展“不忘初心、牢记使命”主题教育，增强“四个意识”，坚定“四个自信”，做到“两个维护”，当好“三个表率”，建设“模范机关”。尤其是坚决反对和整治一切形式主义、官僚主义，全面落实中共中央办公厅印发的《关于解决形式主义突出问题为基层减负的通知》，切实解决文山会海和督查检查考核过多、过滥等突出问题，让干部切实从文山会海、迎评迎检、材料报表中解脱出来，轻装上阵干实事。严格落实中共中央办公厅关于统筹规范督查检查考核工作的要求，按照“统筹、规范、高效、服务”原则，做好相关“减法”“加法”“乘法”，以优质服务提升工作效能，切实帮助地方发现问题、解决问题。

二是切实加强干部队伍建设。坚持党的好干部标准，着力培养选拔忠诚干净担当的高素质干部，认真落实中共中央办公厅印发的《关于进一步激励广大干部新时代新担当新作为的意见》，推动建立健全正向激励、容错纠错、尽职免责机制，旗帜鲜明为敢干事、能干事的干部撑腰鼓劲。

三是深入推进党风廉政建设。坚决落实中央八项规定及其实施细则精神，坚持严管就是厚爱，持之以恒纠治“四风”。巩固“以案为鉴、营造良好政治生态”专项治理成果。深化运用好监督执纪“四种形态”，对腐败问题坚决做到“零容忍”，维护风清气正的政治生态。

（来源：《中国纪检监察》杂志）

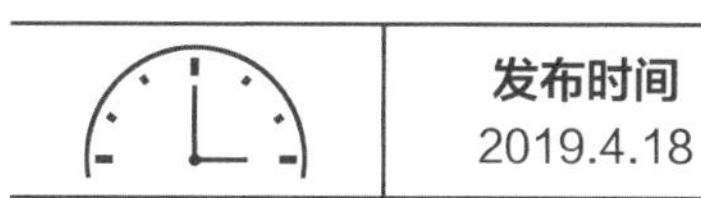
发布时间
2019.4.18

生态环境部召开部党组（扩大）会议

4月18日，生态环境部党组书记、部长李干杰主持召开部党组（扩大）会议，传达学习纪检监察机关整治形式主义、官僚主义工作情况通报，审议并原则通过《中央生态环境保护督察纪律规定》《2019—2020年推进雄安新区生态环境保护工作方案》《生态环境部咨询机构改革方案》“绿盾2018”自然保护区监督检查专项行动总结报告和2019年工作安排。

会议指出，党的十九大以来，纪检监察机关把整治形式主义和官僚主义作为重要政治任务，为推动全面从严治党向纵深发展提供坚强的纪律支撑。生态环境系统要深入贯彻落实习近平总书记关于坚决整治形式主义、官僚主义的重要讲话和批示指示精神，深入贯彻习近平生态文明思想，推动党中央、国务院各项决策部署落地生根，努力打造生态环境保护铁军，坚决打好污染防治攻坚战。

一要充分认识集中整治形式主义、官僚主义的重要性、必要性和紧迫性，将开展形式主义、官僚主义集中整治作为贯彻落实习近平新时代中国特色社会主义思想和党的十九大精神、以实际行动践行“两个维护”的重要举措和具体行动，在前期查摆问题的基础上，坚决抓好整改落实，推动问题彻底解决。

二要着力把握形式主义、官僚主义方面存在的突出问题，各级党组织和党员干部要紧密结合实际，强化精准思维，发现和整治具有本层级、部门和地方特点的突出问题，创造性开展整治工作，提高针对性和实效性。

三要采取有效措施确保整治工作取得实效，结合贯彻落实中共中央办公厅《关于解决形式主义突出问题为基层减负的通知》精神，深化“以案为鉴，营造良好政治生态”专项治理成果，研究制定解决形式主义、官僚主义问题的具体措施，认真抓好落实。要畅通监督举报渠道，严肃执纪问责，深挖细查因不担当、不作为、乱作为等形式主义、官僚主义问题造成严重后果的违纪违法行为。各级党组织要履行好主体责任，推动整治形式主义、官僚主义问题取得扎实成效，为坚决打好污染防治攻坚战提供坚强纪律作风保障。

会议认为，建立并实施中央生态环境保护督察制度是习近平总书记亲自倡导、亲自推动的重大改革举措。强化督察纪律规矩，对于依法依规开展督察、不断规范督察行为、树立督察良好形象具有重要意义。新修订的《中央生态环境保护督察纪律规定》，进一步明确了全面从严治党、加强政治建设，反对形式主义、官僚主义的有关规定，既体现党中央的新部署，又落实党中央的新要求。生态环境系统尤其是督察队伍要进一步增强“四个意识”，坚定“四个自信”，做到“两个维护”，始终牢牢把握督察的政治方向，做到思想上更加清醒、政治上更加坚定、行动上更加务实。在督察工作中加强党风廉政建设，把纪律和规矩挺在前面，时刻做到廉洁自律，坚决守住底线，不越红线，不碰高压线。时刻关注督察作风建设方面的新情况、新问题，不断提出更高更严的新要求，不定期修改完善督察纪律规定。

会议强调，建设雄安新区是千年大计、国家大事，以习近平同志为核心的党中央高度重视雄安新区生态环境保护工作。当前，雄安新区大规模建设已经启动，要抓好生态环境保护工作方案的落实，指导和支持雄安新区以解决突出生态环境问题为重点，打好污染防治攻坚战，开展长远性生态环境管理体制机制建设，坚持生态优先、绿色发展，协同推动经济高质量发展和生态环境高水平保护。要持续推进部-省-新区工作协调机制，继续强化沟通协调，形成工作合力，强化责任落实，全力打造绿色生态宜居新城区。

会议指出，开展“绿盾”自然保护地强化监督工作是贯彻落实习近平总书记重要指示批示精神和党中央、国务院决策部署的政治任务。生态环境系统要进一步提高政治站位，统一思想认识，强化责任担当，严肃查处涉及各类自然保护地的违法违规行为，为自然保护地竖起一道坚强盾牌。对发现的问题，要建立台账、紧盯不放，敢于动真碰硬，持续保持高压态势，督促问题整改到位。要健全长效机制，将强化监督中行之有效的工作方法转化成日常监督和执法的制度机制。2019年要进一步聚焦国家级自然保护区内采石采砂、工矿建设、核心区缓冲区旅游设施和水电设施四类问题以及长江经济带各级各类自然保护地内采矿（石）、采砂、设立码头等八类突出生态环境问题，全面加强对各类自然保护地的监督检查。

会议强调，国家环境咨询委员会和原环境保护部科学技术委员会成立以来，为加强生态环境管理作出重要贡献。将咨询委员会和科技委员会合并，成立国家生态环境保护专家委员会（以下简称专委会），旨在进一步适应生态环境部职能变化，围绕打好污染防治攻坚战，充分发挥专家委员的智囊作用，用好决策咨询这个外脑，集中各方智慧，为管理决策更加科学、更符合实际提供智力支撑。要鼓励和引导专家委员从多种渠道反映有利于生态环境保护的观点和建议，群策群力，形成生态环境保护的社会合力。有关司局和部属单位要做好专委会的运行和服务保障，围绕生态环境部中心工作，组织开展咨询活动，及时反映工作情况和整理专家委员建议，组织成果报送与转化应用，保障专委会高效稳定运转。会议决定，适时组织召开专委会换届会议。

会议还研究了其他事项。

生态环境部党组成员、副部长翟青、赵英民、刘华，中央纪委国家监委驻生态环境部纪检监察组组长、部党组成员吴海英，部党组成员、副部长庄国泰出席会议。

生态环境部副部长黄润秋列席会议。

驻部纪检监察组负责同志，部机关有关部门主要负责同志列席会议。

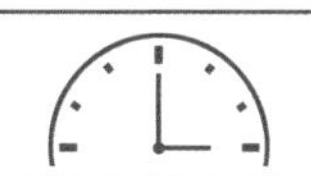

发布时间
2019.4.19

生态环境部召开部党组中心组集中（扩大）学习会

4月19日，生态环境部召开部党组中心组集中（扩大）学习会，生态环境部党组书记、部长李干杰主持会议，中央纪委国家监委办公厅正局级纪检监察员兼副主任刘硕应邀就贯彻落实《关于深化中央纪委国家监委派驻机构改革的意见》（以下简称《意见》）作专题辅导报告。

刘硕紧密结合党的纪检监察体制改革进程，全面解读了《意见》制定的重大意义、主要内容和贯彻落实要求，深入细致地对《意见》有关章节进行了重点阐释，内容丰富、条分缕析、深入浅出，大家感到深受教育、受益匪浅。

李干杰说，刘硕同志的报告主题鲜明、内涵深刻，既是一场生动的报告，也是一堂精彩的党课，对于生态环境部系统进一步抓好《意见》的学习贯彻具有重要指导意义。

李干杰指出，党的十八大以来，以习近平同志为核心的党中央把健全党和国家监督体系作

为推进国家治理体系和治理能力现代化的重要一环，高度重视纪检监察派驻机构建设，着力发挥派驻监督作用。深化中央纪委国家监委派驻机构改革，制定出台《意见》，是深入学习贯彻习近平新时代中国特色社会主义思想和党的十九大精神，深入推进全面从严治党向纵深发展，健全党和国家监督体系的重要举措，体现的是以习近平同志为核心的党中央的权威和集中统一领导，体现的是党中央推动全面从严治党和反腐败斗争向纵深发展的坚强决心和持久定力。

李干杰强调，要高度重视《意见》的学习贯彻，深刻领会、牢牢把握中央纪委国家监委派驻机构改革的精神实质和基本要求，增强“四个意识”，坚定“四个自信”，做到“两个维护”，增强主动接受监督的政治意识，支持驻部纪检监察组履行监督职责，推动改革在生态环境部系统落地见效。要以贯彻《意见》为抓手，持续推进生态环境部系统全面从严治党工作，重点在党的政治建设、营造良好政治生态、加强日常管理和监督、持之以恒正风反腐、为全面从严治党提供组织保障五个方面下功夫，不断提升纪检监察工作的能力和水平。

会议以视频会的形式召开，在生态环境部设立主会场，在有条件的部属单位设分会场。

生态环境部党组成员、副部长翟青、刘华，中央纪委国家监委驻生态环境部纪检监察组组长、部党组成员吴海英，部党组成员、副部长庄国泰出席会议。

驻部纪检监察组负责同志，机关各部门、在京部属单位党政主要负责同志在主会场参会。部机关全体干部、在京部属单位基层党组织书记和中层以上干部在分会场参会。

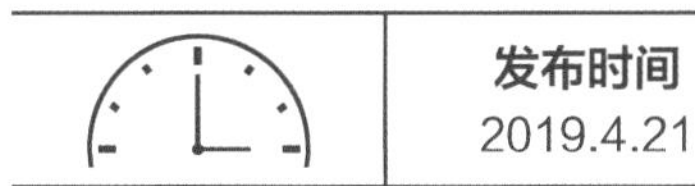

生态环境部部署防控重点湖库蓝藻水华

近期，生态环境部印发《关于做好2019年重点湖库蓝藻水华防控工作的通知》（以下简称《通知》），分析重点湖库形势，就防控蓝藻水华暴发提出要求。

《通知》指出，根据气象预测和水环境形势分析，2019年上半年太湖、巢湖、滇池、洱海等重点流域气温较2018年同期偏高。1月，太湖、滇池叶绿素a浓度高于往年同期水平，2019年重点湖库暴发蓝藻水华的风险较大。

《通知》要求，太湖、巢湖、滇池、洱海等重点湖库，要采用卫星遥感和人工巡测相结合的手段监控水华动态，加强蓝藻水华形势分析和预测预警。相关重点湖库应制定蓝藻水华防控应急预案，建立应急工作机制，定期开展应急预案演练。加强饮用水水源水质监控，及时开展取水口等重点水域的蓝藻围挡和打捞处置，保障水质安全。加强风景名胜区、居民区、休闲场所等人群集中区周边蓝藻水华防控，确保无明显蓝藻堆积、腐烂发臭现象。

生态环境部将密切关注各重点湖库水质及蓝藻水华变化情况，对蓝藻水华形势严峻的地区，适时开展监督指导，有效防控蓝藻水华及其次生灾害，降低对湖泊生态系统的不利影响。

发布时间
2019.4.22

第四批中央生态环境保护督察8个省（区）公开移交案件问责情况

经党中央、国务院批准，第四批8个中央生态环境保护督察组于2017年8月至9月对吉林、浙江、山东、海南、四川、西藏、青海、新疆（含新疆生产建设兵团，以下简称兵团）8个省（区）开展环境保护督察，并于2017年12月至2018年1月完成督察反馈，同步移交89个生态环境损害责任追究问题，要求地方进一步核实情况，严肃问责。

8个省（区）的党委、政府高度重视，均责成纪检监察部门牵头，对移交的责任追究问题立案审查，查清事实，厘清责任，依法依纪开展问责工作，报经省（区）党委、政府研究批准后，形成问责意见，并于4月22日统一对外公开。经调度汇总，8个省（区）的问责情况如下：

一、问责人数

8个省（区）共问责1035人，其中，厅级干部218人（正厅级干部57人），处级干部571人（正处级干部320人）。分省（区）情况：吉林省177人，其中，厅级干部53人，处级干部93人；浙江省109人，其中，厅级干部19人，处级干部61人；山东省163人，其中，厅级干部29人，处级干部104人；海南省135人，其中，厅级干部30人，处级干部56人；四川省160人，其中，厅级干部29人，处级干部95人；西藏自治区83人，其中，厅级干部14人，处级干部39人；青海省62人，其中，厅级干部16人，处级干部32人；新疆维吾尔自治区（含兵团）146人（兵团34人），其中，厅级干部28人（兵团3人），处级干部91人（兵团29人）。8个省（区）在问责过程中，注重追究领导责任、管理责任和监督责任，尤其突出了主要领导责任。

二、问责情形

被问责人员中，诫勉296人，党纪政务处分773人（次），移送司法2人，其他处理10人。被问责的厅级干部中，诫勉72人，党纪政务处分155人（次），其他处理1人。总体来看，8个省（区）在问责工作中坚持严肃问责、权责一致、终身追责的原则，严格细致、实事求是，为压实地方党委、政府生态环境保护责任发挥了重要作用。

三、问责分布

8个省（区）被问责人员中，地方党委61人，地方政府208人，地方党委和政府所属部门684人，国有企业31人，其他有关部门、事业单位人员51人。在党委政府有关部门中，国土部门103人，环保部门99人，住建部门78人，水利部门68人，海洋部门67人，工信部门56人，林业部门50人，发改部门43人，城管部门27人，农业部门17人，质检部门11人，交通部门7人，旅游、卫计委等其他部门58人。被问责人员基本涵盖生态环境保护工作各相关方面，体现了生态环境保护“党政同责、一岗双责”的要求。

从上述移交问题分析，涉及生态环境保护工作部署推进不力、监督检查不到位等不作为、慢作为问题占比约44%；涉及违规决策、违法审批等乱作为问题占比约38%；涉及推诿扯皮、导致失职失责的问题占比约15%，其他有关问题占比约3%。

中央生态环境保护督察是推进生态文明建设的重大制度安排，严格责任追究是环境保护督察的内在要求，也是推进督察整改工作和生态环境问题解决的有效手段。吉林等8个省（区）党委、政府在通报督察问责情况时均强调，要深入学习贯彻习近平生态文明思想，全面落实党中央、国务院关于生态环境保护工作的各项决策部署，不断提高政治站位，坚决扛起生态文明建设的政治责任，打好污染防治攻坚战，解决好人民群众反映强烈的突出环境问题。要求各级领导干部要引以为鉴，举一反三，切实增强“四个意识”，坚定“四个自信”，坚决做到“两个维护”，把思想和行动统一到党中央决策部署上来，自觉践行新发展理念，推动经济高质量发展；要求各级各部门要认真落实生态环境保护党政同责、一岗双责，层层压实责任，抓实各项工作，以看得见的成效兑现承诺，取信于民；要求各级纪检监察机关要强化监督执纪问责，对生态环境损害问题依纪依法严肃问责，为强化生态环境保护工作和打好污染防治攻坚战提供纪律保障。

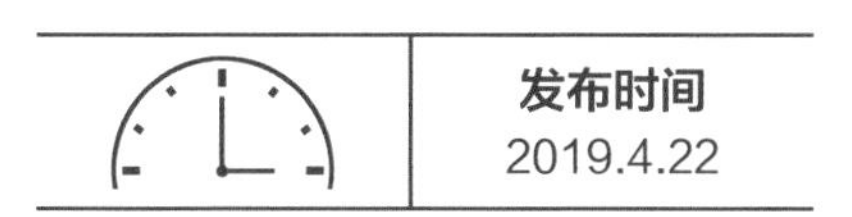

生态环境部通报7起中央生态环保督察典型案例问责情况

经党中央、国务院批准，2017年12月至2018年1月，中央生态环境保护督察组完成对吉林、浙江、山东、海南、四川、西藏、青海、新疆（含兵团）8个省（区）的督察反馈，并同步移交生态环境损害责任追究问题。8个省（区）高度重视，迅速组织调查核实，依纪依法追责问责，目前相关工作已全部完成。现将其中7起生态环境损害典型案例问责情况通报如下：

一、吉林省辽河流域水环境质量严重恶化

中央环保督察发现，吉林省辽河流域水质2013—2017年恶化严重，Ⅰ～Ⅲ类断面比例持续下降，劣Ⅴ类断面比例持续上升。2017年上半年，9个国控断面中有8个为劣Ⅴ类水质。列入辽河流域水污染防治“十二五”规划的67个项目仅建成28个，其中中央资金支持的22个项目仅建成9个。辽源、四平、公主岭等市党委、政府及有关部门对辽河污染防治工作重视不够、推进不力，导致辽河流域水质恶化严重。

吉林省按照有关规定和干部管理权限，共给予22人党纪政务处分。其中，对省军民融合办副主任王立平免去辽源市委书记职务；给予省政府副秘书长张凯明

（时任四平市委常委、副市长）、辽源市委老干部局调研员谭海（时任辽源市分管副市长）、四平市政协办公室调研员杨洪波（时任公主岭市市长）、四平市红嘴经济技术开发区管委会正处级干部张志勇（时任四平双辽市市长）4人党内严重警告处分；给予省总工会副主席吴宏韬（时任辽源市副市长），四平市人大常委会副主任、双辽市委书记侯川（时任四平市铁西区区长），辽源市人大常委会副主任、开发区党工委书记、管委会主任张凤林（时任辽源市龙山区区长），松原市前郭尔罗斯蒙古族自治县委书记孙志刚（时任公主岭市市长），四平市梨树县委副书记、县长郭志勇（时任四平市铁东区区长），四平双辽市委副书记、市长王忠源（时任四平双辽市市长），四平市粮食局局长王志军（时任四平市梨树县副县长），四平市国土局局长宋国军（时任四平双辽市副市长），辽源市工信局局长李晓东（时任辽源市西安区区长），四平市妇联主席杨丽红（时任公主岭市副市长）10人党内警告处分。此外，对负有责任的其他7名干部分别给予党内警告处分或进行诫勉。

二、浙江省违法违规围填海问题突出

中央环保督察发现，近年来，宁波、温州、舟山等市政府及相关部门和相关区县政府违法实施大量围填海工程，生态环境保护乱作为问题突出。其中，宁波市相关区县未经审批违法实施7个填海围垦工程，违法围填海1.03万公顷；温州市及相关区县在未取得海域使用权的情况下，违法实施5个滩涂围垦项目，填海2300余公顷；舟山市有23宗围填海项目未依法取得海域使用权，且未恢复海域原状。2015年7月至督察期间，原浙江省海洋与渔业厅在重点河口海湾违规审批77宗围填海项目，且各级海洋部门未按要求及时制止违法围填海行为，监管明显失职失责。

浙江省按照有关规定和干部管理权限，共问责33名干部。其中，给予宁波市委常委、鄞州区委书记褚银良（时任宁海县委副书记、县长），宁波市象山县委书记叶剑鸣（时任象山县委副书记、县长），温州市苍南县委书记黄荣定（时任苍南县委副书记、县长）3人党内警告处分；给予宁波市政协党组副书记、副主席林静国（时任宁波市副市长），宁波市经信局党组书记、局长张世方（时任宁波市发展和改革委党委副书记、副主任），舟山市人大常委会副主任张明（时任省海洋与渔业局副局长），温州市人大常委会党组副书记、副主任任玉明（时任温州市副市长），温州市瓯江口产业集聚区党工委书记、管委会主任姜增尧，省自然资源厅海洋海岛管理处调研员傅舒（时任省海洋与渔业局海域处处长），宁波市宁海县副县长范建军，象山县委常委、县政府党组成员干维岳（时任象山县副县长），温州乐清市委常委、常务副市长叶伟琼（时任乐清市副市长）9人政务警告处分；给予宁波兴宁集团有限公司副董事长陈秀忠（时任宁波市海洋与渔业局党委书记、局长）政务记过处分。此外，对负有责任的其他20名干部分别给予党纪政务处分或进行诫勉。

三、山东省严重过剩产能行业新增产能问题突出

中央环保督察发现，山东省一些部门和地方在贯彻落实国务院“严禁电解铝、钢铁等产能严重过剩行业新增产能”要求上做选择、搞变通，截至督察进驻时全省电解铝总产能达1260万吨，远超2017年产能控制在400万吨的目标。省发展和改革委对化解电解铝行业严重过剩产能审核不严；省经济和信息化委、原省环境保护厅审核监督流于形式，纵容违规新增产能项目建设；滨州市党委、政府放任纵容新增严重过剩产能项目，甚至弄虚作假；聊城市相关部门纵容过剩产能违法建设，包庇违法行为，欺瞒上级检查。2014年至督察进驻时，全省累计违规

新增电解铝产能超过600万吨，同时大量配套燃煤发电机组，导致燃煤消费总量控制不力，污染排放突出，给大气环境治理改善带来巨大压力。

山东省按照有关规定和干部管理权限，共问责21名干部（其中8人与全省煤炭消费总量控制工作落实不力问题合并问责）。其中，给予时任省发展和改革委党组成员、副主任闫作溪（已退休），时任省环保厅党组成员、副厅长谢锋（已退休）2人党内警告处分；给予聊城市政协副主席葛敬方（时任聊城市发展和改革委主任，与其他问题合并处理），滨州市邹平县人大常委会党组书记、主任张宝武（时任邹平县委常委、副县长），滨州市政协提案委员会副主任冯国明（时任滨州市北海经济开发区党工委委员、管委会副主任）3人党内严重警告处分；给予滨州市委办公室正县级干部邹继刚（时任滨州市邹平县委副书记、县长，与其他问题合并处理）党内严重警告处分并免职。此外，对负有责任的其他15名干部分别给予党纪政务处分或进行诫勉。

四、海南省三亚市政府违规干预执法，致使违法建设行为长期未得以制止

中央环保督察发现，2012年以来，三亚小洲岛产权式度假酒店项目突破规划许可，在三亚珊瑚礁国家级自然保护区和海岸带200米范围内违法建设，三亚市政府多次干预市综合执法局对该项目的执法活动，要求相关部门为违法项目完善手续。省海洋部门及三亚珊瑚礁国家级自然保护区管理部门对自然保护区法定区域没有实施有效保护，未及时制止和查处自然保护区内违法建设行为。

海南省按照有关规定和干部管理权限，共问责19名干部（其中2人与三亚珊瑚礁国家级自然保护区违规建设项目整改不力问题合并问责）。其中，给予三亚市住房和城乡建设局局长黎觉行，三亚市退役军人事务局局长黄海雄（时任三亚

市规划局局长），三亚市政协农业和农村委员会主任王宏宁（时任三亚市综合执法局局长），三亚市发展和改革委主任张利4人党内严重警告、政务记大过处分；给予三亚珊瑚礁国家级自然保护区管理处主任傅捷、三亚市自然资源和规划局局长高富宅（时任三亚市国土环境资源局副局长）党内警告、政务记过处分；给予原三亚市海洋与渔业局局长章华忠（与三亚珊瑚礁国家级自然保护区违规建设项目整改不力问题合并处理，已退休）党内严重警告处分。此外，对负有责任的其他12名干部分别给予党纪政务处分或进行诫勉。

五、四川省在自然保护区内大量违规审批和延续采矿探矿权

中央环保督察发现，2013年以来，原省国土资源厅在全省自然保护区内违规新设探矿采矿权14宗，并违规为保护区内42个采矿权和192个探矿权办理延续手续，涉及71个自然保护区，占全省自然保护区总数的40%以上，环保乱作为问题突出。此外，德阳市林业局对所管辖自然保护区监管不严，甚至为4个采矿权违规办理临时占用林地许可手续。大量采矿探矿活动严重破坏自然保护区的局部生态环境和保护功能。

四川省按照有关规定和干部管理权限，共问责22名干部。其中，给予时任原国土资源厅矿管处处长、副巡视员杨登文（已退休）党内严重警告处分；给予时任原国土资源厅党委委员、副厅长王平政务记大过处分；给予时任原国土资源厅总规划师陈东辉政务警告处分；给予时任原德阳市林业局党委书记、局长廖洪流（已退休）党内警告处分。此外，对负有责任的其他18名干部分别给予党纪政务处分或进行诫勉。

六、青海省建设项目违规占用草原问题突出

中央环保督察发现，2013年至督察时，青海省有144个项目未依法办理草原征占用审批手续，农牧部门对此监管不到位，仅下达责令整改通知书，未进行行政处罚，违规占用草原问题长期得不到解决，不作为问题突出。原省国土资源厅在建设用地审查报批工作中违反《草原法》有关要求，在无草原征占用审批手续的情况下，违规为144个项目中的大部分办理了土地征用手续，造成草原生态破坏。

青海省按照有关规定和干部管理权限，共问责7名干部。其中，给予省政协社会和法制委员会主任田惠源（时任省农牧厅副厅长），省农业农村厅副厅长巩爱岐（原省农牧厅副厅长）、省自然资源厅副厅长朱小川（原省国土资源厅副厅长），省草原监理站站长蔡佩云，省自然资源厅耕地保护处处长秦海燕5人党内警告处分；对原省农牧厅草原处处长曾植俊免职处理。此外，对负有责任的其他1名干部进行诫勉。

七、新疆维吾尔自治区乌鲁木齐市非法倾倒污泥侵占破坏国家级公益林

中央环保督察发现，2013年以来，乌鲁木齐市米东区政府及其相关部门违规同意中德丰泉污水处理厂、河东污水处理厂将污泥倾倒在北沙窝区域国家级公益林内。此外，由于监管不到位，米东科发、甘泉堡工业园区污水处理厂将大量污泥倾倒于同一地点。截至督察进驻时，污泥倾倒量达15万吨，环境污染和隐患突出。

新疆维吾尔自治区按照有关规定和干部管理权限，共问责9名干部。其中，给予乌鲁木齐市水务局党组书记秦继军（时任乌鲁木齐市水务局党组副书记、局

长）党内严重警告处分（与其他生态环境损害责任追究问题合并处理）；给予乌鲁木齐市城建（集团）股份有限公司党委副书记张卫东（时任乌鲁木齐甘泉堡经济技术开发区管委会党工委委员、副主任），时任米东区环境保护局局长孙忠（已退休），时任米东区林业园林管理局局长王智国（已退休），米东区农业农村局党组书记包尔江·库尔马西卡力（时任米东区畜牧局局长）党内警告处分，对米东区铁厂沟镇党委书记宋建斌（时任米东区环境保护局党组副书记、局长），米东区水务局党组副书记、局长刘青春，米东区林业园林管理局党组书记、副局长马俊林（时任米东区林业园林管理局局长）进行诫勉。时任米东区委副书记、区长张承义因其他违纪违法问题已给予开除党籍、开除公职处分，移送司法机关处理。

中央生态环境保护督察是推进生态文明建设的重大制度安排，是压实生态环保责任、解决突出环境问题、推进高质量发展的重要抓手。上述通报的7起典型案例，有的对生态环境保护工作不重视，不作为、慢作为问题突出；有的违规决策、胡乱审批，甚至干预执法，严重失职失责；有的擅自放松要求、降低标准，工作不严不实，甚至弄虚作假。这些问题及其背后的原因十分典型，要引以为戒，吸取教训，举一反三，切实履行好生态环境保护责任。要深入贯彻落实习近平生态文明思想，不断提高政治站位，树牢“四个意识”，坚定“四个自信”，做到“两个维护”，全力打好污染防治攻坚战。

发布时间
2019.4.23

生态环境部召开部党组（扩大）会议

4月22日，生态环境部党组书记、部长李干杰主持召开部党组（扩大）会议，传达学习习近平总书记在解决“两不愁三保障”突出问题座谈会上的重要讲话精神，听取生态环境部2019年第一季度定点扶贫工作进展情况汇报；传达学习全国巡视工作会议暨十九届中央第三轮巡视动员部署会精神。

会议指出，习近平总书记在解决“两不愁三保障”突出问题座谈会上的重要讲话，充分体现了习近平总书记心系贫困群众的为民情怀和坚决打赢脱贫攻坚战的责任担当，为我们做好脱贫攻坚工作提供了根本遵循和行动指南。生态环境系统要深入贯彻落实习近平总书记关于扶贫工作的重要论述和重要讲话精神，进一步增强“四个意识”，坚定“四个自信”，做到“两个维护”，将脱贫攻坚作为重要政治责任扛在肩上，切实增强责任感和使命感，以更有力的行动、更扎实的工作，确保坚决打赢精准脱贫攻坚战。

会议强调，生态环境部定点扶贫的河北省围场县、隆化县的各项脱贫工作已进入全面冲刺阶段，各单位各部门要把落实扶贫责任和聚焦精准贯穿始终，围绕定点扶贫责任书中的承诺目标和2019年定点扶贫工作要点有关要求，尽锐出战，履职尽责，切实落实“一把手”负责制；同时聚焦精准、严把质量关，既不拔高胃口，也不降低标准，着力解决好“两不愁三保障”突出问题，扎实做好定点扶贫工作，协同推进污染防治和精准脱贫两大攻坚战。要把加强作风建设和从严治党要求贯穿始终，完善和落实抓党建促扶贫体制机制，发挥党组织战斗堡垒作用，坚持问题导向，举一反三，做好部系统扶贫领域作风问题自查自纠。要把防止返贫和衔接乡村振兴贯穿始终，继续做好剩余贫困人口脱贫的对口帮扶工作，帮助已脱贫人口实现稳定脱贫，并将防止返贫放在重要位置，做到摘帽不摘责任、摘帽不摘政策、摘帽不摘帮扶，保持政策稳定连续；将生态环保扶贫作为衔接脱贫攻坚与乡村振兴战略实施的重要举措，用乡村振兴措施巩固脱贫攻坚成果，接续推动经济社会发展和群众生产生活改善，增强贫困群众绿色自我发展能力。

会议指出，全国巡视工作会议暨十九届中央第三轮巡视动员部署会议是党中央召开的第一次全国巡视工作会议，对于推动新时代巡视工作高质量发展具有重要意义。生态环境系统要认真学习贯彻习近平总书记关于巡视工作的重要指示精神，落实赵乐际同志提出的“五个紧扣、五个推进”要求，坚定不移深化政治巡视，为贯彻落实党中央、国务院关于生态环境保护工作的决策部署，坚决打好污染防治攻坚战、建设美丽中国提供坚强政治保障。

会议强调，生态环境系统要认真学习贯彻会议精神，组织做好生态环境部党组第三轮巡视工作，督促各级党组织和各巡视组认真贯彻落实党中央要求，从讲政治的高度正确认识巡视作为党内监督重要方式的重大意义，时刻向中央看齐，坚决扛起管党治党政治责任，落实巡视工作各项任务，精准发现问题，确保巡视工作取得实效。要对照中央巡视的标准和要求，不断完善生态环境部巡视工作制度机制，提升工作的规范化、制度化、科学化水平，把巡视监督与纪检、监察、组织、审计等监督贯通起来，形成工作合力，高质量完成部党组明确的巡视全覆盖目标任务。要抓紧抓好问题整改落实，发挥巡视标本兼治战略作用，督促被巡视单位按照反馈意见抓好整改落实，同时对巡视发现的问题进行深入分析研究，注重举一反三，堵塞漏洞，标本兼治，做到有问题早发现、早整改，坚决削减存量、遏制增量，进一步营造风清气正的政治生态。

会议还研究了其他事项。

生态环境部党组成员、副部长翟青、赵英民、刘华，中央纪委国家监委驻生态环境部纪检监察组组长、部党组成员吴海英，部党组成员、副部长庄国泰出席会议。

生态环境部副部长黄润秋列席会议。

驻部纪检监察组负责同志、部机关有关部门主要负责同志列席会议。

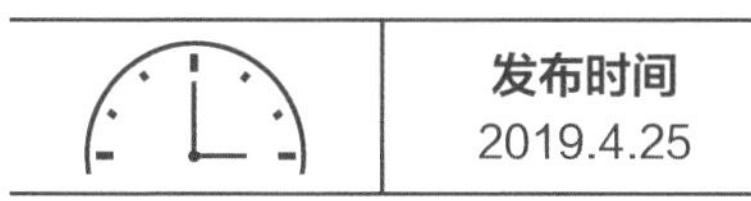

第二届“一带一路”国际合作高峰论坛绿色之路分论坛在京举行

4月25日，第二届“一带一路”国际合作高峰论坛绿色之路分论坛在京举行。分论坛由生态环境部、国家发展和改革委联合主办，主题为“建设绿色‘一带一路’，携手实现《2030年可持续发展议程》”，旨在分享生态文明和绿色发展的理念与实践，推动共建国家和地区落实2030年可持续发展目标，打造绿色命运共同体。

生态环境部部长李干杰出席分论坛并发表主旨演讲。他说，“一带一路”不仅是经济繁荣之路，也是绿色发展之路。在五年多的“一带一路”建设实践中，中国始终秉持绿色发展理念，注重与联合国《2030年可持续发展议程》对接，推动基础设施绿色低碳化建设和运营管理，在投资贸易中强调生态文明理念，加强生态环境治理、生物多样性保护和应对气候变化等领域的合作，为落实2030年可持续发展目标提供新动力，也为共建国家和地区的绿色发展带来新机遇。

李干杰表示，近年来，中国坚持走生态优先、绿色发展之路，加快推进生态文明建设，加大生态环境治理力度，蓝天、碧水、净土保卫战全面展开，应对气候变化成效显著，生态环境质量持续改善。在努力实现自身绿色发展的同时，中国与“一带一路”共建国家和地区围绕促进绿色发展开展了领域广泛、内容丰富、形式多样的交流与合作，取得了一系列丰硕的成果。

一是健全合作机制，朋友圈不断扩大。已与共建国家和国际组织签署近50份双边、多边生态环境合作文件。二是推进平台建设，基础不断夯实。启动“一带一路”绿色供应链平台，成立澜沧江-湄公河环境合作中心。与柬埔寨环境部共同建立中柬环境合作中心，分别在肯尼亚、老挝筹建中非环境合作中心、中老环境合作办公室。三是深入政策沟通，共识不断形成。举办“一带一路”生态环保国际高层对话等系列主题交流活动。在中国-东盟、上海合作组织、澜沧江-湄公河等合作机制下，每年举办20余次论坛和研讨会，共建国家和地区超过800人参加交流。四是开展务实合作，能力不断提升。实施“绿色丝路使者计划”、环境管理对外援助培训和应对气候变化南南合作培训，每年支持300多名共建国家和地区代表来华交流培训。在深圳设立“一带一路”环境技术交流与转移中心。

李干杰指出，建设绿色“一带一路”，要坚持共建共享，为有关国家和地区创造更多的绿色公共产品，有效推动《2030年可持续发展议程》的落实；要形成

强大合力，政府担当引导职责，企业切实履行环境社会责任，社会组织与公众积极参与和监督，行业组织发挥好协调作用，金融机构当好“防火墙”；要加强精准对接，强化绿色“一带一路”倡议与共建国家和地区可持续发展目标及规划的协调，促进生态环保政策法规对接，共同推动基础设施、产品贸易、金融服务等领域合作的绿色化；要开展试点示范，促进先进生态环保技术的联合研发、推广和应用，实施一批相关方共同参与、共同受益的生态环保试点示范项目，分享生态文明建设和绿色发展实践经验。

工业和信息化部部长苗圩、国家发展和改革委秘书长丛亮出席分论坛并致辞。捷克副总理兼环境部部长布拉贝茨等20多位中外政府、智库、国际组织、企业嘉宾围绕分论坛主题进行了发言。与会代表共商“一带一路”绿色发展之策，提出一系列推动绿色“一带一路”建设的战略政策、合作机制和具体领域的优先活动等建议，进一步凝聚“一带一路”绿色共识，为绿色“一带一路”未来发展提供了新视角、新思路。

分论坛上，“一带一路”绿色发展国际联盟和生态环保大数据服务平台正式启动，绿色“走出去”、绿色照明、绿色高效制冷行动等倡议作为成果予以发布。

来自近30个国家的政府部门、国际组织、研究机构、企业和非政府组织代表共200余人参加分论坛，其中部长级官员25名、国际组织负责人17名。

分论坛期间，还举行了“一带一路”绿色发展国际联盟首次全体会议，联盟100多家中外合作伙伴代表出席会议。联盟联合主席、生态环境部部长李干杰主持会议并讲话，联盟联合主席新加坡环境及水源部部长马善高、挪威前气候与环境大臣赫尔格森、世界资源研究所总裁斯蒂尔作了发言。会议介绍了联盟工作大纲及2019—2020年工作要点，并听取了联盟联合主席、咨询委员会委员和合作伙伴的意见建议。与会代表对联盟成立给予高度评价，纷纷表示联盟为推动“一带一路”共建国家和地区的生态环保合作与绿色发展提供了新的桥梁和纽带，为推动落实联合国2030年可持续发展议程提供了重要途径，将积极参与联盟有关活动，携手共创绿色“一带一路”美好未来。

生态环境部部长会见出席第二届“一带一路”国际合作高峰论坛绿色之路分论坛的多位外方嘉宾

4月25日，生态环境部部长李干杰在京分别会见蒙古国自然环境与旅游部部长策仁巴特、新加坡环境及水源部部长马善高、亚美尼亚自然保护部部长格里高良和越南自然资源与环境部部长陈洪河，欢迎他们来华出席第二届“一带一路”国际合作高峰论坛绿色之路分论坛。

在会见策仁巴特时，李干杰首先对蒙古国自然环境与旅游部加入“一带一路”绿色发展国际联盟表示赞赏。他说，在蒙古国自然环境与旅游部等中外合作伙伴的共同参与和推动下，联盟已有包括25个“一带一路”共建国家环境部门在内的近70个外方合作伙伴，成为“一带一路”与“发展之路”倡议对接的重要载体之一。他指出，中蒙两国是友好近邻，在生态环境领域合作历史已久，希望双方以今年两国建交70周年为契机，推动生态环境合作迈上新台阶。中方愿与蒙方分享大气污染治理经验，深化荒漠化和沙尘暴联合监测与评估等方面的合作，为双方生态环境保护和可持续发展发挥积极作用。

策仁巴特对“一带一路”绿色发展国际联盟的成立表示祝贺，表示蒙方愿积极学习中方大气治理成功经验，与中方在应对气候变化、环境监测和预报等领域深入开展合作。

在会见马善高时，李干杰对新加坡环境及水源部加入“一带一路”绿色发展国际联盟、马善高部长受邀担任联盟联合主席表示感谢。他表示，2018年11月，中新两国环境部门授权代表在李克强总理和李显龙总理共同见证下更新签署部门间环保合作谅解备忘录，确定了生态文明建设、促进循环经济、环保技术研发以及提升环境治理能力等重点合作领域，契合绿色发展理念，符合两国人民期待。近年来，中方把固体废物污染防治摆上更加重要的位置，希望在开展“无废城市”建设试点工作中充分借鉴新方“迈向零废物国家”愿景建设经验，更好地推动城市资源循环利用和低碳排放。

马善高表示，中新两国在污染防治和生态保护方面各有所长，希望双方加强合作，共同推动区域和全球环境改善、实现可持续发展。

在会见格里高良时，双方签署了两国环境部门间合作谅解备忘录。李干杰对亚美尼亚自然保护部加入“一带一路”绿色发展国际联盟表示赞赏。他说，中亚生态环境合作前景广阔、潜力巨大，中方愿与亚方增强开放交流，共享生态环境治理经验。签署两国环境部门间合作谅解备忘录，既符合两国共同利益，也符合两国人民期望，希望双方能在合作框架下开展多领域合作，促进两国生态环境保护工作共同迈上新台阶。

格里高良对中方近年来在发展循环经济、治理大气污染等方面取得的成就表示赞赏，希望中亚双方能尽快制定全面合作计划，为双方深入开展务实合作提供指导和支持。

在会见陈洪河时，李干杰简要介绍了我国生态环境领域的改革情况，并重点介绍了生态环境部在应对气候变化和海洋生态环境保护等方面的职能。他说，中国政府组建生态环境部，统一行使生态和城乡各类污染排放监管与行政执法职责，充分体现了习近平生态文明思想，对加强生态保护和环境治理、建设美丽中国具有重要意义。他表示，中越是友好邻邦，是具有战略意义的命运共同体，双方要牢牢抓住共建"一带一路"的重要契机，提升两国生态环境领域的合作水平，共同促进两国经济的高质量发展。

陈洪河表示，越方很早就支持“一带一路”倡议，在“一带一路”框架下加强生态环境保护和合作应对气候变化，既有利于两国和区域发展，也能为全球发展作出积极贡献。希望中越双方进一步拓宽交流渠道、加强专家交流培训。中越双方同意就签署部门间合作备忘录进行磋商，并择机签署。

分论坛期间，李干杰还会见了“一带一路”绿色发展国际联盟联合主席、挪威前气候与环境大臣赫尔格森，联盟联合主席、世界资源研究所总裁斯蒂尔，联盟咨询委员会主任委员、世界资源研究所高级顾问索尔海姆，联盟咨询委员会委员、哈萨克斯坦生态组织协会主任纳扎尔巴耶娃，联合国工业发展组织总干事李勇，就生态环境领域合作、绿色“一带一路”建设等议题进行了交流。

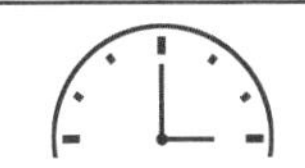

发布时间
2019.4.28

吉林等8个省（区）公开中央生态环境保护督察整改落实情况

经党中央、国务院批准，中央生态环境保护督察组于2017年8月至9月组织对吉林、浙江、山东、海南、四川、西藏、青海、新疆（含生产建设兵团）8个省（区）开展生态环境保护督察，并于2018年1月完成督察反馈。8个省（区）党委、政府高度重视，将生态环境保护督察整改作为政治责任担当和推进生态文明建设、环境保护的重要抓手，建立机制，强化措施，狠抓落实，取得明显成效。

截至2019年3月底，8个省（区）督察整改方案明确的530项整改任务已完成或基本完成274项，其余整改任务正在按照有关要求推进实施。通过督察整改，不仅极大地提高了环境保护意识，推动了习近平生态文明思想的贯彻落实，而且一大批重大生态环境问题得到彻底解决。

吉林省坚决贯彻落实习近平总书记重要批示精神，将长白山违规高尔夫球场整治问题作为重中之重，长白山两座高尔夫球场已完成取缔，167套配套违建的别墅全部拆除到位。浙江省针对垃圾及渗滤液污染违规倾倒问题加大工程治理力度，建成8.2万吨/日垃圾处理能力，完成改造38个垃圾填埋场渗滤液处理设施。山东省坚决打赢蓝天保卫战，排查整治“散乱污”企业85220家，全面完成单机10万千瓦及以上燃煤机组超低排放改造。四川省将成都平原大气污染防治作为全省环境保护“一号工程”，深入实施减排、抑尘、压煤、治车、控秸“五大工程”，空气环境质量明显改善。海南省全面停止违法一般性填海活动，并禁止中部4个生态核心区市县开发新建外售房地产项目。西藏自治区建立经济社会发展与生态文明建设联席会议制度，清理修订不符合生态环境保护要求的经济社会发展规划和行业规划55项。青海省扎实开展自然保护区问题整改，停止三江源、青海湖等自然保护区核心区、缓冲区的旅游经营活动，拆除相关设施，并加快推进自然保护区边界核定工作。新疆维吾尔自治区严禁“两高”产能进疆，加快淘汰落后产能，全区淘汰钢铁落后产能555万吨，关停违法违规电解铝产能280万吨。新疆生产建设兵团强化地下水开采管控，建设完成国家水资源监控能力建设项目一期104个水量监测点，关闭非法机井779眼。

8个省（区）督察整改工作虽然取得明显进展，但仍然存在一些薄弱环节。一是部分地区矿山开采、围填海项目生态恢复治理进展缓慢，一些地方基础治污设施建设、地下水污染防治等整改任务没有达到序时进度要求。二是一些地方整改工作避重就轻，甚至不作为、慢作为，致使黑臭水体治理、过剩产能压减等整改措施未达到预期效果。三是一些地方对群众环境举报查处不力，导致有关问题未得到彻底解决，甚至出现污染反弹。

督察整改是生态环境保护督察的重要环节，也是深入推进生态环境保护工作的关键举措。目前，8个省（区）督察整改报告已经党中央、国务院审核同意，但整改工作还未结束。8个省（区）对外全面公开督察整改报告就是要进一步强化社会监督，回应社会关切，更好地做好后续各项整改工作。下一步，中央生态环境保护督察办公室将继续对各地整改情况实施清单化调度，并对重点整改任务实施定期盯办，对整改不力、造成不良影响和生态环境损害的，将组织开展专项督察，始终保持督察压力，压实整改责任，不达目的决不松手。

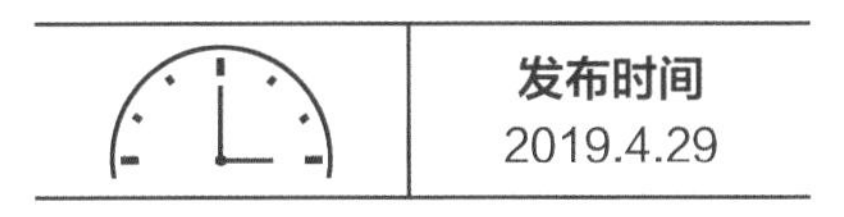

生态环境部召开部常务会议

4月28日，生态环境部部长李干杰主持召开生态环境部常务会议，审议并原则通过《地级及以上城市国家地表水考核断面水环境质量排名方案（试行）》。

会议指出，水环境质量事关人民群众切身利益，事关打好污染防治攻坚战，事关全面建成小康社会和建设美丽中国。《水污染防治行动计划》（以下简称"水十条"）实施4年多来，各地区各部门以改善水环境质量为核心，系统推进水污染防治和水生态保护，各项工作取得积极成效，但距离打好碧水保卫战的目标要求还有差距，亟须采取有力措施加以推进。开展地级及以上城市国家地表水考核断面水环境质量排名，是落实"水十条"部署、推动环境信息公开、保障公众知情权、加强水污染防治社会监督的重要举措，对于更好地突出污染防治工作的问题导向和目标导向、突出重点区域和城市、有效倒逼地方进一步加大污染防治工作力度、促进形成城市间环境质量"比、赶、超"的良好氛围具有重要意义。

会议强调，水环境质量与群众生产生活息息相关，社会高度关注水环境质量排名工作，要提前准备，做好宣传解读。国家地表水考核断面监测数据"真、准、全"是水环境质量排名工作的基础和前提，要细之又细、严之又严、慎之又慎，确保监测数据质量，保证排名结果真实、准确。国家地表水自动监测网络是全国生态环境监测网络的重要组成部分，要持续开展系统性的自动监测和手工监测同步比对测试工作，加快完善水质自动监测管理和技术体系，早日实现“自动监测为主、手工监测为辅”的国家地表水考核断面监测模式。要立足生态文明建设和生态环境保护工作大局，按照“统一规划、布局合理、覆盖全面、功能齐全”的原则，提前谋划“十四五”国家地表水监测断面规划和监测网络布局，做到全面、客观地反映全国地表水环境质量现状和变化趋势，为落实地方政府水污染防治责任、持续推进水环境治理提供有力支撑。

生态环境部副部长黄润秋、赵英民、刘华，中央纪委国家监委驻生态环境部纪检监察组组长吴海英，副部长庄国泰出席会议。

驻部纪检监察组负责同志，部机关各部门、有关部属单位主要负责同志参加会议。

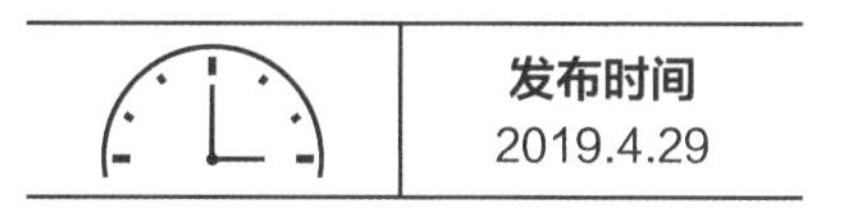

《你好，生态环境部——@生态环境部 在2018》出版发行

近日，由生态环境部编写，收录生态环境部政务新媒体（@生态环境部 ）自2018年3月更名以来重点发布信息的图书——《你好，生态环境部——@生态环境部 在2018》，已由中国环境出版集团出版发行。

2018年3月22日，随着环境保护部机构名称的变更，原环境保护部官方微博、微信公众号“环保部发布”（@环保部发布）正式更名为“生态环境部”（@生态环境部）。

更名后，@生态环境部 继续坚持政务新媒体的定位，及时发布权威信息，解读有关政策，回应网民关切，成为生态环境部政务公开及与公众互动的重要平台和有效渠道。

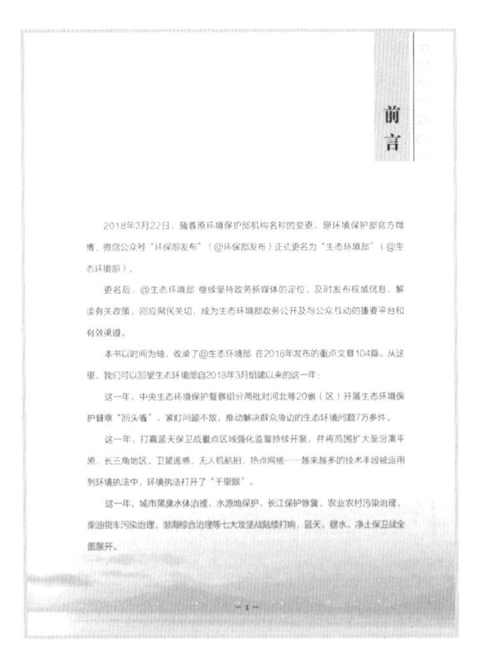

前言

2018年3月22日，随着原环境保护部机构名称的变更，原环境保护部官方微博、微信公众号“环保部发布”（@环保部发布）正式更名为“生态环境部”（@生态环境部）。

更名后，@生态环境部 继续坚持政务新媒体的定位，及时发布权威信息，解读有关政策，回应网民关切，成为生态环境部政务公开及与公众互动的重要平台和有效渠道。

本书以时间为轴，收录了@生态环境部 在2018年发布的重点文章104篇。从这里，我们可以回望生态环境部自2018年3月组建以来的这一年：

这一年，中央生态环境保护督察组分两批对河北等20省（区）开展生态环境保护督察“回头看”，紧盯问题不放，推动解决群众身边的生态环境问题7万多件。

这一年，打赢蓝天保卫战重点区域强化监督持续开展，并将范围扩大至汾渭平原、长三角地区。卫星遥感、无人机航拍、热点网格……越来越多的技术手段被运用到环境执法中，环境执法打开了“千里眼”。

这一年，城市黑臭水体治理、水源地保护、长江保护修复、农业农村污染治理、柴油货车污染治理、渤海综合治理等七大攻坚战陆续打响，蓝天、碧水、净土保卫战全面展开。

— 1 —

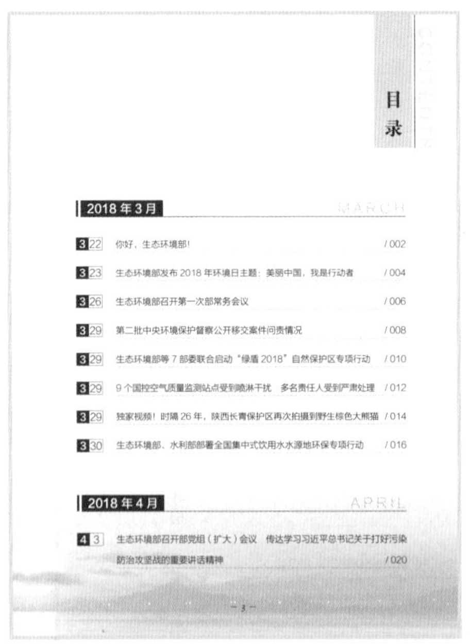

目录

2018年3月 MARCH

2018年4月 APRIL

— 3 —

2018年，@生态环境部 发稿4000余条，忠实地记录着生态环境部自组建以来近一年的工作。该书以时间为轴，收录了其中重点文章104篇，透过这些文字、图片、短视频，我们可以看到环保人在2018年的奋力奔跑。因此，本书也是向全国生态环保系统广大干部、职工的一次致敬。

为感谢广大粉丝们的支持，即日起，关注@生态环境部 转发并评论本微博，就有机会获赠《你好，生态环境部——@生态环境部 在2018》图书一本，共20本，截至2019年4月30日。

本月盘点

微博：本月发稿365条，阅读量36913685；

微信：本月发稿252条，阅读量1228089。

- 全国海洋生态环境保护工作会议召开
- 全国“无废城市”建设试点工作全面启动
- 全国自然生态保护工作会议召开

发布时间
2019.5.1

明媚春光里，六五环境日主题歌曲邀你来唱！

今日，生态环境部发布六五环境日主题歌曲《让中国更美丽》2019领衔示范版（谭维维演唱），同时面向社会征集该歌曲的优秀演唱作品，并择优在生态环境部官方微博、微信等平台陆续展播。这首谭维维演唱的《让中国更美丽》，一起来欣赏一下吧！

让中国更美丽

让中国更美丽

（六五环境日主题歌）

车行 词
咏梅 曲

1= D $\frac{3}{8}$

冬有冬的雪花，春有春的草绿，天有蓝色的湖水，白云爱沐浴，篱笆外的油菜花，吻着黑蝴蝶，馋嘴的阿哥钓着河里的大鱼。

鸟有鸟的林海，花有花的园地，山有叮咚的泉水，林蛙爱游戏，村口的凤凰尾竹，系着黄手绢，爱美的阿妹穿着孔雀的花衣。

山更青啊水更绿，让中国更美丽，美丽的大自然是你我，共同的家园，从你做起从我做起从现在做起，让爱通过心灵在大地上传递。D.S. 让爱通过心灵在大地上传递 传递。

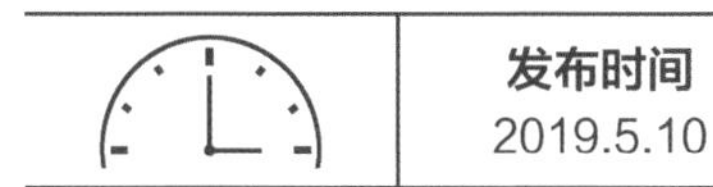
发布时间
2019.5.10

生态环境部交办2019年打击固体废物环境违法行为专项行动第一批疑似问题清单

近日，生态环境部向长江经济带11个省（市）交办了2019年打击固体废物环境违法行为专项行动（以下简称“清废行动2019”）第一批疑似问题清单，共交办问题2143个，涉及32个城市。其中，有2120个疑似问题来自卫星遥感影像分析结果，其他则是“12369”环保举报和信访线索等。生态环境部计划5月底前分三批完成其余94个城市的疑似问题清单的排查和交办。

“清废行动2019”的工作范围是长江经济带11个省（市）所辖126个城市以及仙桃、天门、潜江3个省直管县级市。工作内容是完成“摸底排查，形成清单；分批交办，核实确认；分类处置，确保整改；建立专家帮扶及长效机制”等重点任务。

“摸底排查，形成清单”是以卫星和无人机遥感影像解译为主、辅以“12369”环保举报和信访案件形成疑似问题清单，再结合各地自查问题编号成库。

“分批交办，核实确认”是将疑似问题清单分阶段分批向问题所在地的地市级和县级人民政府交办，各地组织现场核实，确认固体废物类型和最终问题清单。

“分类处置，确保整改”是各地对照“清理、溯源、处罚、公开”要求，分批制定整改方案，明确整改责任单位和整改时限，及时分类处置、分批公开整改完成情况。生态环境部将组织开展现场核查，对交办问题进一步核实，对问题点位整改情况进行强化监督，确保整改到位。

“建立专家帮扶及长效机制”是生态环境部将针对固体废物处理处置重点难点问题开展细致帮扶，指导地方人民政府科学处理、精准处置，并督促地方人民政府落实责任、完善制度，提升处置能力，建立固体废物监管处置的长效机制。

4月25日至26日，生态环境部在湖南省长沙市召开了“清废行动2019”动员部署暨第一期培训会，会上向代表城市长沙市交办“清废行动2019”第一批疑似问题清单。

发布时间
2019.5.10

全国海洋生态环境保护工作会议召开

5月9日至10日，生态环境部组织召开全国海洋生态环境保护工作会议。生态环境部部长李干杰出席会议并讲话。他强调，要用新体制凝聚新优势，用新思路谋划新突破，在新起点上奋力开创海洋生态环境保护新局面，努力建成“水清、岸绿、滩净、湾美、物丰、人和”的美丽海洋。

李干杰指出，党的十九届三中全会审议通过《深化党和国家机构改革方案》，明确将海洋环境保护职责整合到新组建的生态环境部，这是以习近平同志为核心的党中央立足新时代增强陆海污染防治协同性和生态环境保护整体性作出的重大决策部署。保护海洋生态环境事关做到“两个维护”，事关民族生存发展和国家兴衰安危，事关经济高质量发展，事关人类共同命运。当前，海洋生态环境保护工作正处于融合融入、重建重构的关键时期，生态环境系统要切实提高政治站位，坚决扛起政治责任，深入贯彻习近平生态文明思想和习近平总书记关于建设海洋强国的重要论述，深刻认识海洋、深入思考海洋、深度经略海洋，推动海洋生态环境保护工作迈上新台阶。

李干杰表示，党的十八大以来，在以习近平同志为核心的党中央坚强领导下，在各地区、各部门共同努力下，海洋生态环境保护工作取得积极进展。在看到成绩的同时，也要全面把握当前海洋生态环境保护工作面临的形势，充分认识沿海地区在经济高质量发展和海洋生态环境高水平保护中的重要作用，清醒认识海洋生态环境保护的长期性、艰巨性、复杂性，深刻认识海洋领域国际治理的有利时机和复杂局面，客观认识生态环境系统体制优势和能力不足，进一步增强责任感、使命感、紧迫感，坚持底线思维，保持战略定力，做到“五个坚定不移”，推动海洋生态环境保护工作在新体制、新形势下积厚成势、行稳致远。

李干杰指出，当前海洋生态环境保护在工作格局、工作目标、工作方式、工作区域上已发生重大转变，做好新时期海洋生态环境保护工作要坚持以改善海洋生态环境质量为核心，坚持稳中求进、统筹兼顾、综合施策、两手发力、点面结合、求真务实的策略方法，坚持统筹国际、国内两个大局，衔接贯通抓体系、抓治理、抓改革、抓监管、抓协作等各方面工作，加快推动海洋生态环境领域国家治理体系和治理能力现代化，协同推进经济高质量发展和生态环境高水平保护，加快建设美丽海洋，为子孙后代留下一片碧海蓝天。

李干杰强调，当前和今后一个时期是打好污染防治攻坚战、决胜全面建成小康社会的关键时期，也是深化党和国家机构改革、推动海洋生态环境保护工作向纵深发展的关键时期，生态环境系统要把握好多方共治、生态用海、陆海统筹、质量改善“四大原则”，着力抓好五项工作。

第一，抓好“体系”这个关键架构，加快健全完善法律法规和制度体系。加快构建新管理体制下的“四梁八柱”，做好《海洋环境保护法》等法律法规制修订工作，加快完善涉海技术规范与评价标准，做好陆海监测评价标准和方法的衔接，建立源头严防、过程严管、后果严惩的制度体系，推进“湾长制”、海上排污许可制度建设，推动建立全国海洋生态环境监测网络。

第二，抓实“治理”这个关键任务，加快解决突出海洋生态环境问题。按照重点攻坚、多点突破、综合治理、示范打样的原则，坚决打好渤海综合治理攻坚战，推动其他重点海域综合治理，加快解决人民群众反映强烈的海洋生态环境问题。

第三，抓牢“监管”这个关键职责，强化从严从紧的政策导向。要从“海洋生态环境监督管理”的关键职责出发，着力强化海洋生态、陆源排污、海上排污和企业监管，以及党委和政府督察。

第四，抓紧“能力”这个关键支撑，借助改革编实配强海洋生态环境保护队伍。坚持目标导向、问题导向、能力导向相统一，加快打造海洋生态环境监测队伍、监管应急队伍、技术支撑队伍和执法队伍。

第五，抓住“协作”这个关键途径，深度参与全球海洋治理。践行“海洋命运共同体”理念，深化与“一带一路”国家和全球主要海洋国家的合作，努力为保护全球海洋生态环境发挥积极作用。

李干杰要求，在新体制、新形势下做好海洋生态环境保护工作，要“一家人齐心协力”，尽快做到组织上合编、思想上合心、工作上合力、步调上合拍，形成做好工作的系统合力；要“一盘棋统筹谋划”，加快推动海洋生态环境保护工作的有机融入，在相关工作中增加“海洋内容”、增添“海洋味道”；要“一股劲狠抓到底”，以“严、真、细、实、快”的工作作风，把各项工作一抓到底、抓出成效；要“一心一意抓好党建”，落实全面从严治党的政治责任，持续加强政治、思想、作风、纪律建设，着力打造生态环境保护铁军。

会上，播放了《关爱美丽海洋》宣传片，辽宁、天津、浙江、广东、海南、厦门6个省市生态环境部门负责同志作了交流发言。

会议采取视频方式召开。在辽宁省大连市国家海洋环境监测中心设立主会场，在生态环境部机关，生态环境部华东督察局、华南督察局、东北督察局、华南环境科学研究所设立分会场。

会议由生态环境部副部长翟青在主会场主持，生态环境副部长庄国泰在部机关分会场出席会议。

沿海各省（区、市）及计划单列市生态环境部门主要负责同志、分管负责同志和海洋生态环境保护相关处室主要负责同志，生态环境部有关部门、部属单位主要负责同志在主会场参加会议。驻部纪检监察组负责同志，部机关各司局、在京有关部属单位党政主要负责同志在部机关分会场参会。华东督察局、华南督察局、东北督察局、华南环境科学研究所处级以上干部在本单位分会场参会。

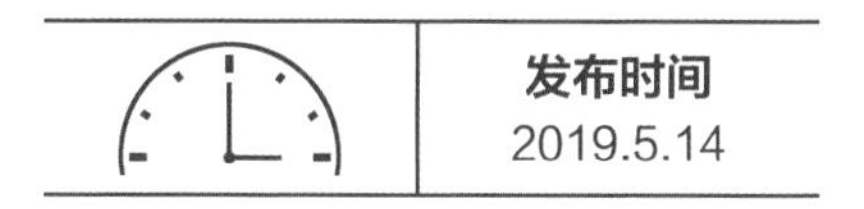

全国“无废城市”建设试点工作全面启动

5月13日，生态环境部会同“无废城市”建设试点部际协调小组成员单位在广东省深圳市全面部署“无废城市”建设试点工作。

“无废城市”建设试点部际协调小组副组长、生态环境部有关负责同志指出，开展“无废城市”建设试点是党中央、国务院作出的重大改革部署，是深入贯彻习近平生态文明思想和全面落实全国生态环境保护大会精神的具体行动。试点城市要通过找准自身定位和改革方向，合理确定试点路径和任务，加强制度、技术、市场和监管体系建设等具体实践，形成一批可复制、可推广的示范模式，为2021年后“无废城市”试点次第推开探索路径。试点单位党委、政府要切实履行主体责任，做好组织领导、实施推动、综合协调及措施保障等工作。要提高行业企业和公众参与度，营造共建“无废城市”的良好氛围。省、市层面要加大对试点城市的支持力度。

“无废城市”建设试点委员会主任委员杜祥琬院士对“无废试点”建设试点背景与意义，工作方案和指标体系进行解读；深圳市、包头市、重庆市、许昌市、徐州市、北京经济技术开发区汇报了本地区“无废城市”建设工作安排，浙江省、广东省生态环境厅代表介绍了在全省开展试点的工作思路。

“无废城市”建设试点部际协调小组成员单位相关同志，生态环境部相关司局和直属单位负责同志及“11+5”试点城市代表们还考察了深圳市梅林一村生活垃圾分类示范项目、危险废物资源化回收利用项目和建筑垃圾智慧监管系统。

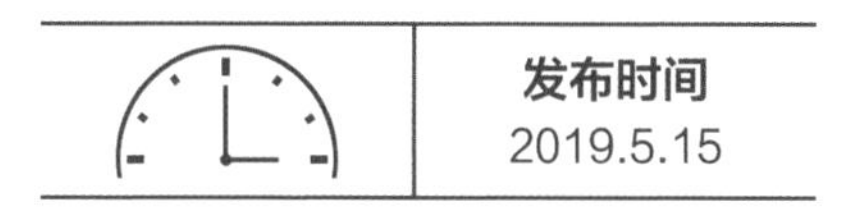

第二批中央生态环境保护督察“回头看”完成督察反馈工作

经党中央、国务院批准，自2019年5月5日起，中央生态环境保护督察组分别向辽宁、吉林、山西、陕西、安徽、山东、湖北、湖南、四川、贵州10个省反馈“回头看”督察意见。反馈会均由省政府主要领导主持，督察组组长宣读反馈意见，省委书记作表态讲话。截至5月15日，第二批中央生态环境保护督察“回头看”反馈工作全部完成。

第二批“回头看”督察意见体现了四个方面的突出特点：

一是坚持问题导向。将“回头看”发现的问题按照问题性质和严重程度进行梳理分类，逐一列明地方在督察整改中存在的思想认识不到位，以及敷衍整改、表面整改、假装整改和“一刀切”等情况，并同步移交56个生态环境损害责任追究问题。

二是统筹两个重点。既围绕第一轮中央生态环境保护督察整改情况开展“回头看”，又针对各地污染防治攻坚战重点领域开展专项督察；既咬住督察整改不力的问题不放，不解决问题决不松手，又加强重点领域专项督察，聚焦精准深入，传导压力、压实责任。

三是突出典型案例。在“回头看”进驻期间公开的29个典型案例的基础上，反馈期间又公开了22个典型案例，通过典型案例更好地聚焦突出问题，回应社会关切，发挥震慑效果。

四是注重客观评价。根据各督察组的实际督察情况，客观评价10个省对第一轮中央生态环境保护督察的整改效果，其中湖北、吉林、贵州取得显著成效，湖南、安徽、四川、辽宁取得重要成效，陕西、山东、山西取得积极成效。

总体来看，各地高度重视中央生态环境保护督察工作，将督察整改作为重大政治任务、重大民生工程、重大发展问题来抓，强化部署推动，切实解决问题，注重长效机制，推动高质量发展，并取得明显的整改效果，但也发现许多问题和不足，特别是一些共性问题需要引起高度重视。

一是思想认识仍不到位。一些地方和部门的政治站位不高，对生态环境保护重视不足，对督察整改工作要求不高、抓得不紧，部分整改任务进展滞后。二是敷衍整改较为多见。整改要求和工作措施没有真正落到实处，甚至敷衍应对。三是表面整改时有发生。一些地方和部门放松整改要求，避重就轻，做表面文章，导致问题得不到有效解决。四是假装整改依然存在。有的在整改工作中弄虚作假、谎报情况；有的假整改、真销号；有的甚至顶风而上，性质恶劣。

"回头看"开展以来，10个省的党委、政府高度重视，进一步加大整改力度。督察组交办的38141件群众环境举报，截至目前已基本办结，其中，责令整改15289家；立案处罚4016家，罚款3.2亿元；立案侦查238件，行政和刑事拘留127人；约谈2159人，问责2571人；推动解决3万多件群众身边的生态环境问题。吉林省针对东辽河污染治理不力的问题，对时任辽源市委主要负责同志等作出免职处理，产生了极大的震慑效果，对全省乃至全国推动落实生态环境保护政治责任都具有警示作用。

随着第二批"回头看"反馈工作的结束，标志着第一轮中央生态环境保护督察及“回头看”全部完成。第一轮督察及“回头看”共受理群众举报21.2万余件，合并重复举报后向地方转办约17.9万件，绝大多数已办结，直接推动解决群众身边的生态环境问题15万余件。其中，立案处罚4万多家，罚款24.6亿元；立案侦查2303件，行政和刑事拘留2264人。第一轮督察及“回头看”共移交责任追究问题509个。目前，第一轮督察移交问题已完成问责，两批“回头看”问责工作正在开展。通过第一轮督察及“回头看”有效压实了地方党委和政府的生态环境保护责任，取得了“百姓点赞、中央肯定、地方支持、解决问题”的显著效果。

根据党中央、国务院的要求，生态环境部将继续做好各地督察整改工作的分析、调度和抽查，并对重点整改任务实施定期盯办。针对督察整改中存在的问题，将咬住不放、一盯到底，直到彻底解决。

发布时间
2019.5.16

关于蓝天保卫战重点区域强化监督定点帮扶及统筹强化监督工作纪律作风监督举报方式的公告

为坚决贯彻落实习近平总书记打好污染防治攻坚战、打造生态环境保护铁军的指示，中央纪委关于“坚持党中央重大决策部署到哪里、监督检查就跟进到哪里”的要求和持之以恒纠正“四风”的部署，切实加强对生态环境部蓝天保卫战重点区域强化监督定点帮扶及统筹强化监督工作的监督，现将《生态环境部污染防治攻坚战强化监督工作“五不准”》《生态环境部统筹强化监督工作廉洁守纪承诺书》予以公开。欢迎被监督地区干部群众和全社会严格监督。

如发现生态环境部强化监督工作组成员存在违反相关纪律作风规定情形或形式主义、官僚主义等方面的问题，请向中央纪委国家监委驻生态环境部纪检监察组反映。

举报邮箱：jb@mep.gov.cn；举报通信地址：北京市西直门内南小街115号中央纪委国家监委驻生态环境部纪检监察组办公室，邮编：100035。

为便于反馈信息，建议实名举报。对举报人个人信息等，我们将严格保密。

特此公告。

点击查看

公告全文

中央纪委国家监委驻生态环境部纪检监察组

2019年5月15日

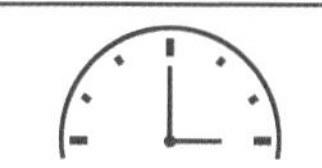

发布时间
2019.5.17

生态环境部公布82家严重超标的重点排污单位名单并对其中5家实行挂牌督办

今日，生态环境部向社会公布了2018年第四季度自动监控数据严重超标的82家重点排污单位名单，并对其中5家重点排污单位主要污染物排放严重超标排污的环境问题挂牌督办。

从地域分布来看，山西（20家）、辽宁（8家）、甘肃（8家）、内蒙古（6家）和河南（5家）5个省（区）严重超标单位数列前五位，共47家，占严重超标单位总数的57.3%。

从类型分布来看，废气类单位32家，占严重超标单位总数的39.0%；废水类单位6家，占总数的7.3%；污水处理厂44家，占总数的53.7%。

其中，河北省石家庄市栾城区污水处理厂、山西省吕梁市交城县供水公司污水处理厂、江西省抚州市洪城水业环保有限公司金溪分公司、山西省运城市中国铝业股份有限公司山西分公司和山西省朔州市污水处理厂5家单位存在屡查屡犯、长期超标的问题。生态环境部决定对上述5家排污单位严重超标排污的环境违法问题挂牌督办，以切实传导压力，落实责任，促进排污单位达标排放。

5家单位严重超标问题基本情况及督办要求如下：

一、河北省石家庄市栾城区污水处理厂

基本情况：根据自动监测数据及生态环境部门核实情况，该排污单位2018年第四季度水污染物排放浓度日均值超标61天。其中，氨氮超标61天，化学需氧量超标1天。

督办要求：对排污单位超标排污的违法行为依法处罚，责令其限期整改，实现达标排放。整改期间可根据实际情况责令其限制生产。

督办期限：本文件印发之日起6个月内完成。

二、山西省运城市中国铝业股份有限公司山西分公司

基本情况：根据自动监测数据及生态环境部门核实情况，该排污单位2018年第四季度气污染物排放浓度日均值超标92天。其中，烟尘超标92天，二氧化硫超标92天，氮氧化物超标92天。

督办要求：对排污单位超标排污的违法行为依法处罚，责令其限期整改，实现达标排放。整改期间可根据实际情况责令其限制生产。

督办期限：本文件印发之日起6个月内完成。

三、山西省吕梁市交城县供水公司污水处理厂

基本情况：根据自动监测数据及生态环境部门核实情况，该排污单位已连续三个季度进入严重超标重点排污单位名单，且至今仍持续严重超标。2018年第四季度水污染物排放浓度日均值超标17天。其中，氨氮超标12天，化学需氧量超标9天。

督办要求：对排污单位超标排污的违法行为依法处罚，责令其限期整改，实

现达标排放。整改期间可根据实际情况责令其限制生产。

督办期限：本文件印发之日起6个月内完成。

四、山西省朔州市污水处理厂

基本情况：根据自动监测数据及生态环境部门核实情况，该排污单位2018年第四季度生产14天，水污染物排放浓度日均值超标14天，超标率达100%。其中，氨氮超标2天，化学需氧量超标14天，该排污单位至今仍严重持续超标。

督办要求：对排污单位超标排污的违法行为依法处罚，责令其限期整改，实现达标排放。整改期间可根据实际情况责令其限制生产。

督办期限：本文件印发之日起6个月内完成。

五、江西省抚州市洪城水业环保有限公司金溪分公司

基本情况：根据自动监测数据及生态环境部门核实情况，该排污单位2018年第四季度水污染物排放浓度日均值超标91天。其中，氨氮超标89天，化学需氧量超标76天。

督办要求：对排污单位超标排污的违法行为依法处罚，责令其限期整改，实现达标排放。整改期间可根据实际情况责令其限制生产。

督办期限：本文件印发之日起6个月内完成。

2018年第四季度主要污染物排放严重超标重点排污单位名单和处理处罚整改情况

发布时间
2019.5.17

生态环境部召开各流域海域生态环境监督管理局座谈会

5月17日，生态环境部在湖北省武汉市召开各流域海域生态环境监督管理局座谈会，贯彻落实党中央改革决策部署，加快推进流域海域生态环境监督管理局组建，切实加强流域海域生态环境监管工作。生态环境部部长李干杰出席会议并讲话。

李干杰指出，实现流域水资源保护局及海区分局环保处转隶并组建流域海域生态环境监管机构，是以习近平同志为核心的党中央作出的重大决策部署。流域海域生态环境监管机构的组建，既是落实党中央改革决策部署的重要举措，也是

打好污染防治攻坚战的迫切需要以及完善流域海域生态环境管理体制的内在要求。要进一步提高政治站位，充分认识组建流域海域生态环境监管机构的重大意义，推动生态环境机构改革任务落实落地，

为生态环境部门统一履行流域海域生态环境监管职责提供有力保障。

李干杰表示，当前正处于打好污染防治攻坚战、决胜全面建成小康社会的关键时期，也是深化党和国家机构改革、推动流域海域生态环境监管工作向纵深发展的关键时期。各流域海域生态环境监督管理局要加快推动单位转型发展，紧紧围绕中心工作和流域海域生态环境管理需要，尽快理顺工作关系，推进职能转变，履行好新的职责。

要进一步强化流域海域生态环境监管，积极参与流域海域生态环境政策、法律法规、规划、标准、技术规范和突发生态环境事件应急预案编制，切实抓好入河排污口设置审查监督、排海污染物总量控制和陆源污染物排海监督，强化对围填海、海洋油气勘探开发、海洋倾废、海洋工程建设项目的监督管理，加强流域生态环境执法、重大水污染纠纷调处、重特大突发水污染和海洋生态环境事件的应急处置等工作，积极参与中央生态环境保护督察、强化监督定点帮扶等工作，强化对流域海域内相关省份的督促检查。

要利用好流域监测中心专业技术和人员队伍等优势，加快推进监测队伍组建，认真研究制定流域海域生态环境监测规划，统筹做好流域海域生态环境监测工作，积极推进流域海域生态环境监测评价和信息发布。

要加快推动实现流域生态环境保护规划、标准、环评、监测、执法、应急“六统一”，努力构建流域统筹、区域履责、协同推进的新格局。加强与地方的沟通合作，推动形成流域内不同行政区域生态环境保护责任共担、效益共享、协调联动、行动高效的新机制。

李干杰强调，各流域海域生态环境监督管理局要充分发挥“双管”制度优势，积极推进沟通合作，进一步加强自身建设，实现单位持续健康发展。

一要切实加强政治建设。在转隶、组建、业务工作中，要严守政治纪律和政治规矩，增强“四个意识”，做到“两个维护”，确保在思想上、政治上、行动上同以习近平同志为核心的党中央保持高度一致。

二要全面落实“双管”有关要求。自觉接受水利部业务指导，积极完成水利部交办的工作任务和委托的业务工作。生态环境部机关各司局要积极与水利部相关司局和流域委员会联系对接，主动听取有关意见建议，形成流域海域生态环境保护的整体合力。

三要进一步加强沟通合作。切实加强与生态环境部机关相关司局的沟通联系，尽快建立工作联动机制。充分发挥桥梁纽带作用，主动加强与水利部和流域委员会，以及自然资源部和海区分局的沟通合作，建立健全相关工作机制，共同提升流域海域生态环境保护的整体水平。生态环境部机关相关司局要加强帮扶指导，帮助各流域海域生态环境监督管理局解决实际困难。

四要切实抓好自身建设。积极配合做好“三定”工作，为单位整合组建、高效运转和长远发展打下基础。进一步加强干部人事工作，加强干部队伍建设和人才培养，努力打造流域海域监管生态环境保护铁军。加快推进各项具体转隶工作，夯实单位正常运行和开展流域海域生态环境保护工作基础。

会上，中央机构编制委员会办公室有关司局负责同志宣读了生态环境部流域生态环境监管机构设置相关文件，生态环境部行政体制与人事司主要负责同志宣读了长江流域、黄河流域、淮河流域、海河流域北海海域、珠江流域南海海域、松辽流域、太湖流域东海海域生态环境监督管理局临时召集人名单，各流域海域生态环境监督管理局临时召集人和各海区分局环保处主要负责同志作了发言。

生态环境部机关有关司局主要负责同志、水利部水资源管理司有关负责同志出席会议。

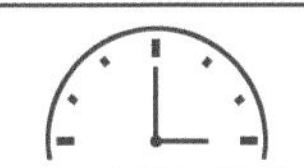

发布时间
2019.5.23

全国自然生态保护工作会议召开

5月22日至23日，生态环境部在江西省南昌市召开全国自然生态保护工作会议。生态环境部部长李干杰、江西省省长易炼红出席会议并讲话。李干杰强调，要深入贯彻习近平生态文明思想，切实担负起生态保护监管的使命与职责，推动实现监管体系与监管能力现代化，努力开创生态保护工作新局面。

李干杰指出，在习近平生态文明思想确立和全国生态环境保护大会胜利召开一周年之际，召开全国自然生态保护工作会议，既是推进全国生态保护工作的现实需要，更是深入贯彻落实习近平生态文明思想的具体行动。习近平生态文明思想是习近平新时代中国特色社会主义思想的重要组成部分，是一个系统完整开放的科学体系。2019年以来，习近平总书记又多次对加强生态文明建设和生态环境保护发表重要讲话，要求充分认识生态文明建设的极端重要性，保持加强生态文明建设的战略定力，探索以生态优先、绿色发展为导向的高质量发展新路子，打好污染防治攻坚战，加大生态系统保护力度，共同建设美丽地球家园。习近平生态文明思想既是价值观，又是方法论，是做好生态环境保护工作的定盘星、指南针和金钥匙。全国生态环境系统要切实增强“四个意识”、坚定“四个自信”、做到“两个维护”，以高度的政治自觉，深刻领会、准确把握习近平生态文明思想的方针原则、实践要求、科学方法，坚持不懈用以武装头脑、指导实践、推动工作。

李干杰表示，党的十八大以来，全国生态环境系统认真贯彻党中央、国务院决策部署，积极施策、强化监管，生态保护工作取得积极进展。生态保护监管体制改革稳步推进，生态保护监管制度体系不断完善，“绿盾”行动有效遏制自然保护区破坏活动，生物多样性保护工作扎实开展，生态文明示范建设成效显著。

李干杰强调，当前，我国生态文明建设面临“三期叠加”，生态环境系统必须全面把握生态保护工作面临的形势，正确认识机遇和挑战，进一步坚定做好工作的信心决心，不断增强推进工作的责任担当。习近平总书记关于生态保护工作的重要讲话和指示批示，为我们推进工作提供了重要方向指引和根本政治保障，要坚决扛起生态文明建设和生态环境保护的政治责任和历史责任，提供更多优质生态产品，不断满足人民日益增长的优美生态环境需要，让良好的生态环境成为人民幸福生活的增长点和经济高质量发展的支撑点。加强生态系统保护与修复是打好污染防治攻坚战的支撑保障和重要内容，只有生态保护监督与污染防治监督并重，治污减排与生态增容并举，才能系统整体地推动生态环境质量改善。

要保持战略定力，坚决落实打好污染防治攻坚战“四、五、六、七”的具体思路，加大生态保护工作和投入力度，助力打好污染防治攻坚战。新的“三定”方案明确了生态环境部门生态保护监管者的责任，要提高站位、主动担当，牢牢把握政策法规标准制定、监测评估、监督执法、督察问责“四统一”工作要求，加快推进生态保护监管体系和监管能力现代化，切实将监管职责落到实处。全国生态安全形势不容乐观、生态保护工作任务依然艰巨，要以“等不起”的紧迫感、“慢不得”的危机感、“坐不住”的责任感，推进生态保护工作一步一个脚印向前迈进。

李干杰强调，进入新时代，生态保护的核心工作就是做好监管，守红线、保底线，保障国家生态安全，维护人民生态福祉。当前和今后一个时期，要以实现监管体系和监管能力现代化为目标，以强化生态保护监管，强化“四统一”为主线，切实做好生态保护红线、自然保护地、生物多样性保护监管工作，深入推动探索以生态优先、绿色发展为导向的高质量发展新路子的试点示范，推动形成机制更加健全、监管更加有力、保护更加严格的生态保护监管新格局，为打好污染防治攻坚战和建设美丽中国提供坚实保障。具体要做好七个“一”：

一要着眼一个目标，加快建立完善生态保护监管体系。紧密围绕生态保护监管的新职能、新定位，重点加强规划引领、法治保障、标准规范、机制提升，完善监管制度，建立健全监管体制机制，加快实现生态保护领域全过程监管的制度化、法治化、规范化。

二要守好一条红线，坚决维护国家生态安全。抓紧优化有关省份生态保护红线划定方案，全面启动生态保护红线勘界定标，建立生态保护红线与各类保护地之间的动态调整机制，加快推进生态保护红线监管平台建设，加快建立健全生态保护红线监管的制度体系、技术体系和标准规范体系。

三要用好一把“利剑”，持续深入推进自然保护地强化监督。开展“绿盾”自然保护区监督检查专项行动，制定自然保护地生态环境监管制度，组织自然保护地人类活动遥感监测和实地核查，建立健全覆盖中央、省、保护地三级的问题台账系统。督促各地政府及其相关部门严肃查处涉及自然保护地的生态破坏行为。

四要办好一个大会，不断强化生物多样性保护工作。积极开展双、多边协商，做好《生物多样性公约》第15次缔约方大会各项筹备工作。组织实施生物多样性调查、观测和评估，构建生物多样性保护监管平台。推动生物遗传资源获取与惠益分享、生物安全等相关立法。加强生物安全管理工作。

五要打造一批样板，大力推动生态文明建设试点示范工作。持续推进国家生态文明建设示范市县、“两山”实践创新基地和“中国生态文明奖”评选。进一步提高示范创建规范化和制度化水平，加强生态文明建设试点示范工作的动态监管、监督检查和评估工作。

六要夯实一个基础，不断提高监管能力和水平。加强基础调查评估和动态监测，加快构建和完善生态系统数量、质量、结构、服务功能四位一体和陆海统筹、空天地一体、上下协同的监测网络。打造生态保护综合统一监管的大数据平台，推进国家级和省级生态保护数据互联互通。强化科技和人才队伍支撑。

七要打造一支铁军，争做生态环境攻坚排头兵。落实全面从严治党政治责任，全面推进党的建设，严明政治纪律和政治规矩。扎实开展“不忘初心、牢记使命”主题教育，不断加强作风和纪律建设，鼓励广大干部敢干事、能干事。

易炼红致辞时指出，江西是一片神奇的土地，绿色江西就像一颗璀璨的翡翠，红色江西就像一首英雄的赞歌，古色江西就像一本厚重的典籍，金色江西就像一辆正在提速的列车。近年来，我们牢记习近平总书记的殷殷嘱托，坚决打好污染防治攻坚战、描绘山清水秀的江西风景，加快建设国家生态文明试验区、贡献亮点纷呈的江西经验，着力打通绿水青山与金山银山的双向转换通道、演绎绿色发展的江西篇章，积极推进生态系统保护修复、构筑生态安全的江西屏障。

易炼红强调，当前和今后一个时期，江西正处于生态文明建设全面提升的关键期。我们将以习近平总书记来江西考察指导工作为强大动力，深入贯彻落实习近平生态文明思想，按照中央部署和全国自然生态保护工作会议要求，坚持生态优先、绿色发展，坚持目标导向、问题导向和效果导向，锲而不舍、久久为功、紧盯不放，积极开展生态保护和修复，强化环境建设和治理，推动资源节约集约利用，加快构建生态文明体系，做好治山理水、显山露水的文章，高质量推进国家生态文明试验区建设，使赣鄱大地山更绿、水更清、空气更优良，打造美丽中国“江西样板”。

会上，江西、北京、江苏、浙江、福建、云南、陕西、宁夏8个省（区、市）生态环境部门负责同志作了交流发言。

会议由生态环境部副部长黄润秋主持，江西省人民政府副省长、党组成员吴晓军出席会议。

各省（区、市）、新疆生产建设兵团、各副省级城市生态环境厅（局）、生态环境部有关司局和直属单位负责同志参加会议。

发布时间
2019.5.24

进一步强化大气和水污染联防联控 长三角区域污染防治协作机制会议召开

5月23日下午，长三角区域大气污染防治协作小组第八次工作会议暨长三角区域水污染防治协作小组第五次工作会议在安徽省芜湖市召开。协作小组组长、中共中央政治局委员、上海市委书记李强主持会议并讲话，安徽省委书记李锦斌致辞，协作小组副组长、生态环境部部长李干杰在会上讲话，上海市委副书记、市长应勇，江苏省委副书记、省长吴政隆，浙江省委副书记、省长袁家军，安徽省委副书记、省长李国英分别介绍了本省市大气和水污染防治措施工作进展、下一步安排和有关政策建议。

会议深入学习贯彻习近平总书记关于长三角一体化发展和生态环境保护最新精神，总结区域大气和水污染防治协作的主要进展和成效，研究部署下一阶段的协作工作，审议通过《长三角区域柴油货车污染协同治理行动方案（2018—2020年）》《长三角区域港口货运和集装箱转运专项治理（含岸电使用）实施方案》。

李强在讲话中指出，自2018年11月习近平总书记亲自宣布长三角一体化发展上升为国家战略以来，长三角一体化发展迈入了“快车道”，生态环境协作也跑出了“加速度”。我们要抓住这个重大机遇，从更好地服务国家战略的高度，进一步增强使命感和行动力，主动对标新要求，抓紧研究制定高水平专项规划，细化落实相关配套措施，认真做好区域污染防治协作工作，切实把《长江三角洲区域一体化发展规划纲要》提出的目标任务落到实处。

李强指出，2019年是打好污染防治攻坚战的关键年，必须全力以赴，聚焦重点，攻坚突破，为2020年决胜全面建成小康社会打下更加坚实的基础。要增强针对性，突出精准施策。围绕大气、水污染治理难点，抓紧落实相关治理措施，使管控更精准、更严格、更有效。要增强系统性，突出联动治理。运用系统性思维，强化关键性抓手，长江、淮河、太湖流域要严格按照中央要求，联手落实好长江经济带专项行动，对长江大保护警示片里暴露的问题，不仅要切实整改、逐一销项，更要举一反三、形成长效；跨界河湖要"一河一策"制定方案，真正做到上下游联动、水岸联治；总量控制要根据流域总体承载能力，科学制定各断面排放标准，管控住各条段排放强度，确保全流域整体稳定达标。要增强长效性，突出标本兼治。加强源头防控，持续做好车、船等移动污染源的管控，继续抓好钢铁等行业超低排放改造，努力走出一条以生态优先、绿色发展为导向的高质量发展新路子。

李强强调，要进一步提升区域环境协同治理水平。一要抓标杆，以高水平建设一体化示范区为突破口，在重点领域协同治理上体现新力度，在毗邻区域协同发展上探索新模式，努力打造生态友好型一体化发展样板。二要抓机制，在"融"字上做文章，加快信息共享、标准统一的步伐，在排放标准、产品标准、产品规范等方面力争有新突破，努力把区域生态环境保护和污染防治工作做得更好。

李锦斌在致辞中说，党的十八大以来，安徽省深入学习贯彻习近平生态文明思想，牢记习近平总书记视察安徽时"要把好山好水保护好"的谆谆教导，推深做实“林长制”、“河（湖）长制”、新安江生态补偿机制，全面推进水清岸绿产业优的美丽长江（安徽）经济带建设，坚决打好蓝天、碧水、净土保卫战，江淮大地天更蓝、水更清、环境更优美。安徽将始终保持生态文明建设的战略定力，扎实开展“三大一强”专项攻坚行动，推深做实“大保护”、做好保山护水的文章，推深做实“大治理”、做好治山理水的文章，推深做实“大修复”、做好显山露水的文章，推深做实“生态优先、绿色发展”、做好青山绿水的文章，探索绿色崛起新路径，加快建设绿色江淮美好家园。

李锦斌指出，这次长三角区域大气和水污染防治协作会议，对安徽来说既是一次难得的学习机会，更是一次促进工作提升的有利契机。我们将紧紧抓住长三角一体化发展国家战略的重大机遇，全面落实《长江三角洲区域一体化发展规划纲要》，按照本次会议要求，坚决扛起生态文明建设的政治责任，进一步强化大气、水污染联防联控，加强长江、淮河生态廊道建设，共筑皖西大别山区、皖南生态屏障，为打造绿色美丽的长三角作出安徽贡献。

李干杰指出，长三角区域大气和水污染防治协作机制成立以来，一市三省党委、政府及协作小组各成员单位深入贯彻习近平生态文明思想，认真落实党中央、国务院决策部署，区域协作机制不断完善，大气污染防治各项任务进展明显，水污染防治工作推进顺利，区域大气和水环境质量持续改善。但要清醒地认识到，长三角地区打好污染防治攻坚战仍面临多重挑战，产业结构和布局、能源结构、交通运输结构、用地结构亟待进一步调整，在长江经济带“共抓大保护”方面承担的工作任务繁重。

李干杰强调，要认真贯彻习近平总书记关于打好污染防治攻坚战的重要讲话精神，坚守阵地、巩固成果，加强区域联动，坚决打好大气和水污染防治攻坚战。要全力推进“散乱污”企业及集群整治、工业锅炉和窑炉整治、钢铁行业超低排放改造等重点工作，提前谋划秋冬季攻坚行动，全面完善重污染天气应急预案，打赢蓝天保卫战。要全面落实城市黑臭水体治理、长江保护修复、饮用水水源地保护、农业农村污染治理等攻坚战行动计划，开展好劣Ⅴ类水体整治、入河排污口排查整治等专项行动，打好碧水保卫战。

协作小组办公室负责人汇报了区域协作重点工作推进落实情况和下一步工作安排。

国家发展和改革委、科学技术部、工业和信息化部、财政部、自然资源部、生态环境部、住房和城乡建设部、交通运输部、水利部、农业农村部、国家卫生健康委、中国气象局、国家能源局等部门负责同志在会上发言。

会前，一市三省政府分管副省（市）长联合签署《加强长三角临界地区省级以下生态环境协作机制建设工作备忘录》；上海市青浦区、江苏省苏州市吴江区、浙江省嘉兴市嘉善县政府主要负责同志联合签署《关于一体化生态环境综合治理工作合作框架协议》；太湖流域管理局，上海市、江苏省、浙江省水利（水务）和生态环境部门主要负责同志联合签署《太湖流域水生态环境综合治理信息共享备忘录》。

发布时间
2019.5.24

生态环境部发布 2019 年六五环境日主题海报

点击查看

主题海报下载

5月24日，生态环境部发布2019年六五环境日主题海报，一起来看看吧！

欢迎大家到生态环境部官网下载使用2019年的六五环境日主题海报。

《同呼吸，共奋斗》

《青山就是美丽，蓝天也是幸福》

《共建清洁美丽世界》

《坚决打好污染防治攻坚战》

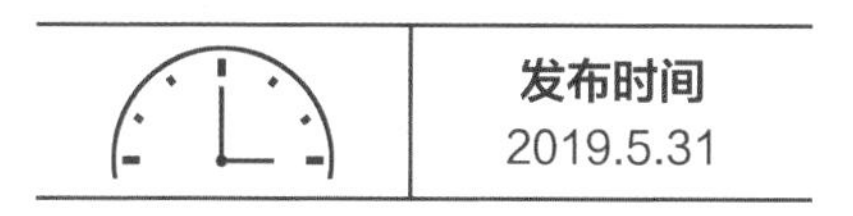

生态环境部发布2019年六五环境日系列宣传片

《打赢蓝天保卫战》

2013年，从年初到岁末，中国持续多次遭遇大面积重污染天气，华夏大地面临“心肺之患”。

惟其艰难，更显勇毅。2013年9月，中国政府秉持以人民为中心的执政理念，颁布实施《大气污染防治行动计划》。从中央到地方、从政府到企业、从科研机构到社会公众，中国统筹推进法制建设、科技支撑、综合减排、管理创新、社会共治，一张蓝图绘到底，以只争朝夕的精神、持之以恒的坚守，坚决向大气污染宣战，全面打响一场史无前例、波澜壮阔的“蓝天保卫战”。

生态治理，道阻且长，行则将至。《大气污染防治行动计划》实施以来，中国污染治理力度之大、制度出台频度之密、监管执法尺度之严、环境质量改善速度之快，前所未有。与2013年相比，2018年全国可吸入颗粒物（PM_{10}）平均浓度下降27%；首批实施新空气质量标准的74个城市细颗粒物（$PM_{2.5}$）平均浓度下降42%；北京$PM_{2.5}$浓度从89.5微克/米^{3}下降到51微克/米^3，降幅达43%；珠三角$PM_{2.5}$浓度连续四年达标。

环境就是民生，青山就是美丽，蓝天也是幸福。随着《大气污染防治行动计划》确定的各项空气质量改善目标全面实现，公众蓝天获得感和幸福感显著提升，遥望星空、看见青山、闻到花香的梦想离每一个中国人越来越近。

与此同时，中国还统筹大气污染物和温室气体协同控制，碳排放快速增长的局面初步扭转，为落实《巴黎协定》、应对气候变化发挥了积极作用，切实履行了推进全球气候治理的庄严承诺，彰显了负责任大国的形象。

污染防治的路上没有终点，民之所盼，政之所向。2018年5月，全国生态环境保护大会召开，正式确立习近平生态文明思想。大会明确要求把解决突出生态环境问题作为民生优先领域，坚决打赢蓝天保卫战是重中之重。

2018年6月16日，《中共中央、国务院关于全面加强生态环境保护 坚决打好污染防治攻坚战的意见》出台，明确了打好打赢蓝天保卫战等污染防治攻坚战标志性战役的路线图、任务书、时间表。紧随其后，6月27日，国务院印发《打赢蓝天保卫战三年行动计划》，提出大气污染防治更高目标，要求通过三年努力，大幅减少主要大气污染物排放总量，协同减少温室气体排放，明显降低$PM_{2.5}$浓度，明显减少重污染天数，明显改善大气环境质量，明显增强人民的蓝天幸福感。

同一片蓝天下，全世界同呼吸、共命运。大气污染问题并非中国独有，世界上很多国家也曾经历过或正在面临大气污染的困扰。作为世界上第一个大规模开展$PM_{2.5}$治理的发展中大国，中国在借鉴世界各国治污经验的基础上，通过自身实践，探索形成了“政府主导、部门联动、企业尽责、公众参与”的中国模式。

2019年3月，联合国环境规划署在第四届联合国环境大会期间称赞道：中国在应对国内空气污染方面表现出了无与伦比的领导力，在推动自身空气质量持续改善的同时也致力于帮助其他国家加强行动力度。

并肩同行，行稳致远；中国经验，惠及世界。人类只有一个地球，人类文明与地球生态共生共赢。让我们携起手来，同筑生态文明之基，同走绿色发展之路，让更多的人纵情绿水青山，享受蓝天白云，呼吸洁净空气。

点击查看

《打赢蓝天保卫战》

《蓝天保卫战，我是行动者》

蓝天就像小宝宝一样

需要呵护

我们生活在同一片天空下

蓝天保卫战

关乎我们每一个人

我们要守好

门口这块地

身边这条河

头上这片天

低碳　简约

才是生活的潮流

我们要用实际行动影响到更多的人

越来越多的民众加入环保大军

更加坚定蓝天保卫战必胜的信心

蓝天保卫战　我是行动者

蓝天保卫战　我是行动者

To Beat Air Pollution, We Are in Actions.

点击查看

《蓝天保卫战，我是行动者》

《美丽中国，我是行动者》（案例篇）

2018年6月5日，生态环境部、中央文明办、教育部、共青团中央、全国妇联联合启动“美丽中国，我是行动者”主题实践活动，推动人人争做美丽中国建设的积极践行者，让生态文明理念深入人心，让全社会知行合一，让绿色生产和生活方式走进日常。2018年12月，“美丽中国，我是行动者”主题实践活动案例征集正式启动。4个月的时间，26个省市参与，近200个案例，来自学校、社区、家庭、企业、农村。一项项行动，汇聚起万众同心的力量，美丽中国，只要你我携手努力，蓝天白云、繁星闪烁、清水绿岸、鱼翔浅底的美景定会实现！美丽中国，我是行动者！

点击查看

《美丽中国，我是行动者》（案例篇）

《美丽中国，我是行动者》（志愿者篇）

这是一株小草的绽放，这是一群小鹿的欢腾，这是江河浩荡于天地的气魄。在这颗我们世代栖息的蔚蓝星球上，有这样一群人，他们用脚步丈量脚下每一寸土地，用赤诚之心捍卫我们的绿水青山。

我们看见走遍祖国大地传播生态文明理念的坚持，我们看见深耕生态环境教育，播种绿色的执着，有太多的感动深存于心，有太多的感恩付之于行，是他们让我们看见蓝天白云下的梦想不只是梦想。

点击查看 《美丽中国，我是行动者》（志愿者篇）

一个人、两个人……一百个人，更多的人正在持续加入绘就美丽中国蓝图的实际行动中。用付出和汗水，携手同心，共建美丽中国。美丽中国，我们是行动者！

《我的环保故事》打赢蓝天保卫战篇

每个人的心里，都有一个蓝天梦想。

推动这个梦想前行的，

是一份份微小却坚定的力量。

蓝天背后，你所不知的那些环保人，

他们觉得，这份工作很燃。

点击查看

守护蓝天这件事儿很燃，听环保人为你讲述……

本月盘点

微博：本月发稿379条，阅读量43258224；

微信：本月发稿302条，阅读量2216813。

◆ 两部委揭晓“美丽中国，我是行动者”2019年“十佳公众参与案例”“百名最美生态环保志愿者”

◆ 生态环境部发布《中国空气质量改善报告（2013—2018年）

◆ 生态环境部召开“不忘初心、牢记使命”主题教育动员会

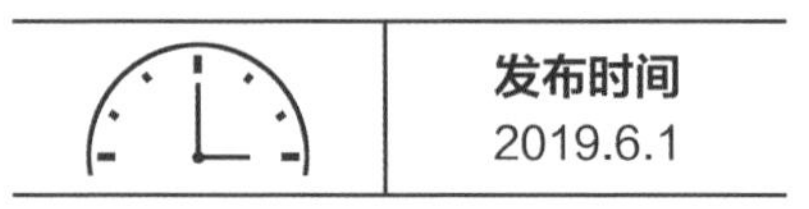

生态环境部召开部常务会议

5月31日，生态环境部部长李干杰主持召开生态环境部常务会议，审议并原则通过第二届中国生态文明奖先进集体和先进个人拟表彰名单以及《危险废物填埋污染控制标准》。

会议指出，开展中国生态文明奖评选表彰是深入贯彻习近平生态文明思想、全面落实全国生态环境保护大会精神的有力举措，有利于营造良好的社会氛围，激励各地区、各部门、各方面积极投身生态文明建设、为打好打胜污染防治攻坚战、建设美丽中国贡献力量。要持续完善中国生态文明奖评选机制，进一步增强奖项的权威性，切实发挥其表彰先进的激励作用。要做好经验总结和宣传，深度挖掘展示获奖先进集体、先进个人的优秀事迹，讲好先进故事，推动形成比学赶超、争当先进的局面。要精心组织、紧密配合，切实做好2019年六五环境日全球主场活动期间中国生态文明奖的命名表彰工作。

会议强调，《危险废物填埋污染控制标准》（GB 18598—2001）为我国加强危险废物无害化填埋的环境管理、防范危险废物填埋过程中的环境风险发挥了关键作用。但随着危险废物填埋场建设速度的不断加快，现行标准已不能完全适应环境管理和技术发展的新需求。本次修订就危险废物填埋场场址选择的技术要求、危险废物填埋的入场标准、危险废物填埋场废水排放控制要求、危险废物填埋场运行及监测技术要求等方面进行了重点规范，对推进危险废物精细化管理、源头减量、资源化利用和焚烧处置等具有重要意义。下一步，要按程序做好标准会签、发布工作，切实加强实施过程中的监督、宣传，推动危险废物填埋污染控制工作规范有效地开展。

生态环境部副部长黄润秋、翟青、赵英民、刘华，中央纪委国家监委驻生态环境部纪检监察组组长吴海英，副部长庄国泰出席会议。

驻部纪检监察组负责同志、机关各部门主要负责同志参加会议。

发布时间
2019.6.2

两部委揭晓“美丽中国，我是行动者”2019年“十佳公众参与案例”“百名最美生态环保志愿者”

为更好地发挥典型示范和价值引领作用，推动“美丽中国，我是行动者”主题实践活动持续深入开展，6月2日，“美丽中国，我是行动者”2019年“十佳公众参与案例”“百名最美生态环保志愿者”获选名单在京揭晓。

生态环境部、中央文明办分别授予江苏“环境守护者”行动、“绿色离校”全国校园公益行动、长江源斑头雁保护青海项目、上海社区垃圾分类减量项目、光大国际环保设施整体开放、奉化生态环境议事厅、千村妇女争创绿色庭院、“菜鸟回箱”计划、陕西“行走三江三河”系列活动以及村寨生态守护行动“美丽中国，我是行动者”2019年“十佳公众参与案例”荣誉称号。

点击查看

关于公布“美丽中国，我是行动者”2019年“十佳公众参与案例”、“百名最美生态环保志愿者”、优秀摄影书画作品名单的通知

王涛等100名生态环保志愿者被生态环境部、中央文明办授予“美丽中国，我是行动者”2019年“百名最美生态环保志愿者”荣誉称号。他们来自生态环境系统、环保志愿组织、社区、媒体、企业、学校等单位，年龄跨度近90岁，分别在改善空

气质量、投身水源保护、关爱野生动物、指导垃圾分类、普及宣传教育等领域提供志愿服务，引领带动更多的人参与到生态文明建设中来。

2018年6月，“美丽中国，我是行动者”主题实践活动正式启动，旨在引导和推动社会公众牢固树立生态文明理念，践行简约适度、绿色低碳的生活方式，并在活动开展一年来结出丰硕成果。两部委希望被授予荣誉称号的单位、组织、企业和个人珍惜荣誉、再接再厉，也希望各地各部门不断总结经验，继续推动主题实践活动往深里走、往实里走、往心里走，为打好污染防治攻坚战、建设美丽中国奠定坚实的社会基础。

发布时间
2019.6.3

中国环境与发展国际合作委员会2019年年会主席团会议召开

6月2日，中国环境与发展国际合作委员会（以下简称国合会）2019年年会主席团会议在浙江省杭州市召开。会议听取了国合会工作报告，并通过了2019年年会议程及2019—2020年度工作计划。生态环境部部长、国合会中方执行副主席李干杰主持会议并讲话。

李干杰对主席团成员到浙江省杭州市出席国合会2019年年会表示热烈欢迎。他说，浙江省是中国国家主席习近平关于“绿水青山就是金山银山”理念的发源地和率先实践地，2018年浙江省“千村示范、万村整治”工程获得联合国地球卫士奖。本次国合会年会与六五环境日主场活动都选择在浙江省杭州市召开，将为世界进一步了解中国生态文明建设的理念和实践提供重要窗口。

李干杰充分肯定了国合会工作取得的积极进展。他说，自2018年年会以来，国合会顺利完成各项工作任务，圆满实现预期目标，特别是政策研究工作卓有成效，取得丰硕成果，各位主席团成员在提升国合会课题研究质量、扩大国合会影响力、推动国合会在全球生态环境治理中发挥更大作用等方面作出了积极贡献。期待国合会在中外双方的共同努力下，不断总结经验，强化政策研究，提供更多高质量的政策建议，为中国和全球生态文明建设添砖加瓦。

国合会副主席、中国气候变化事务特别代表解振华，国合会副主席、世界资源研究所高级顾问索尔海姆，国合会秘书长、生态环境部副部长赵英民，国合会中方首席顾问刘世锦，国合会外方首席顾问魏仲加出席会议并发言。国合会外方执行副主席代表、加拿大环境与气候变化部双、多边事务司司长德弗奇列席会议并发言。

发布时间
2019.6.3

生态环境部部长会见2020年后全球生物多样性框架不限成员名额工作组共同主席

6月2日，生态环境部部长李干杰在浙江省杭州市会见了2020年后全球生物多样性框架不限成员名额工作组共同主席巴希尔·范·阿弗尔，双方就生态文明建设及全球生物多样性保护等议题进行了深入交流。

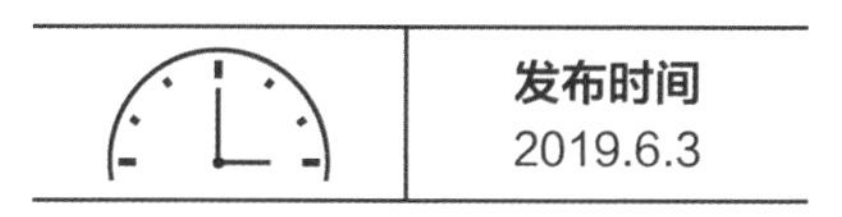

生态环境部部长在《人民日报》发表署名文章：守护良好生态环境这个最普惠的民生福祉

纵观人类文明发展史，生态兴则文明兴，生态衰则文明衰。新中国成立70年来，我们党始终秉持为中国人民谋幸福、为中华民族谋复兴的初心和使命，推动生态环境保护事业蓬勃发展。进入新时代，以习近平同志为核心的党中央大力推进生态文明建设、美丽中国建设，着力守护良好生态环境这个最普惠的民生福祉，人民群众源自生态环境的获得感、幸福感、安全感显著增强。

一、开创生态惠民、生态利民、生态为民伟大实践

70年来，我们党坚持生态惠民、生态利民、生态为民，将生态环境保护作为重大民心工程和民生工程，不断深化对生态环境保护的认识，持续推进生态文明建设。

战略地位不断提升。1973年第一次全国环境保护会议召开，环境保护被提上国家重要议事日程。20世纪80年代，环境保护被确立为基本国策；90年代，可持续发展战略被确定为国家战略。进入21世纪，我国大力推进资源节约型、环境友好型社会建设。进入新时代，生态文明建设被纳入中国特色社会主义“五位一体”总体布局，建设美丽中国成为我们党的奋斗目标，我国生态文明建设驶入

“快车道”。

治理力度持续加大。随着生态文明建设不断推进，环境污染治理力度持续加大。20世纪70年代，官厅水库污染治理拉开了我国水污染治理的序幕；80年代，结合技术改造对工业污染进行综合防治；90年代，实施“33211”工程，大规模开展重点城市、流域、区域、海域环境综合整治。进入新时代，我国发布实施大气、水、土壤污染防治三大行动计划，全面展开蓝天、碧水、净土保卫战，生态环境质量持续改善，人民群众满意度不断提升。

生态保护稳步推进。1956年我国建立第一个国家级自然保护区，1978年决定实施“三北”防护林体系建设工程，1981年开启全民义务植树活动，之后逐步实施保护天然林、退耕还林还草等一系列生态保护重大工程，不断筑牢祖国生态安全屏障。进入新时代，我国坚持保护优先、自然恢复为主，实施山水林田湖草生态保护和修复工程，开展国土绿化行动，划定生态保护红线，加强生物多样性保护。目前，全国已建立国家级自然保护区474个，各类陆域自然保护地面积已达170多万平方千米，中国人民生于斯、长于斯的家园日益美丽动人。

法律法规日益完善。1978年“国家保护环境和自然资源，防治污染和其他公害”被写入宪法，1979年五届全国人大常委会第十一次会议原则通过《环境保护法（试行）》，1989年七届全国人大常委会第十一次会议通过《环境保护法》，我国环境保护工作逐步走上法治化轨道。进入新时代，我国制定和修改了《环境保护法》《环境保护税法》《核安全法》，以及大气、水、土壤污染防治法等法律，全国人大常委会、最高人民法院、最高人民检察院对环境污染和生态破坏界定入罪标准，立法力度之大、执法尺度之严、成效之显著前所未有。

公众参与日益广泛。我国坚持发动全社会保护生态环境，人民群众的节约意识、环保意识、生态意识不断增强，参与生态文明建设日益广泛。1985年第一次在全国范围开展六五环境日宣传活动，1990年首次公布《中国环境状况公报》，2007年第一次实时发布环境质量监测数据。进入新时代，我国积极倡导简约适度、绿色低碳的生活方式，拒绝奢华和浪费，形成文明健康的生活风尚；构建全社会共同参与的环境治理体系，让生态环保思想成为社会生活中的主流文化；倡导尊重自然、爱护自然的绿色价值观念，推动形成深刻的人文情怀。

二、把良好生态环境作为最普惠的民生福祉

70年来，我们党坚持在保护生态环境中增进民生福祉。特别是党的十八大以来，习近平同志围绕生态文明建设提出一系列新理念、新思想、新战略，形成习近平生态文明思想，推动我国生态环境保护发生历史性、转折性、全局性变化。

把保护生态环境作为践行党的使命宗旨的政治责任。生态环境是关系党的使命宗旨的重大政治问题，也是关系民生的重大社会问题。70年来特别是党的十八大以来，我国生态环境保护之所以能发生历史性、转折性、全局性变化，最根本的就在于不断加强党对生态文明建设的领导。实践证明，建设生态文明，保护生态环境，必须增强“四个意识”，坚决维护党中央权威和集中统一领导，坚决担负起生态文明建设的政治责任。要全面贯彻党中央决策部署，严格落实“党政同责、一岗双责”，努力建设一支政治强、本领高、作风硬、敢担当，特别能吃苦、特别能战斗、特别能奉献的生态环境保护铁军。

把解决突出生态环境问题作为民生优先领域。70年来，人民群众从“盼温饱”到“盼环保”，从“求生存”到“求生态”，生态环境在人民群众生活幸福指数中的地位不断凸显。不断满足人民日益增长的优美生态环境需要，必须坚持以人民为中心的发展思想，把解决突出的生态环境问题作为民生优先领域。当前，不同程度存在的重污染天气、黑臭水体、垃圾围城、农村环境问题依然是民

心之痛、民生之患。要从解决突出生态环境问题做起，为人民群众创造良好的生产、生活环境。

走生产发展、生活富裕、生态良好的文明发展道路。70年实践经验表明，发展是解决我国一切问题的基础和关键，生态环境问题也必须通过发展来解决。发展经济不能对资源和生态环境竭泽而渔，保护生态环境也不是要舍弃经济发展。绿水青山就是金山银山，改善生态环境就是发展生产力。良好生态本身蕴含着无穷的经济价值，能源源不断创造综合效益，实现经济社会可持续发展。从根本上解决生态环境问题，必须贯彻落实新发展理念，加快形成节约资源和保护环境的空间格局、产业结构、生产方式、生活方式，把经济活动、人的行为限制在自然资源和生态环境能够承受的限度内，给自然生态留下休养生息的时间和空间。

把建设美丽中国转化为全体人民的自觉行动。生态环境是最公平的公共产品，生态文明是人民群众共同参与、共同建设、共同享有的事业，每个人都是生态环境的保护者、建设者、受益者，没有哪个人是旁观者、局外人、批评家，谁也不能只说不做、置身事外。让建设美丽中国成为全体人民的自觉行动，需要不断增强全民节约意识、环保意识、生态意识，培育生态道德和行为准则，构建全社会共同参与的环境治理体系，动员全社会以实际行动减少能源资源消耗和污染排放，为生态环境保护作出贡献，在点滴之间汇聚起生态环境保护的磅礴力量。

三、不断满足人民日益增长的优美生态环境需要

党的十九大报告提出，既要创造更多物质财富和精神财富以满足人民日益增长的美好生活需要，也要提供更多优质生态产品以满足人民日益增长的优美生态环境需要。当前，我国生态环境质量持续好转，出现了稳中向好的趋势，但成效并不稳固，稍有松懈就有可能出现反复。

必须看到，我国环境容量有限，生态系统脆弱，污染重、损失大、风险高的生态环境状况尚未根本扭转，加之独特的地理环境加剧了地区间的不平衡。这具体表现为：北方秋冬季重污染天气时有发生；一些河流、湖泊、海域污染问题依然存在；土壤环境风险管控压力仍然较大，固体废物及危险废物非法转移、倾倒问题突出；局部区域生态退化问题比较严重，生物多样性下降的总趋势没有得到有效遏制，生物多样性保护与开发建设活动之间的矛盾依然存在。究其原因，主要有两个方面：一方面，与我国国情和发展阶段密切相关，我国工业化、城镇化、农业现代化的任务还没有完成，产业结构偏重、能源结构偏煤、交通运输以公路为主，污染物新增量仍处于高位，生态环境压力巨大；另一方面，与工作落实不够到位有关，一些地方在绿色发展方面认识不深、能力不强、行动不实，重发展轻保护的现象依然存在。

有效解决这些问题，必须坚持以习近平新时代中国特色社会主义思想为指导，深入贯彻习近平生态文明思想，全面加强生态环境保护，以生态环境质量改善的实际成效取信于民、造福于民。要贯彻落实新发展理念，走以生态优先、绿色发展为导向的高质量发展新路子；做到稳中求进、统筹兼顾、综合施策、两手发力、点面结合、求真务实，坚决打好污染防治攻坚战；遵循规律，科学规划，因地制宜，打造多元共生的生态系统；着力推动中央生态环境保护督察向纵深发展，对重点区域强化监督，既督促又帮扶，重视企业合理诉求，推动解决群众关切的突出生态环境问题，真正为人民群众办实事、解难题。

（来源：《人民日报》　作者：生态环境部党组书记、部长　李干杰）

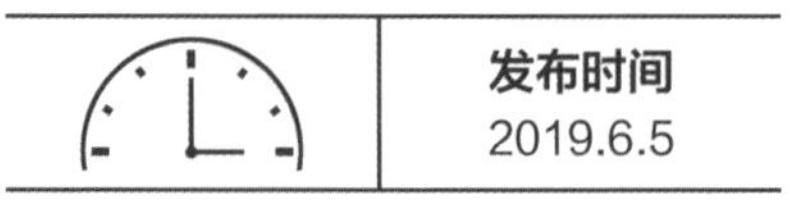

生态环境部发布《中国空气质量改善报告（2013—2018年）》

生态环境部今日在2019世界环境日全球主场活动现场发布了《中国空气质量改善报告（2013—2018年）》（以下简称《报告》）。《报告》对自2013年以来的空气治理成效和主要措施进行了详细阐述。

《报告》指出，中国政府高度重视大气污染防治工作，党的十八大以来，国家主席习近平多次就大气污染防治工作作出重要批示，亲自推动中国大气污染治理进程全面提速，通过法制建设、科技支撑、综合减排、管理创新、社会共治五个方面的努力和创新，构建了系统科学的大气污染防治体系，《大气污染防治行动计划》确定的各项空气质量改善目标全面实现。

《报告》显示，2013年以来，中国经济持续增长、能源消费量持续增加，2018年全国GDP相比2013年增长39%，能源消费量和民用汽车保有量分别增长11%和83%，多项大气污染物浓度实现了大幅下降，全国环境空气质量总体改善。首批实施《环境空气质量标准》（GB 3095—2012）的74个城市，$PM_{2.5}$平均浓度下降42%，二氧化硫平均浓度下降68%。重点区域环境空气质量明显改善，京津冀、长三角和珠三角地区$PM_{2.5}$平均浓度分别比2013年下降了48%、39%和32%。北京市$PM_{2.5}$大幅下降，从89.5微克/米^{3}下降到51微克/米^3，降幅达43%。主要大气污染物排放总量显著减少，2013年以来，中国氮氧化物和二氧化硫排放总量分别下降28%和26%。中国酸雨分布格局总体保持稳定，酸雨面积呈逐年减小趋势。2013年，全国酸雨区面积占国土面积的10.6%，2018年已降至5.5%，降幅近50%。同时，中国实施积极应对气候变化国家战略，不断加大温室气体排放控制力度，碳排放快速增长的局面得到扭转，对环境改善做出积极贡献。2018年，中国单位GDP的二氧化碳排放较2005年降低45.8%，提前达到并超过了2020年单位GDP的二氧化碳排放降低40%～45%的目标，为实现中国2030年左右碳排放达峰并争取尽早达峰奠定了坚实基础。

《报告》强调，中国对大气污染防治工作的艰巨性、复杂性已有充分认识和准备，将继续坚持习近平生态文明思想，落实《打赢蓝天保卫战三年行动计划》，紧盯重点区域、重点领域、重点时段，强化源头防治、标本兼治、全民共治，加快产业结构、能源结构、运输结构和用地结构优化调整，协同推动经济高质量发展和生态环境高水平保护，全力以赴推进环境空气质量持续改善，全力以赴确保完成既定的各项目标任务，全力以赴打赢蓝天保卫战，让人民群众有更多的环境获得感、安全感和幸福感。

生态环境部部长调研蓝天保卫战重点区域强化监督定点帮扶工作并看望慰问一线工作人员

6月6日至7日，生态环境部党组书记、部长李干杰带队赴山东省、河南省调研蓝天保卫战重点区域强化监督定点帮扶工作，代表生态环境部党组和部领导班子看望慰问端午节坚守一线的工作人员，并通过他们向全国生态环境系统广大干部职工和所有关心支持参与生态环境保护工作的各界人士送上节日问候。

初夏的齐鲁大地，万物勃兴、生机盎然。在山东省济宁市任城区，李干杰深入当地企业，与正在开展工作的强化监督定点帮扶工作组人员进行面对面交流。他详细询问工作组人员组成情况、工作开展情况。在认真听取工作组答复后，李干杰表示，开展强化监督定点帮扶工作就是统筹全国生态环境系统力量，充分发挥体制优势，严格按照“排查问题列清单，交办政府落责任，核查清单促落实”工作模式，实行“排查、交办、核查、约谈、专项督察”五步工作法，督促落实蓝天保卫战各项任务措施，坚决完成空气质量改善目标。这既是保障打赢蓝天保卫战的重要制度安排，也是力戒形式主义、官僚主义，狠抓微观落实的创新举措和机制。要加强工作的统筹协调，坚持有限目标、突出重点、有序推进，确保大规模作战有条不紊。要不断优化工作流程和运行机制，畅通沟通联络渠道，根据需要及时调整工作安排，进一步提高工作质量和水平。

在离开济宁后，李干杰一行来到被誉为“牡丹之都”的山东省菏泽市。正在菏泽市定陶区检查施工工地扬尘污染情况的强化监督定点帮扶工作组人员见到部长来了，非常激动。在仔细了解工作组对交办的群众信访举报开展核查的有关情况后，李干杰表示，要高度重视群众信访举报问题的调查处理，这既是践行党的群众路线、回应人民群众所想、所盼、所急的具体行动，也是依靠群众发现和解决突出环境问题、推动生态环境质量改善、打好污染防治攻坚战的重要抓手。李干杰指出，开展强化监督定点帮扶工作，一方面是帮助地方发现并解决突出环境问题，另一方面是摸清地方污染治理工作进展、解决信息不对称问题。他勉励工作组人员，要把参与强化监督定点帮扶工作作为加强学习交流、增长能力的机会，作为深入开展调研、了解基层实情的机会，作为锤炼党性、改进工作作风的机会，在全身心投入、认真完成工作任务中成长进步。

河南省开封市兰考县地处中原地区，也是“焦裕禄精神”的发源地。在兰考县当地一家锅炉厂，听到工作组同志介绍如何帮助地方解决交办问题，全程自行安排吃、住、行，不替代、不干预、不打扰基层正常工作时，李干杰非常高兴。他说，你们做得对，最近天气炎热，大家要学会劳逸结合，注意身体。同时，希望大家进一步提高政治站位，充分发挥临时党支部的政治功能，学习宣传习近平生态文明思想，进一步增强做好强化监督定点帮扶工作的责任感和使命感。要

"不忘初心、牢记使命"，力戒形式主义和官僚主义，扑下身子，深入了解强化监督定点帮扶地区具体情况，摸清实情，督促和帮扶地方政府推进生态环境保护工作。既要当好监督组，更要当好服务队，有崇尚实干、攻坚克难的责任担当，展现生态环境保护铁军的风采。要认真落实中央八项规定精神和党风廉政建设相关规定，不断强化工作作风，确保强化监督定点帮扶工作风清气正。

"保护环境我做起，依靠质量求发展。"河南省新乡市长垣县一家起重吊钩企业场内的标牌格外醒目。作为调研慰问的最后一站，李干杰得知工作组正在核查前期交办问题的整改情况后，与工作组人员一起走进车间，仔细查看喷漆工艺污染治理设施安装和运行状况。在询问企业的生产经营状况和环保投入情况时，企业主告诉李干杰，自从企业加大环保工作和投入力度，企业的规范化管理水平得到了大幅提升，职工健康也得到了更好保障。李干杰说，企业的发展，关键在于找准路子、突出特色。加强环境保护符合企业的长远利益，要努力转变发展理念和方式，履行好环保责任，以绿色发展赢得企业的持久竞争力。

据获悉，自5月8日起，生态环境部正式启动蓝天保卫战重点区域强化监督定点帮扶工作，向京津冀及周边地区、汾渭平原重点区域39个城市派出300个左右工作组，对涉气环境问题开展监督帮扶指导，目前已开展到第3轮次。

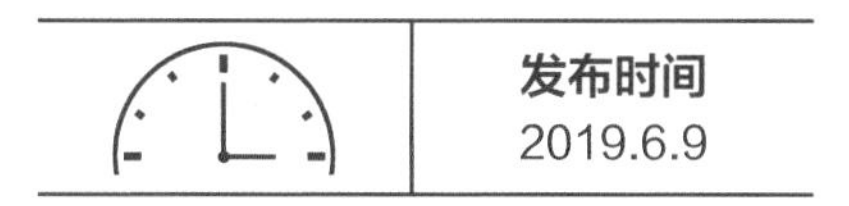

“煤改电”情况排查280个工作组14天走访排查近7万户村民改造情况

生态环境部发布2019—2020年蓝天保卫战重点区域强化监督定点帮扶工作进展情况：

2019—2020年蓝天保卫战重点区域强化监督定点帮扶继续开展，5月22日—6月4日各工作组共检查“煤改电”村庄（社区）35948个，抽查67405户，检查企业（点位）9523个，完成核查任务3239件，发现环境问题460个。

从发现涉气环境问题区域来看，因北京、天津、山东、河南等省（市）“煤改电”任务量较大，发现涉气环境问题主要集中河北321个、山西90个。特别是廊坊组、晋中组、保定组协调调度有力，发现问题数量均较多。晋中组邀请执法专家前往一线进行指导，借助其丰富的基层经验，发现各种环境问题，也为企业答疑解惑，宣传新的生态环境政策和法律法规。

为全面了解京津冀及周边地区和汾渭平原地区等重点区域各城市“煤改电”工作部署、工作进展、配套电网改造、补助政策、实施效果等方面的情况以及存在的问题，生态环境部在本轮次强化监督定点帮扶中同步开展“煤改电”专项排查工作。

“煤改电”专项任务时间短、任务重，280个工作组需要在14天内完成约7万户村民改造情况排查，平均下来每组每天要走访20户左右。面对高温、暴雨极端天气带来的影响，各个监督帮扶工作组没有退缩，更没有半句怨言，他们或老或小都在踏踏实实走村入户排查。鹤壁组尤为突出，每天连续工作13个小时以上，每组每天平均走访87户村民，他们身体力行、攻坚克难，展示了特别能吃苦、特别能战斗、特别能奉献的环保铁军精神。

生态环境部要求，各个工作组要学习之前的典型案例和先进经验，做到工作热情不减、力度不降、干劲不松，确保强化监督定点帮扶工作取得新进展；各级地方政府及相关部门对发现的问题要及时进行整改，同时要因地制宜、科学施策，坚定不移持续推动“煤改电”“煤改气”等冬季清洁取暖改造，把好事办好。

发布时间
2019.6.11

生态环境部部长会见意大利环境、领土与海洋部部长

6月10日，生态环境部部长李干杰在京会见了意大利环境、领土与海洋部部长塞尔焦·科斯塔，双方就进一步加强中意生态环境领域合作进行了交流。

李干杰首先代表生态环境部对塞尔焦·科斯塔一行的来访表示欢迎。他说，环境保护合作是中意双边关系的重要组成部分。长期以来，双方在生态环境领域开展务实友好合作，不断加强政府、科研院所和企业的交流，有效推动履行国际环境公约，帮助中方提升环境保护与可持续发展能力，同时意方积极支持和参与“一带一路”绿色发展国际联盟建设，中方对此表示高度赞赏和感谢。

李干杰表示，中国政府高度重视生态环境保护。近年来，随着生态文明建设和生态环境保护工作的持续推进，中国环保产业市场潜力不断显现。中方欢迎意方发挥技术优势，积极参与中国环保产业发展进程，分享先进理念和实践经验，继续为推动双方乃至全球生态环境保护和可持续发展发挥积极作用。

塞尔焦·科斯塔表示，中意都是文明古国，有着悠久的历史和文化，也有许多的共同语言。两国高度重视并不断推动生态环境领域双边交流和多边合作，取得丰硕成果。面向未来，意方将一如既往支持中方生态环境保护工作，支持中方牵头联合国气候行动峰会“基于自然的解决方案”相关工作、2020年在云南省昆明市举办《生物多样性公约》第15次缔约方大会，并期待与中方进一步拓展合作领域、加强学习交流。

双方还就海洋生态环境保护、国合会合作、2019年世界环境日全球主场活动等议题进行了交流。

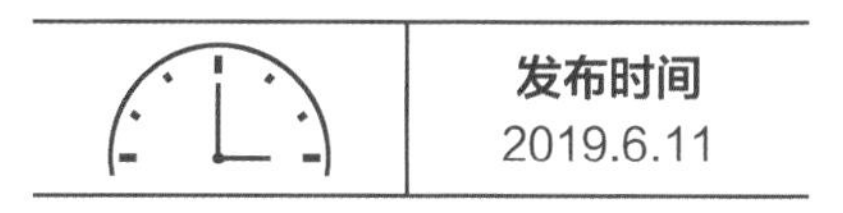

生态环境部召开“不忘初心、牢记使命”主题教育动员会

6月10日，生态环境部召开“不忘初心、牢记使命”主题教育动员会。生态环境部党组书记、部长李干杰出席会议并做动员讲话，中央第24指导组组长宋秀岩出席会议并作指导讲话。李干杰强调，要自觉把思想和认识统一到习近平总书记重要讲话精神上来，把行动和措施统一到党中央的部署要求上来，推动生态环境部系统“不忘初心、牢记使命”主题教育抓实、抓好、抓出成效。

李干杰强调，在新中国成立70周年之际，开展“不忘初心、牢记使命”主题教育，是以习近平同志为核心的党中央统揽伟大斗争、伟大工程、伟大事业、伟大梦想作出的重大部署。习近平总书记在“不忘初心、牢记使命”主题教育工作会议上的重要讲话，从践行党的根本宗旨、实现党的历史使命的高度，深刻阐述了开展主题教育的重大意义，深刻阐明了主题教育的总要求、目标任务和重点措施，通篇贯穿马克思主义立场观点方法，具有很强的政治性、思想性、针对性、指导性。要认真学习领会，切实将习近平总书记重要讲话精神贯彻落实到生态环境部系统“不忘初心、牢记使命”主题教育全过程。

李干杰指出，开展好“不忘初心、牢记使命”主题教育，是当前生态环境部系统的一项重要政治任务，为深入学习贯彻习近平生态文明思想和全国生态环境保护大会精神提供了重要抓手，为不断加强生态环境部系统党的建设提供了重要平台，为着力解决群众反映强烈的生态环境问题提供了重要契机，为加快打造生态环境保护铁军提供了重要支撑，对打好污染防治攻坚战、补齐全面建成小康社会生态环境短板具有重大而深远的意义。

李干杰强调，生态环境部系统各级党组织和广大党员干部，要按照党中央开展“不忘初心、牢记使命”主题教育的统一部署和要求，紧扣根本任务，牢牢把握主题教育的总要求和目标任务，力戒形式主义、官僚主义等突出问题，把学习教育、调查研究、检视问题、整改落实贯穿主题教育全过程。

要学深悟透习近平新时代中国特色社会主义思想，坚持原原本本学，读原著、学原文、悟原理，加强自主学习与集体研讨，深入开展革命传统教育、形势政策教育、先进典型教育、廉政警示教育，举办形式多样的党日活动，引导广大党员干部坚定对马克思主义的信仰、对中国特色社会主义的信念，提高政治站位，增强“四个意识”，做到“两个维护”。

要大兴调查研究之风，由领导干部带头到矛盾最集中、生态环境问题最突出的地方和单位认真开展蹲点调研，沉下身子发现问题、研究问题，提出解决问题、改进工作的办法措施，及时开展成果交流等活动，把调研成果转化为解决问题的具体行动。要深刻反思、认真检视存在的突出问题，对照习近平新时代中国特色社会主义思想和党中央决策部署，对照党章党规，对照初心使命，查找自身不足，查找工作短板，深刻检视剖析，把问题找实、把根源找深，明确努力方向。

要扎实深入抓好整改落实，坚持“改”字当头并贯穿始终，做到边学边查边改，突出“五个重点”和生态环境领域的突出问题，开展专项整治。召开专题民主生活会，自我分析和研判执行以往整改清单完成情况，加强新情况、新问题的研究解决。

李干杰强调，开展“不忘初心、牢记使命”主题教育，时间紧、任务重、要求高，生态环境部系统各级党组织务必高度重视、精心组织，切实扛起政治责任，增强责任感和紧迫感，以过硬作风把主题教育抓好、抓实、抓出成效。

要加强组织领导，强化政治责任。生态环境部党组成立“不忘初心、牢记使命”主题教育领导小组及其办公室，设党委的单位要成立相应领导机构和工作机构。部领导班子成员和各部门、各单位党政负责同志要发挥“头雁作用”，履行好党政同责、一岗双责，抓好自身教育，在党员中形成示范效应。

要加强督促指导，注重统筹结合。组建指导组，及时开展巡回指导、随机抽查、调研访谈，确保主题教育质量。坚持两手抓两促进，将开展主题教育与当前正在开展的工作结合起来，切实把生态环境保护中心工作进展作为推动和检视主题教育成效的重要内容。

要加强宣传引导，营造良好氛围。充分运用新闻报道、评论文章、典型宣传等形式，深入开展“一图一故事”，积极宣传党中央决策部署，宣传正面典型、剖析反面典型。

要加强作风建设，力戒形式主义。严格落实习近平总书记关于集中整治形式主义、官僚主义的重要指示精神和党中央有关要求，树立良好的生态环保铁军形象，确保主题教育取得实实在在的成效。

宋秀岩指出，习近平总书记在“不忘初心、牢记使命”主题教育工作会议上的重要讲话，是新时代加强党的建设的纲领性文献，是开展好主题教育的根本遵循，一定要不折不扣地落实。要把深入学习贯彻习近平新时代中国特色社会主义思想这一根本任务作为最突出的主线，落实到主题教育全过程各方面。要聚焦根本任务抓好落实，把握“十二字”总要求抓好落实，紧扣“五句话”目标抓好落实，坚持四个“贯穿始终”抓好落实，力戒形式主义抓好落实。指导组将认真学习贯彻习近平总书记重要讲话和重要指示批示精神，按照党中央部署要求，加强服务指导，与生态环境部一同推动开展好主题教育。

会议由生态环境部党组成员、副部长翟青主持。

会议以视频会的形式召开，在生态环境部机关设立主会场，在有条件的部属单位设分会场。

生态环境部副部长黄润秋，部党组成员、副部长赵英民、刘华，中央纪委国家监委驻生态环境部纪检监察组组长、部党组成员吴海英，部党组成员、副部长庄国泰出席会议。

中央第24指导组部分成员，驻部纪检监察组负责同志，机关各部门和部分在京派出机构、直属单位党政主要负责同志在主会场参会。部机关、各派出机构、直属单位处级及以上干部和全体党员在分会场参会。

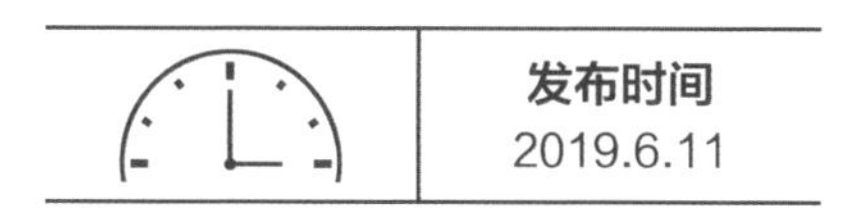

生态环境部印发推进行政执法“三项制度”实施意见

近日，生态环境部印发《关于在生态环境系统推进行政执法公示制度执法全过程记录制度重大执法决定法制审核制度的实施意见》（以下简称《实施意见》），对生态环境行政执法领域全面推行行政执法公示制度、执法全过程记录制度、重大执法决定法制审核制度（以下统称“三项制度”）工作有关事项提出明确要求。

在生态环境系统全面推行“三项制度”，进一步规范各级生态环境部门行政检查、行政处罚、行政强制、行政许可等行为，是促进生态环境保护综合执法队伍严格规范公正文明执法，切实保障人民群众合法环境权益的重要举措。

《实施意见》明确，全面推行行政执法公示制度，按照“谁执法、谁公示”的原则落实执法公示责任，规范公示内容的标准、格式，以及公开渠道，强化事前公开，规范事中公示，加强事后公开。

全面推行执法全过程记录制度，通过文字、音像等方式记录行政执法全过程，按规范归档保存，并建立健全执法全过程记录的管理制度，强化对全过程记录的刚性约束。

全面推行重大执法决定法制审核制度，各级生态环境部门作出重大执法决定前，要严格进行法制审核，未经法制审核或者审核未通过的，不得作出决定。

《实施意见》强调，地方各级生态环境部门在本级人民政府的具体组织实施下推行“三项制度”，要紧密结合工作实际，加强与生态环境系统内部纵向的资源整合、信息共享，做到各项制度有机衔接、高度融合，防止各行其是、重复建设。各地要依托大数据、云计算等信息技术手段，大力推进“互联网+政务服务”平台、环境执法平台、“互联网+监管”和生态环境保护大数据系统建设。在推行“三项制度”过程中，要进一步加强生态环境保护综合执法队伍建设，不断提升执法人员业务能力和执法素养，打造政治坚定、作风优良、纪律严明、廉洁务实的执法队伍。

《实施意见》要求，各级生态环境部门在2019年年底前，制定完成本部门生态环境保护综合执法队伍权力和责任清单、重大执法决定法制审核目录清单等相关配套规定，形成科学合理的“三项制度”体系。生态环境部将通过行政执法案例指导、规范行政处罚自由裁量权、行政处罚案卷评查等方式，加强对各地推行“三项制度”工作的指导、督促。

发布时间
2019.6.13

生态环境部召开部党组（扩大）会议

6月12日，生态环境部党组书记、部长李干杰主持召开部党组（扩大）会议，传达学习中央单位巡视办主任专题培训班有关精神，审议通过《生态环境部开展“不忘初心、牢记使命”主题教育的实施方案》。

会议强调，习近平总书记关于巡视工作的重要论述是对马克思主义党建理论的丰富和发展，是习近平新时代中国特色社会主义思想的重要组成部分，是扎实做好巡视工作的根本遵循。要深入学习、准确把握、全面贯彻习近平总书记关于巡视工作的重要论述，认真落实中央单位巡视办主任专题培训班有关精神，深化对巡视监督本质、目的、作用和规律的认识，深入谋划和组织好生态环境部巡视工作，充分发挥巡视作为党内监督的战略作用。

会议指出，当前生态环境部巡视工作呈现发展势头良好、整体质量提升、成效不断显现的态势，但与党中央决策部署和全面从严治党要求还有一定差距。要系统分析巡视工作成效和存在不足，树立“靶向思维”、发扬“钉钉子”精神，盯住问题，进一步落实巡视工作主体责任，完善巡视工作体制机制，深入把握政治巡视要求，提升巡视监督质量，加强巡视队伍建设。要进一步把用好巡视成果与日常监督结合起来，做好巡视“后半篇文章”，确保巡视整改落实落地，以巡视推动打好污染防治攻坚战，推进生态环境保护事业改革发展。

会议强调，开展“不忘初心、牢记使命”主题教育，是以习近平同志为核心的党中央统揽伟大斗争、伟大工程、伟大事业、伟大梦想作出的重大部署。要牢牢把握守初心、担使命，找差距、抓落实的总要求，把深入学习贯彻习近平新时代中国特色社会主义思想这一根本任务作为最突出的主线，把学习教育、调查研究、检视问题、整改落实贯穿主题教育全过程。要围绕中心、服务大局，把开展主题教育同深入学习贯彻习近平生态文明思想结合起来，同打好污染防治攻坚战、解决群众反映突出的生态环境问题结合起来，同加强和改进党的建设、打造生态环境保护铁军结合起来，勇担职责使命，焕发干事创业的精气神。

会议要求，要加强“不忘初心、牢记使命”主题教育的组织领导。部党组成员要提高政治站位，增强“四个意识”，做到“两个维护”，率先垂范、当好榜样。各部门、各单位党组织主要负责同志要履行第一责任人职责，班子成员要落实“一岗双责”。要切实推动主题教育各项工作落实落地，组建主题教育指导组加强督促指导，确保主题教育质量。要力戒形式主义。要做好宣传引导，用好“一图一故事”“环保清风”“青言轻语”等宣传品牌，营造良好舆论氛围。

会议还研究了其他事项。

生态环境部党组成员、副部长翟青、赵英民、刘华，中央纪委国家监委驻生态环境部纪检监察组组长、部党组成员吴海英出席会议。

驻部纪检监察组负责同志，部机关各部门、有关部属单位主要负责同志列席会议。

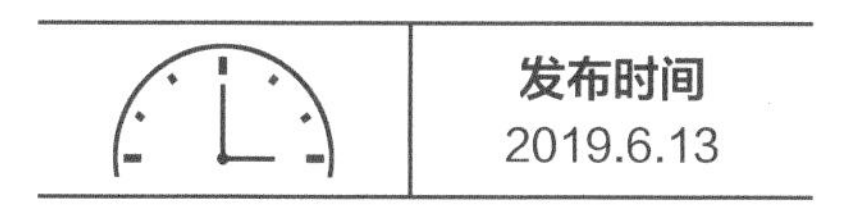

生态环境部就秋冬季大气污染综合治理问题约谈保定等6市政府

6月13日，生态环境部就2018—2019年秋冬季大气污染综合治理问题约谈河北省保定市、廊坊市，河南省洛阳市、安阳市、濮阳市和山西省晋中市市政府，要求深入贯彻落实习近平生态文明思想，进一步提高政治站位，保持战略定力，不动摇、不松劲、不开口子，坚决打赢蓝天保卫战。

约谈指出，上述六市均未完成2018—2019年秋冬季空气质量改善目标任务，2018年10月至2019年3月秋冬季期间$PM_{2.5}$平均浓度同比不降反升，空气质量明显恶化。特别是近期专项督察发现，这些城市推进蓝天保卫战力度有所放松，部分重点任务没有完成，部分措施出现反复，部分问题出现反弹，大气污染治理工作滞后。

保定市2018—2019年秋冬季$PM_{2.5}$、PM_{10}、氮氧化物、一氧化碳、臭氧浓度均值同比分别上升12.9%、11.85%、9.43%、15.38%和4.04%，重污染天数同比增加10天，空气质量严重恶化。督察还发现，保定市对大气污染综合治理研判调度不足，督导考核不严，推进力度减弱，重点任务推进不力，污染管控不到位。2018年洁净煤推广任务仅完成29.1%。清洁取暖补助资金筹集不到位、管理不规范、划拨不及时，影响群众用气、用电取暖的积极性，部分禁煤区域出现散煤复燃情况。生态环境部2019年年初抽查发现，已完成清洁化替代的村庄散煤复燃比例高达36.1%，大量散煤游离于监管之外。市发展和改革委、市原质监局等部门履职不力。另外，有关部门及清苑、唐县等区县对油品质量长期管控不力，对涉案人员处理、非法站点取缔拆除等要求落实不到位。截至2019年5月，全市仍未按要求发布修订后的重污染天气应急预案。

廊坊市2018—2019年秋冬季$PM_{2.5}$、PM_{10}、氮氧化物、一氧化碳、臭氧浓度均值同比分别上升15.5%、10.7%、6.1%、15%和15.1%，重污染天数同比增加9天，空气质量严重恶化。督察还发现，廊坊市对蓝天保卫战的重视程度明显降低，工作要求明显放松，推进力度明显减弱，导致污染管控不到位，重污染天气应对不力。市、县两级市场监管部门未将自备加油站油品纳入检测范围，廊坊德基机械有限公司油品硫含量超标3.2倍；传统行业环境污染问题出现明显反弹，生态环境部强化监督累计发现廊坊市涉气污染问题近1200个，主要涉及胶合板、印刷、家具等传统行业；全市散煤复烧问题突出。

洛阳市2018—2019年秋冬季$PM_{2.5}$、PM_{10}、氮氧化物、臭氧浓度均值同比分别上升17.3%、8.9%、12.8%和5%，重污染天数同比增加18天。其中$PM_{2.5}$平均浓度同比上升幅度在汾渭平原11个城市中排名第一，空气质量严重恶化。督察还发现，洛阳市对蓝天保卫战缺乏持续攻坚的韧劲，抓落实前紧后松，导致重点任务推进滞后，重污染天气应对不力。市攻坚行动方案明确的75项任务，有17项未按期完成。中重铸锻铁业公司等48家铸造企业窑炉废气治理和“散乱污”企业排查整治等任务上报于2018年10月底前完成，但检查发现相关问题仍然存在；洛阳永宁热力公司2台燃煤锅炉持续超标排放，但市攻坚办虚假认定其已按期完成提标治理任务。全市控煤工作流于形式，2018年煤炭实际消费总量超过控制目标约180万吨。全市应急减排工作落实不力，大量高排放企业没有落实应急响应措施。

安阳市2018—2019年秋冬季$PM_{2.5}$、PM_{10}、氮氧化物、臭氧浓度均值同比分别上升13.7%、6.9%、4.1%和10.6%，重污染天数同比增加10天，空气质量严重恶化。督察还发现，安阳市对蓝天保卫战决策部署不到位，对生态环境保护工作绩效考核细化、量化不够，执法监管不严不实。城市建成区重污染企业“退城入园”和铁合金行业优化整合、搬迁入园等工作进展严重滞后。河南凤宝特钢、安阳华诚博盛钢铁、林州重机林钢钢铁、安阳化学工业集团等企业直排问题突出；部分钢铁铸造、煤化工、陶瓷企业环保设施简单低效，鑫磊煤焦化、河南利源煤焦等企业均存在治污设施不正常运行或超标排污问题。

濮阳市2018—2019年秋冬季$PM_{2.5}$、PM_{10}、氮氧化物、臭氧浓度均值同比分别上升20.5%、13.2%、4.7%和11.4%，重污染天数同比增加18天，其中$PM_{2.5}$平均浓度同比上升幅度在“2+26”城市中排名第一，空气质量严重恶化。督察还发现，濮阳市对蓝天保卫战组织领导和推进落实不力，污染防治攻坚战一些重要制度措施没有有效落实。濮阳市应于2018年9月底前完成化工园区整治，并应按照“红黄蓝绿”不同标识对城区及周边化工企业启动搬迁改造，但全市对此项工作分工多次调整，缺乏有效组织和协调，市工信局、市发展和改革委、市生态环境等部门互相推诿扯皮，工作严重滞后。扬尘污染治理被动应付，城区渣土车约700辆，纳入监管的仅200余辆。2018年纳入重污染天气应急管控的涉气企业仅723家，不及实际数量的一半。截至2019年5月，纳入秋冬季攻坚的46项重点任务中，仍有18项没有完成。

晋中市2018—2019年秋冬季$PM_{2.5}$、PM_{10}、氮氧化物、臭氧浓度均值同比分别上升4.5%、2.3%、11.5%和3.5%，重污染天数同比增加4天，空气质量有所恶化。督察还发现，晋中市对蓝天保卫战统筹推进不够，督促指导和审核把关不到位，重点工作推进落实不够有力。应急减排清单内共有1882家企业，但其中50家豁免企业的粉尘、二氧化硫、氮氧化物总排放量占比分别达到全部企业排放量的约27%、52%、56%，减排效果大打折扣。全市散煤污染问题仍然十分严重，秋冬季期间全市空气质量监测站点二氧化硫小时浓度超过600微克/米^{3}的次数达480余次，与大量使用劣质散煤密切相关。全市纳入秋冬季攻坚计划的90项重点任务，截至2019年5月仍有21项没有完成。

约谈要求，要深化大气污染治理措施，健全长效机制，强化党政同责和一岗双责，以空气质量“只能更好、不能变坏”为底线，对大气污染治理进行再动员、再部署、再加力，扭住突出问题和关键环节，以“钉钉子”精神狠抓落实，确保完成2020年空气质量改善目标任务。根据约谈指出的问题，六市市委和市政府应科学制定整改方案，于20个工作日内报送生态环境部，抄送所在省人民政府，并同步向社会公开。

约谈会上，保定市市长郭建英、廊坊市市长陈平、洛阳市市长刘宛康、安阳市市长靳磊、濮阳市市长杨青玖、晋中市市长常书铭均做了表态发言，表示诚恳接受约谈，正视问题，举一反三，完善机制，坚决打赢蓝天保卫战。

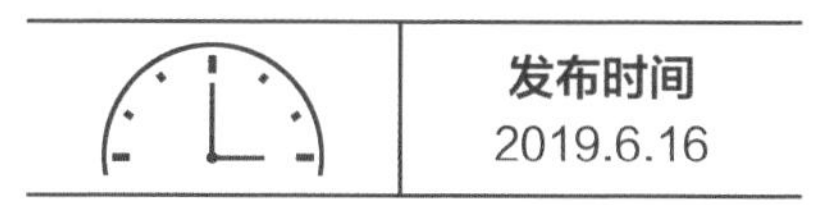

中国政府代表团出席二十国集团可持续增长能源转型与全球环境部长级会议

二十国集团可持续增长能源转型与全球环境部长级会议于2019年6月15—16日在日本长野轻井泽召开。由生态环境部与国家发展和改革委组成的中方代表团出席会议。会议审议通过《部长公报》、《海洋塑料垃圾实施框架》和《适应和韧性基础设施行动议程》等文件。

中国代表团团长、生态环境部有关负责人在作国别发言时指出，创新在实现环境保护和经济增长协同发展中发挥了重要作用。习近平主席提出“绿水青山就是金山银山”的科学论断以来，中国一直通过大量的理论研究和实践创新，探索走出一条环境与经济协调发展的道路。通过管理、制度和技术上的创新，优化产业结构，调整能源结构，协同推进应对气候变化和大气污染治理，坚决打赢“蓝天保卫战”。2013—2018年，在经济平稳快速发展的同时，空气质量总体改善，重点区域明显好转。

生态环境部有关负责人指出，中国政府积极应对海洋塑料垃圾污染，不断完善各领域污染防治政策措施，提高源头管控能力，将海洋垃圾污染防治纳入“湾长制”试点，推进专项治理，加大清理力度，推动海滩清扫活动，开展海洋垃圾与微塑料监测，建设“无废城市”，积极参与国际合作。

生态环境部有关负责人强调，各方应将减缓和适应气候变化摆到同等重要的位置，切实落实《巴黎协定》及其实施细则，支持发展中国家的适应行动，尊重适应政策措施的差异化选择。

会议期间，生态环境部有关负责人还与日本、法国、英国、美国、荷兰、西班牙、巴西代表团团长，以及联合国环境规划署纽约办公室主任等举行工作会谈。

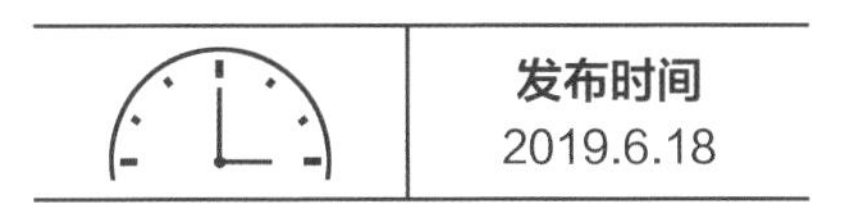

生态环境部党组书记、部长李干杰在《人民日报》发表署名文章：依法推动中央生态环境保护督察向纵深发展

开展中央生态环境保护督察，是党中央、国务院为加强生态环境保护工作采取的一项重大改革举措和制度安排。

近日，中共中央办公厅、国务院办公厅印发《中央生态环境保护督察工作规定》（以下简称《督察规定》），首次以党内法规形式，明确督察制度框架、程序规范、权限责任等，充分体现了党中央、国务院强化督察权威，推进生态文明建设和生态环境保护的坚定意志和坚强决心，将为依法推动督察向纵深发展、不断夯实生态文明建设政治责任、建设美丽中国发挥重要保障作用。

一、充分认识中央生态环境保护督察的重要作用和重大意义

习近平总书记高度重视中央生态环境保护督察，在每个关键阶段和重要环节，都作出重要指示批示。习近平总书记强调，开展环境保护督察，是党中央、国务院为加强环境保护工作采取的一项重大举措，对加强生态文明建设、解决人民群众反映强烈的环境污染和生态破坏问题具有重要意义。要坚持问题导向，总结试点经验、做好组织动员、加强力量配备、严格程序规范，认认真真把这项工

作抓实抓好，推动生态文明建设不断取得新成效。

从2015年12月在河北省试点开始，生态环境部认真贯彻落实习近平总书记重要指示批示精神，顺利完成对31个省（区、市）和新疆生产建设兵团第一轮督察全覆盖，并对20个省（区）开展“回头看”，取得显著效果，彰显了督察工作的重要作用和重大意义。

中央生态环境保护督察是推动落实习近平生态文明思想的重要平台。习近平生态文明思想为建设生态文明、加强生态环境保护提供了方向指引和根本遵循。督察工作始终坚持旗帜鲜明讲政治，将习近平生态文明思想贯彻落实情况作为重中之重，督到哪儿，讲到哪儿，落实到哪儿，有力促进了地方增强“四个意识”，坚定“四个自信”，做到“两个维护”，深入贯彻落实习近平生态文明思想。

中央生态环境保护督察是解决突出生态环境问题的关键抓手。督察始终坚持以人民为中心，第一轮督察及“回头看”共推动解决群众身边的生态环境问题约15万个，得到人民群众的普遍称赞和拥护。同时，围绕污染防治攻坚战七大标志性战役和其他重点领域，统筹开展专项督察，推动解决了一大批长期想解决而没有解决的生态环境“老大难”问题。

中央生态环境保护督察是推动经济高质量发展的强大动力。督察进一步强化生态环境保护优化经济社会发展的作用，地方党委和政府落实新发展理念的主动性明显增强，忽视生态环境保护的情况明显改变，不顾资源环境承载能力盲目决策的情况明显改变，发展与保护一手硬、一手软的情况明显改变。一批违法违规项目被叫停，一批生态环境治理项目得到实施，一批传统产业优化升级，一批绿色生态产业加快发展，有力推动了产业结构转型升级和经济高质量发展。

中央生态环境保护督察是推动落实生态环境保护责任的硬招实招。督察始终紧盯地方党委和政府及其有关部门生态环境保护责任落实。第一轮督察和“回头看”共向地方移交509个责任追究问题，问责干部4218人。随着督察的不断深入，生态环境保护党政同责、一岗双责落地生根。

中央生态环境保护督察是加快职能和作风转变的锐利武器。督察不仅对地方履行生态环境保护责任情况开展“体检”，也对工作中贯彻落实整治形式主义、官僚主义要求，推进工作作风转变等情况开展“体检”。特别是“回头看”重点督察整改不力，甚至敷衍整改、表面整改、假装整改和“一刀切”等突出问题，公开曝光125个典型案例，有力促进了地方工作作风的转变。

二、全面把握《督察规定》的主要内容

《督察规定》分为总则、组织机构和人员、对象和内容、程序和权限、纪律和责任、附则六章。主要内容体现在三个方面：

一是确立督察的基本制度框架。《督察规定》明确实行中央和省级两级生态环境保护督察体制，明确中央建立督察工作领导小组。在督察类型上，包括例行督察、专项督察和“回头看”，中央主要对全国各省（区、市）党委和政府、国务院有关部门和有关中央企业开展例行督察，并根据需要实施“回头看”，对突出生态环境问题开展专项督察。

二是固化督察的程序和规范。在第一轮督察和“回头看”中，探索形成50余个督察制度、模板和范式，为规范化开展督察工作奠定了扎实基础。《督察规定》对经过督察实践检验的工作程序、工作机制和工作方法等进行梳理，以党内法规的形式固化明确，用以指导和规范中央生态环境保护督察实践。

三是界定督察的权限和责任。《督察规定》明确将落实新发展理念、推动高质量发展等内容纳入督察范畴，赋予督察组个别谈话、走访问询、笔录取证、责令作出说明等必需的权限。对不履行督察责任、违反督察纪律的情形明确相应罚

则，对督察权力予以规范和约束。

三、学习好、宣传好、落实好《督察规定》

要认真学习好、宣传好、落实好《督察规定》，依法推动中央生态环境保护督察向纵深发展，助力我国生态文明建设迈上新台阶。

一要切实提高政治站位。中央生态环境保护督察办公室设在生态环境部，承担中央生态环境保护督察的具体组织实施工作，这是党中央、国务院赋予我们的重要政治任务。必须进一步提高政治站位，增强“四个意识”，坚定“四个自信”，做到“两个维护”，以高度的政治自觉、思想自觉、行动自觉推进例行督察，加强专项督察，严格督察整改，确保党中央、国务院的决策部署落地见效。

二要落实督察总体要求。以解决突出生态环境问题、改善生态环境质量、推动经济高质量发展为重点，做到“坚定、聚焦、精准、双查、引导、规范”。坚定就是坚定不移地把督察这个行之有效的工作机制建设好、运用好；聚焦就是突出重点问题，抓住典型问题，有的放矢，确保抓典型、带全面；精准就是查精查准查实，依法依规、客观公正、实事求是；双查就是既查不作为、慢作为，又查乱作为、滥作为；引导就是加强宣传，公开典型案例，发挥震慑作用；规范就是切实规范督察行为，保障督察工作的严肃性和权威性。

三要持续深化督察实践。认真落实党中央工作部署，从2019年开始用3年左右时间完成第二轮例行督察，实现对31个省（区、市）和新疆生产建设兵团全覆盖，并对国务院有关部门和有关中央企业统筹开展督察，再用一年时间完成“回头看”。同时，围绕污染防治攻坚战七大标志性战役及其他重点领域，针对生态环境问题突出的地方、部门和企业组织开展专项督察。

四要不断提升督察能力。要敢督严察，将被督察对象是否认真学习贯彻习近平生态文明思想，是否认真落实党中央、国务院决策部署等作为督察重点。要能督善察，加大卫星遥感、红外识别、无人机、大数据等新技术应用；认真总结不同行业、领域、部门的督察规律和经典案例，提高督察能力和政策水平。要真督实察，坚持问题导向，加大对整改落实情况跟踪督办力度，不解决问题绝不松手。

五要加强督察队伍建设。打铁必须自身硬。要将全面从严治党贯穿中央生态环境保护督察始终，打造生态环保铁军排头兵和先锋队。突出政治建设，严明政治纪律和政治规矩，进驻期间建立临时党支部，加强党的领导，严格落实全面从严治党要求，严格落实中央八项规定及其实施细则精神以及《中央生态环境保护督察纪律规定》等要求，自觉接受监督。

（来源：《人民日报》　　作者：生态环境部党组书记、部长　李干杰）

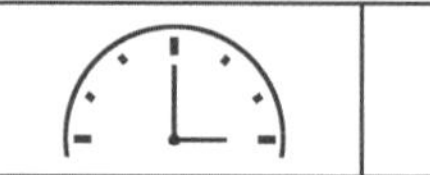

发布时间
2019.6.18

生态环境部紧急部署防范四川长宁6.0级地震灾害次生突发环境事件应对工作

6月17日22时55分，四川省宜宾市长宁县（北纬28.34度、东经104.90度）发生6.0级地震。地震发生后，生态环境部立即启动应急响应，并按照李干杰部长的指示要求，全面部署地震灾害次生突发环境事件的防范和应急准备工作。

目前，四川省生态环境厅已迅速指导当地生态环境部门开展环境安全隐患排查工作。宜宾市生态环境局已对全市10个县区的工业园区、重点风险源企业、饮用水水源地、垃圾填埋场、城镇污水处理厂以及兴文县、珙县、筠连县的页岩气开采平台及输气管线等环境重点目标进行了排查，未发现有次生突发环境事件发生。西南核与辐射安全监督站会同四川省生态环境厅对周边核设施、放射源进行了安全排查，核与辐射安全状况无异常，辐射环境监测数据处于正常水平。

生态环境部要求四川省生态环境厅做好风险排查和应急准备工作，重点抓好饮用水水源地、污水处理厂和涉危企业等风险源，督促指导相关企事业单位开展好隐患排查整治，切实防范地震灾害次生的突发环境事件。同时，要求四川省生态环境厅继续督促指导当地加大环境安全隐患排查力度，切实防范地震灾害次生的突发环境事件。

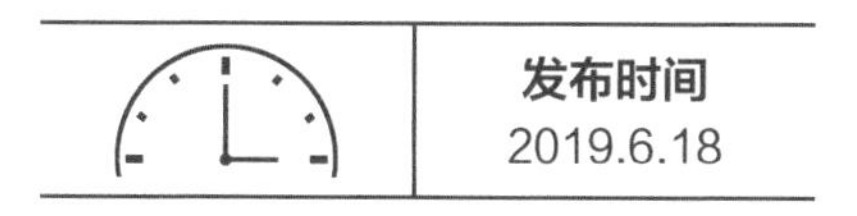

全国土壤污染防治部际协调小组会议召开

6月18日，全国土壤污染防治部际协调小组会议在京召开。生态环境部部长李干杰主持会议并讲话。

李干杰强调，加强土壤污染防治是深入贯彻落实习近平生态文明思想的具体行动，是落实以人民为中心发展思想的内在要求，是打好打胜污染防治攻坚战的重要方面。我们要不断提高政治站位，增强“四个意识”，坚定“四个自信”，做到“两个维护”，深刻学习领会习近平生态文明思想，进一步增强做好土壤污染防治工作的责任感、使命感、紧迫感，全面实施《土壤污染防治行动计划》（以下简称“土十条”），突出重点区域、行业和污染物，有效管控农用地和城市建设用地土壤环境风险，让老百姓吃得放心、住得安心。

李干杰充分肯定土壤污染防治工作取得的积极进展。他说，“土十条”实施以来，在党中央、国务院的坚强领导下，在各地区、各部门、各方面的共同努力下，土壤污染调查等基础工作取得重要进展，法规标准体系基本建立，农用地分类管理逐步推进，建设用地准入管理机制基本形成，未污染土壤保护得到强化，污染源监管工作不断加强，土壤污染治理与修复有序推进，科技研发力度不断加大，政府主导的治理体系初步构建，土壤污染防治责任不断夯实，为进一步推进土壤污染防治工作奠定了坚实基础。

李干杰指出，按期完成“土十条”相关目标任务时间非常紧迫、任务十分艰巨。各部门要按照党中央、国务院决策部署要求，坚持“谁牵头、谁负责”原则，抓好任务分工、履行相关职责，扎实推进“土十条”目标任务，坚决打好净土保卫战。要抓重点，聚焦“土十条”明确的重点指标，确保完成到2020年受污染耕地安全利用率达到90%左右、污染地块安全利用率达到90%以上等硬任务。要抓进度，按照2019—2020年工作要点，抓紧推进重点工作任务高水平完成。要抓基础，总结农用地详查经验，加快推进重点行业企业用地污染状况调查，优化土壤环境监测网络，强化土壤污染治理和土壤环境监管技术支撑。要抓示范，积极推动土壤污染综合防治先行区建设，加快推进土壤污染治理与修复技术应用试点项目高质量实施。要抓监管，全面推动《土壤污染防治法》的有效实施，创新监管手段和机制，提升执法能力和水平。要抓责任，深入基层开展常态化指导，加强考核评估，传导压力，督促地方党委、政府依法落实土壤污染治理主体责任。要抓规划，积极谋划“十四五”土壤环境保护工作，不断完善顶层设计，积极谋划相关机制政策研究，实施一批源头预防、风险管控、治理修复优先行动，确保土壤环境安全。

会上，生态环境部副部长黄润秋宣布了新一届全国土壤污染防治部际协调小组组长、副组长及成员名单，通报了“土十条”工作进展情况和近期工作安排。

国家发展和改革委、科学技术部、工业和信息化部、财政部、自然资源部、住房和城乡建设部、水利部、农业农村部、卫生健康委、市场监管总局、国家林草局等部门的全国土壤污染防治部际协调小组成员、办公室成员、联络员出席会议。生态环境部机关有关部门、有关部属单位负责同志参加会议。

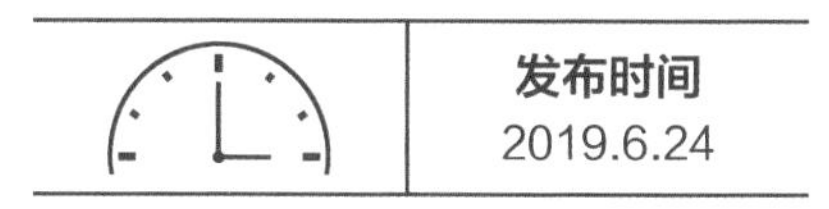

渤海地区入海排污口现场排查全面启动 首批安排环渤海4个城市

为贯彻落实党中央、国务院关于打好污染防治攻坚战的举措部署，扎实推进渤海地区入海排污口排查整治工作，生态环境部在2019年1月开展唐山黑沿子镇试验性排查的基础上，于6月24日启动河北省唐山市、天津市（滨海新区）、辽宁省大连市、山东省烟台市4个城市的入海排污口现场排查工作。

现场排查工作为期一周，将采取拉网式排查方式，对沿海所有入海排污口进行排查，实现有口皆查、应查尽查的目标。考虑到4个城市岸线长度及任务量等因素，计划在唐山市安排60个现场组，在天津市（滨海新区）安排40个组，在大连市安排100个组，在烟台市安排60个组，合计260个组，共780人参加现场排查工作。据统计，四地海岸线长度约1700千米，其中涉及沿海城镇、港口、码头、工业、渔业和自然岸线等多种情况。

排查主要目标是全面查清渤海入海排污口，要将所有向渤海排污的“口子”查清楚。具体排查对象为各类直接或间接向渤海排放污染物的涉水排口，包括通过管道、涵洞、沟渠等直接排放污染物的涉水排口，或通过河流、溪流等间接向渤海排放污染物的涉水排口。

按照《渤海地区入海排污口排查整治专项行动方案》，此次现场排查采用

“三级排查”模式，即卫星遥感与无人机航测、人员现场核查、疑难点查缺补漏方式，全面查清所有向渤海排污的“口子”。目前，唐山、天津（滨海新区）、大连、烟台4个城市已完成无人机航测及图像解译工作，并将航测发现的疑似排污口信息逐一甄别落入手机App系统中。在此基础上，生态环境部按照“一竿子插到底”方式，直接组织人员开展现场核查。

现场排查开始后，排查人员将在手机App系统的指引下，紧紧盯住“三下五处二”，“三下”是指桥下、水下、林下等无人机航测盲区可能存在隐蔽排口的敏感区域；“五处”是指海边、入海河流边、港口码头、工业集聚区、人口集聚区等排污口集中分布的重点区域；“二”是指现场排查要完成两项任务，即无人机提供的疑似点位要查，无人机尚未发现的点位也不能放过。“既用高科技，又下笨功夫”，通过“三级排查”确保所有入海排污口“应查尽查”。

现场排查过程中将建立临时党小组，全面落实从严治党、纪律作风各项要求，坚持不打扰、不替代、不干预地方正常工作，主要帮助地方查找入海排污口，移交地方政府解决，所有排查人员的现场吃住行费用按相关规定由生态环境部统一解决。

按照计划，2019年年底前，生态环境部还将完成环渤海（三省一市）其他9个城市的现场排查，全面掌握渤海入海排污口情况，为下一步开展监测、溯源及治理奠定基础。

渤海入海排污口排查整治行动

渤海是我国唯一的半封闭型内海，自然生态独特、地缘优势显著、战略地位突出，是环渤海地区经济社会发展的战略支撑和关键依托。近年来，渤海水质有所改善，但陆源污染物排放总量仍居高不下，重点海湾环境质量未见根本好转，生态环境整体形势依然严峻。

当前，环渤海到底有多少排污口？到底在哪里排？到底谁在排？到底排什么？到底排多少？2019年，生态环境部会同环渤海“三省一市”政府全力推进渤海入海排污口排查整治专项行动，主要目标是全面查清并有效管控渤海入海排污口，要将所有向渤海排污的“口子”查清楚。

为贯彻落实党中央、国务院关于打好污染防治攻坚战的决策部署，2019年1月11日，生态环境部在唐山市召开“渤海地区入海排污口排查整治专项行动启动会”，打响了入海排污口排查整治的“发令枪”。专项行动的工作任务可以概括为“查、测、溯、治”四项重点任务：一是摸清入海排污口底数；二是开展入海排污口监测；三是进行入海排污口污水溯源，厘清责任；四是整治入海排污口问题。

2019年的工作重点是做好排污口排查和监测工作，主要分为两个阶段：2019年6月底前，完成部分城市的摸底排查，并同步开展初步监测，其他城市通过卫星遥感和无人机航测等手段开展自查；2019年年底前，完成环渤海所有城市入海排污口排查和监测，同时鼓励各地主动加压，因地制宜，把溯源和整治的任务开展起来，形成权责清晰、监控到位、管理规范的入海、入河排污口监管体系，为渤海和长江生态环境质量改善奠定基础。

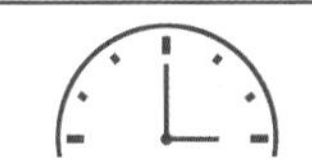

发布时间
2019.6.26

生态环境部公布115家严重超标重点排污单位并对其中6家实行挂牌督办

6月26日，生态环境部向社会公布了2019年第一季度自动监控数据严重超标的115家重点排污单位名单，并对其中6家重点排污单位主要污染物排放严重超标排污环境问题挂牌督办。

从地域分布来看，山西（31家）、辽宁（11家）、河北（6家）、山东（6家）、河南（6家）、甘肃（6家）和新疆生产建设兵团（6家）7个省（团）严重超标单位数列前七位，共72家，占严重超标单位总数的62.6%。

从类型分布来看，废气类单位58家，占严重超标单位总数的50.4%，其中热力供应单位有25家，其余33家单位涉及金属冶炼、化学、化肥、能源开采、石油、造纸、农药、制造等多个行业；废水类单位13家，占总数的11.3%；污水处理厂44家，占总数的38.3%。

其中，运城市山西阳煤丰喜肥业（集团）有限责任公司临猗分公司、运城市山西建龙实业有限公司、山西省襄汾县污水处理厂、山西省天镇县广厦热力有限责任公司、吉林省农安县海格城市污水处理有限责任公司和海南省定安县海南水务投资有限公司（定安县污水处理厂）6家排污单位存在屡查屡犯、长期超标问题。生态环境部决定对上述6家排污单位严重超标排污环境违法问题挂牌督办，以切实传导压力，落实责任，促进排污单位达标排放。

6家单位严重超标问题基本情况及督办要求如下：

一、天镇县广厦热力有限责任公司

基本情况：根据自动监测数据及生态环境部门核实情况，该排污单位2019年第一季度大气污染物排放浓度日均值超标90天。其中，烟尘超标90天，二氧化硫超标86天，氮氧化物超标73天。

督办要求：对排污单位超标排污的违法行为依法处罚，责令其限期整改，实现达标排放。整改期间可根据实际情况责令其限制生产。

督办期限：本通知印发之日起6个月内完成。

二、山西阳煤丰喜肥业（集团）有限责任公司临猗分公司

基本情况：根据自动监测数据及生态环境部门核实情况，该排污单位2019年第一季度大气污染物排放浓度日均值超标83天。其中，烟尘超标71天，二氧化硫超标70天，氮氧化物超标24天。

督办要求：对排污单位超标排污的违法行为依法处罚，责令其限期整改，实现达标排放。整改期间可根据实际情况责令其限制生产。

督办期限：本通知印发之日起6个月内完成。

三、山西建龙实业有限公司

基本情况：根据自动监测数据及生态环境部门核实情况，该排污单位2019年第一季度大气污染物排放浓度日均值超标87天。其中，烟尘超标4天，二氧化硫超标87天。

督办要求：对排污单位超标排污的违法行为依法处罚，责令其限期整改，实现达标排放。整改期间可根据实际情况责令其限制生产。

督办期限：本通知印发之日起6个月内完成。

四、襄汾县污水处理厂

基本情况：根据自动监测数据及生态环境部门核实情况，该排污单位2019年第一季度水污染物排放浓度日均值超标25天。其中，氨氮超标11天，化学需氧量超标24天。

督办要求：对排污单位超标排污的违法行为依法处罚，责令其限期整改，实现达标排放。整改期间可根据实际情况责令其限制生产。

督办期限：本通知印发之日起6个月内完成。

五、农安县海格城市污水处理有限责任公司

基本情况：根据自动监测数据及生态环境部门核实情况，该排污单位2019年第一季度水污染物排放浓度日均值超标88天。其中，氨氮超标76天，化学需氧量超标49天。

督办要求：对排污单位超标排污的违法行为依法处罚，责令其限期整改，实现达标排放。整改期间可根据实际情况责令其限制生产。

督办期限：本通知印发之日起6个月内完成。

六、海南水务投资有限公司（定安县污水处理厂）

基本情况：根据自动监测数据及生态环境部门核实情况，该排污单位2019年第一季度水污染物排放浓度日均值超标90天。其中，氨氮超标90天，化学需氧量

点击查看

2019年第一季度主要污染物排放严重超标重点排污单位名单和处理处罚整改情况

超标33天。

督办要求：对排污单位超标排污的违法行为依法处罚，责令其限期整改，实现达标排放。整改期间可根据实际情况责令其限制生产。

督办期限：本通知印发之日起6个月内完成。

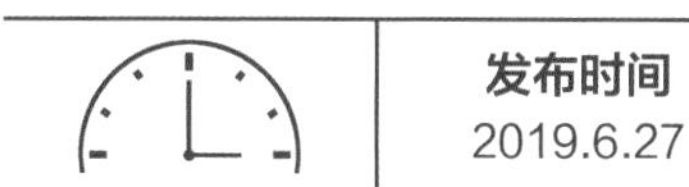

发布时间
2019.6.27

国新办举行新闻发布会解读《中央生态环境保护督察工作规定》

近日，中共中央办公厅、国务院办公厅联合印发《中央生态环境保护督察工作规定》（以下简称《规定》）。6月27日，生态环境部副部长翟青在京出席国务院新闻办公室新闻发布会，介绍解读《规定》内容并回答记者提问。

翟青指出，党的十八大以来，习近平总书记围绕生态文明建设和生态环境保护提出了一系列新理念、新思想、新战略，创立了习近平生态文明思想，推动我国生态环保事业取得显著成效，实现了历史性变革。在第二轮中央生态环境保护督察即将启动之前，印发实施《规定》意义重大，为依法推动生态环境保护督察向纵深发展发挥了重要作用。

发布会上，翟青还回答了媒体记者提出的新一轮中央生态环境保护督察的创新与改变，如何避免工作中"一刀切"，如何推动经济高质量发展，如何保证督察纪律等方面的问题。

翟青表示，《规定》是一份政治性强、纪律性强、引领性强的文件，中央生态环境保护督察工作应全面贯彻落实《规定》，牢记初心与使命，解决突出的生态环境问题，改善生态环境质量，推动高质量发展。要做到以下几方面：

一是坚定。始终坚持问题导向，敢于动真碰硬，不怕得罪人，不做"稻草人”，始终保持“钉钉子”的精神，抓住问题，不解决问题绝不松手。

二是聚焦。聚焦习近平生态文明思想的贯彻落实，不断推动解决人民群众身边突出的生态环境问题。

三是精准。把问题查实、查准、查深、查透，做到见事、见人、见责任，确保督察结果、督察案例经得起历史和实践的检验。

四是双查。既要查生态环境违法违规问题，又要查违规决策者和监管不力者；既要查不作为、慢作为，又要查乱作为和滥作为。

五是引导。强化信息公开，接受社会监督，回应社会关切。

六是规范。严格按照《规定》的要求来开展督察工作。

本月盘点

微博：本月发稿435条，阅读量34257424；

微信：本月发稿369条，阅读量2140022。

- 生态环境部公布2019年县级水源地环境整治进展情况
- 生态环境部等六部门联合召开“绿盾2019”自然保护地强化监督工作部署视频会议
- 第二轮第一批中央生态环境保护督察全面启动
- 生态环境部召开空气质量预警座谈会对上半年空气质量恶化、目标完成滞后城市预警提醒

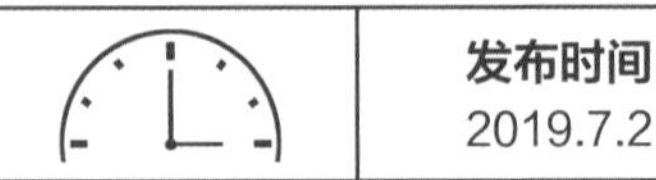

发布时间
2019.7.2

生态环境部公布2019年县级水源地环境整治进展情况

2019年5月15日至24日，生态环境部在2019年统筹强化监督（第一阶段）中，对水源地专项整治开展现场监督，结合部分地区开展“点对点”调研帮扶，实现2019年县级水源地现场监督调研“全覆盖”，并对水源保护区存在的各类违法问题逐一拉条挂账，形成2019年县级水源地问题整治台账。

按照水源地保护攻坚战的部署，在2018年已完成长江经济带11个省份县级及以上水源地整治的基础上，2019年需完成其他20个省（区、市）和新疆生产建设兵团县级及以上水源地环境问题清理整治。通过现场监督和实地调研，在各地自查的基础上，发现县级水源地存在各类环境问题3626个，涉及156个地市、527个县、899个水源地。

从整治情况来看，各地认真贯彻落实党中央、国务院关于打好水源地保护攻坚战的决策部署，层层压实责任，积极推进水源地问题整治。截至5月底，在3626个水源地问题中，1991个已完成整治，总体完成率为55%，整改完成率超过50%。从各地进度来看，11个省（区）和新疆生产建设兵团整治进展较快，达到序时进度要求。其中，宁夏回族自治区水源地问题整治完成率100%；新疆维吾尔自治区水源地问题整治完成率99%；西藏自治区整治完成率88%；山东省整治完成率79%；福建省整治完成率74%；新疆生产建设兵团整治完成率63%；陕西省整治完成率62%；黑龙江省整治完成率58%；青海省整治完成率57%；广东省整治完成率53%；广西壮族自治区整治完成率52%；河南省整治完成率51%。

为确保2019年县级水源地整治任务如期完成，相关地区各级党委、政府提前谋划，全力推进。宁夏回族自治区、新疆维吾尔自治区、西藏自治区周密安排、压实责任，加快推动难点问题整治取得明显成效；山东省政府不定期召开会议通报各市整治进展，对重点问题进行现场核查；福建省加强组织领导，多部门联合实施，从源头保障百姓饮用水安全“六个100%”工程；陕西省、青海省、广西壮族自治区等地方党委政府牵头，形成党委领导、政府牵头、部门联动、社会参与的工作模式；广东省委、省政府每月通报各地市水源地问题整治情况，对拖延应付的实施约谈；黑龙江省生态环境部门与检察机关建立协作机制，形成“定期联合督导、主动互通有无、及时移交线索、合力推进整治”的攻坚格局，有力推进了水源地整治的深入开展。

尽管水源地问题整治取得积极进展，但工作进度依然很不平衡。目前，山西、辽宁、海南、北京、吉林、甘肃、河北等省市整治进展明显低于平均水平，其中山西省、辽宁省、海南省完成率分别为13%、18%、24%，存在不能完成任务的风险。还有个别地区重视不够，存在畏难、懈怠、“等靠要”情绪，水源地环境风险问题突出，威胁群众饮水安全。

一是个别水源地保护区环境问题突出。河南省信阳市潢川县寨河（及杨围孜灌渠、引水渠）水源地一级保护区内存在3个排放口、2个养猪场、2个养殖塘。现场检查时，1个排污口的黑色污水正直排水源地；1个养猪场和2个养殖塘距离引水渠仅100米左右，均未建污水处理设施。

二是部分地区问题整改不实。吉林省吉林市舒兰市响水水库二级保护区内存在生活面源污染问题，2018年11月，当地上报已开展村屯截污沟治理工程，该问题已100%完成整改。但现场核查发现实际情况与地方上报情况不符，生活垃圾、污水未收集处理，人畜粪便、生活污水横流，直排饮用水水源地。

三是部分问题整改出现反弹、没有实效。河南省郑州市登封市少林水库水源地二级保护区的少林污水处理厂主要收集处理少林寺景区污水、郭店村生活污水和餐饮旅游废水等，现场检查发现污水处理厂的多个处理设施已不能正常运行，大量废水未经有效处理排入水源地。

针对存在的问题，下一步生态环境部将采取如下措施：一是压实责任，将尚未完成整治的问题交办地方政府并纳入第二阶段统筹强化监督，进一步压实地方党委和政府主体责任，推动完成整治任务；二是定点帮扶，组织有关包保组，对进展迟缓、突出问题较多的省份定期开展精准指导帮扶，通过对接座谈、市县政府现场表态、现场督办等方式，给地方鼓劲加压，推动加快整治；三是加密调度，加强重点地区和重点问题研判分析，紧盯“硬骨头”“老大难”问题，按月调度并公开通报各地进展；四是加强联动，研究建立与检察机关等部门的协调联动机制，加快推动重点难点问题的解决。

生态环境部公布6个县级水源地环境问题典型案例

2019年5月15日至24日，生态环境部组织开展2019年统筹强化监督，将水源地环境整治纳入现场监督，发现一批水源地环境违法问题和风险隐患，现将其中6个典型案例予以公布。下一步，生态环境部将把相关问题依法转交地方政府办理，并紧盯不放，督促整治到位。

一、河南省信阳市潢川县寨河（及杨围孜灌渠、引水渠）水源地和邬桥水库水源地

河南省信阳市潢川县寨河（及杨围孜灌渠、引水渠）水源地和邬桥水库水源地环境问题突出，风险隐患较大。其中，信阳市潢川县寨河（及杨围孜灌渠、引水渠）水源地一级保护区内存在3个排放口、2个养猪场、2个养殖塘。现场检查时，1个排污口正排放黑色污水，水面还漂浮着来源不明的白色泡沫，污水直接流入水源地；1个养猪场和2个养殖塘均未建污水处理设施，距离引水渠仅100米左右，对水源安全形成威胁。

信阳市潢川县邬桥水库水源二级保护区内存在大量餐饮场所、办公场所，产生污水未进行集中收集处理直排附近坑塘、沟渠，最终汇流进入水源一级保护区；二级保护区内存在大量投饵养殖鱼塘，产生的养殖废水经潜水泵排入水库。另外，二级保护区内存在1处生活垃圾堆场，现场存有大

量生活垃圾，未采取防护措施，异味浓烈、臭气熏人，周边群众对此反映强烈。

二、河南省郑州市登封市少林水库水源地

经现场检查发现，少林水库水源二级保护区内的少林污水处理厂不正常运行，大量废水未经有效处理排入水源地。少林污水处理厂主要收集少林寺景区污水、郭店村生活污水及餐饮旅游废水等污水，设计日均处理能力3000吨，目前日均进水量1600吨左右，旺季日均可达2600吨以上。现场检查发现，污水处理厂部分设施已损坏或无法正常运行，配套的湿地长期闲置，在线监控设备长期停用，污泥、粗格栅垃圾露天堆放，渗滤液未收集，污水处理厂的尾水仍然污浊，臭味明显，通过地下管道排入二级保护区内的小溪后汇入少溪河，最终流入少林水库。

三、广东省江门市鹤山市西江东坡水源地

江门市鹤山市西江东坡水源地一级保护区内存在多个环境问题：一是存在多处鱼塘养殖，养殖总面积约2000亩（1亩=1/15公顷）；二是存在大量旅游开发活动，海寿岛上建有乡村旅游、餐饮娱乐等设施，餐厨废水经简易处理后就近排入坑塘或河涌；三是主要收集处理海寿岛上2000多名居民生活污水的设施在现场检查时处于停运状态。

四、吉林省吉林市舒兰市响水水库水源地

吉林市舒兰市响水水库水源地农村生活面源污染严重。水源二级保护区内的烧锅村五社位于水库库尾一级、二级保护区交界处，村内生活垃圾、生活污水均未收集处理，人畜粪便、生活污水横流，直排饮用水水源地，当地村民反映强烈。

五、河南省信阳市石山口水库

信阳市石山口水库蓄水闸管理房旁边存在一个排污口，现场检查时正在向水库排放污水，威胁饮水安全。同时，水源一级保护区内建有两处农业产业观光园（包括农作物种植、鱼塘养殖、生态观光），附近垃圾成堆，大量垃圾倾倒水库岸边，形成地表径流直接威胁水源安全。

六、广东省清远市阳山县茶坑水库水源地

茶坑水库水源二级保护区内存在两座露天采矿场，矿区面积分别为1200平方米和6800平方米，生产规模为2万米^3/年和1.2万米^3/年，场内停有铲斗车和挖掘机。采矿点附近大面积山体裸露，生态环境严重破坏，采矿活动引发的水源环境风险十分突出。

发布时间
2019.7.4

生态环境部等六部门联合召开“绿盾2019”自然保护地强化监督工作部署视频会议

7月4日，生态环境部、水利部、农业农村部、国家林草局、中国科学院和中国海警局联合召开“绿盾2019”自然保护地强化监督工作部署视频会议。生态环境部部长李干杰、国家林草局副局长李春良出席会议并讲话。

李干杰指出，加强自然保护地监督管理是保留自然本底、保护濒危生物物种、筑牢国家生态屏障的重要手段。习近平总书记高度重视自然保护地生态保护工作，先后多次对自然保护地生态破坏问题作出重要批示指示。开展“绿盾”自然保护地强化监督工作是深入贯彻习近平生态文明思想的具体行动，是打好污染防治攻坚战的重要内容，是落实生态环境和自然资源保护领域机构改革任务的有力举措。要不断增强做好自然保护地监管的政治自觉、思想自觉和行动自觉，持续加大对涉自然保护地违法违规问题的整

治力度，坚决制止和惩处破坏生态环境的行为。

李干杰指出，在“绿盾2017”“绿盾2018”自然保护区监督检查专项行动中，原环境保护部、原国土资源部、水利部、原农业部、原国家林业局、中国科学院、原国家海洋局七部门密切配合、周密部署、高效协调，在提高地方责任意识、摸清各类问题底数、推动问题查处整改、发挥警示教育作用等方面取得显著成效。但也必须清醒地看到，由于历史遗留问题多、法律不健全、监管能力薄弱等原因，自然保护区违法违规问题尚未得到根本解决，部分地方还存在政治站位不高、保护为发展让路、部门履职不到位、敷衍整改和假装整改等问题。

李干杰强调，要以坚决的态度和务实的作风，坚定不移做好“绿盾2019”自然保护地强化监督工作，保持高压态势，巩固已有成果，全面强化自然保护地监管，坚决遏制自然保护地遭受侵蚀破坏的状况。要提高政治站位，增强“四个意识”，做到“两个维护”，认真践行“绿水青山就是金山银山”的理念，重点对习近平总书记和其他中央领导同志批示问题进行跟踪督办，下大力气解决人民群众反映强烈的自然保护地突出问题。要建立常态化自然保护地监督检查机制，定期开展遥感监测和实地核查，运用“五步法”，紧盯采石采砂、工矿企业、核心区缓冲区旅游设施和水电设施四类聚焦问题的整改销号，彻底解决老问题，严防出现新问题。要按照“绿盾2019”自然保护地强化监督工作方案，突出检查重点，有序推进工作开展。要督促地方各级党委、政府及其有关部门细化职责，落实主体责任，完善自然保护地生态环境监管体系，妥善处理与扶贫攻坚的关系，抓紧开展生态修复，确保2019年年底四类聚焦问题整改率明显上升。要加强联合巡查，抓典型、抓关键少数，综合运用信息公开、约谈曝光等手段，依法依规严肃问责、精准追责。实地监督检查中，务必坚决落实中央八项规定及其实施细则精神，严格遵守工作纪律。

李春良要求，各级林业和草原主管部门及自然保护地管理机构要严格执行“绿盾2019”自然保护地强化监督工作实施方案的各项要求，重点关注“绿盾2018”专项行动发现问题的整改情况，重点聚焦拒不整改、整改走过场等顶风违纪行为。要加强组织协调，督促违法违规问题按时保质保量整改到位。要充分利用高科技手段推进自然保护地监管信息化、智能化建设，不断提高自然保护地监管技术水平。

生态环境部副部长黄润秋主持会议并对“绿盾2019”自然保护地强化监督工作实施方案进行说明。

会议以视频方式召开。水利部、农业农村部、中国科学院、中国海警局相关司局和单位负责同志，生态环境部相关司局、直属单位主要负责同志在主会场参加会议。各级生态环境、水利、农牧业（渔业）、林草、海警等部门负责同志，相关市县政府负责同志，所有国家级和部分地方级自然保护区（地）管理机构负责同志，生态环境部各督察局、中国环境科学研究院、南京环境科学研究所相关人员在分会场参加会议。

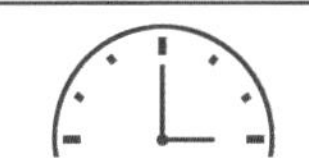

发布时间
2019.7.5

中国政府代表团出席特隆赫姆第九届生物多样性大会

第九届生物多样性大会于2019年7月2—5日在挪威特隆赫姆召开。由生态环境部有关负责人任团长的中国代表团出席会议。会议围绕保护生物多样性、制定兼具雄心与现实的2020后全球生物多样性框架（以下简称框架）、推动2020年《生物多样性公约》（以下简称《公约》）第15次缔约方大会（COP15）在中国昆明的成功举办等进行讨论。会上，14个国家代表共同发布了《应对生物多样性丧失危机的特隆赫姆行动倡议》。

中国代表团团长、生态环境部有关负责人在开幕式致辞中表示，中国政府高度重视生物多样性保护工作，将其作为生态文明建设的重要组成部分，认真履行《公约》责任和义务，为遏制生物多样性丧失、实现“爱知目标”不懈努力，取得显著成效。

生态环境部有关负责人指出，中国将全面履行东道国义务，做好会议各项筹备工作，与各缔约方分享创新、协调、绿色、开放、共享的发展理念，为框架制定和达成贡献中国智慧和方案，努力举办一届圆满成功、具有里程碑意义的大会。

生态环境部有关负责人强调，各利益相关方的积极参与是保护生物多样性、促进可持续发展的重要内容，中国将与国际社会携手共进，促进实现人与自然和谐的“命运共同体”。

会议期间，生态环境部有关负责人还与芬兰、德国、挪威、日本、印度尼西亚代表团团长，以及《公约》执行秘书等举行了工作会谈。

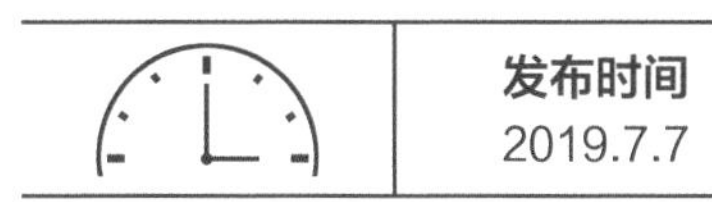

大气重污染成因与治理攻关项目推进会在京举行

7月6日，大气重污染成因与治理攻关项目（以下简称攻关项目）推进会在北京举行，进一步推进攻关项目组织实施，加强成果凝练，确保高质量完成攻关项目既定任务目标。

会议听取了攻关项目进展情况及成果总结凝练工作方案的汇报。与会专家围绕攻关项目科技支撑、成果产出等重点内容进行了充分讨论，提出了针对性意见。

生态环境部有关负责同志指出，攻关项目自2017年9月启动以来，各部门、各地方、各单位高度重视，将其作为生态环境科技领域的一项重大政治任务来对待，当作一项增强民生福祉的重要举措来推进。在各部门、各地方的大力支持和广大科研工作者的共同努力下，攻关项目进展顺利，在科研组织管理上实现了重大创新，在科研成果产出与应用上实现了无缝衔接，受到了地方政府的热烈欢迎，获得了社会各界的广泛认可，有力支撑了大气污染治理工作。

生态环境部有关负责同志强调，当前攻关项目即将进入成果凝练阶段，一是要提高政治站位，统一思想认识。深刻理解攻关项目的重大政治意义，坚持环境科研工作者的初心和使命，高度重视、积极推动攻关项目工作开展，确保攻关项目任务高质量完成。

二是齐心协力，狠抓成果凝练产出。各单位、各相关人员要切实压实责任，要系统总结科技创新成果，凝练大气污染治理规律，提出下一步大气污染防治建议，按照既定的目标任务完成成果凝练工作。

三是强化转化应用，支撑环境管理。攻关项目要总结各地方、各行业的成功经验和先进做法，结合科研成果，形成法律法规、标准、规范、建议，为打赢蓝天保卫战提供有力的科技支撑。

四是强化经费管理，规范经费执行。要高度重视攻关项目财务管理的特殊性和重要性，切实做到资金专款专用，确保经费合理合规使用。

五是强化长效机制建设，做好后续工作。要在做好攻关项目结题验收的同时，注重未来科研方向的提炼和长效机制的建设，为国家大气污染防治工作提供长久有效的科技支撑。

科学技术部、农业农村部、国家卫生健康委员会、中国科学院、中国气象局部委领导及代表，生态环境部相关司局及北京市、河北省、山西省、山东省、河南省生态环境厅（局）领导及代表，国家大气污染防治攻关联合中心主任、副主任，攻关项目总体专家组专家、各课题负责人、“2+26”城市和汾渭平原11个城市跟踪研究工作组负责人等150余人出席会议。

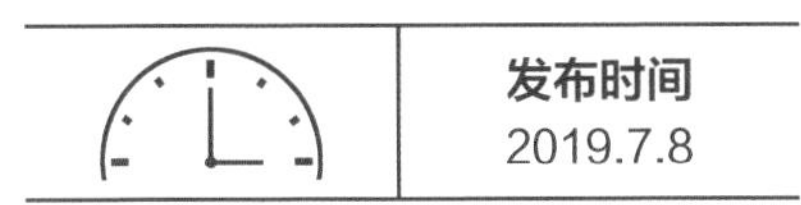

第二轮第一批中央生态环境保护督察全面启动

为深入贯彻落实习近平生态文明思想，根据《中央生态环境保护督察工作规定》（以下简称《规定》），经党中央、国务院批准，近日第二轮第一批中央生态环境保护督察将全面启动。已组建8个中央生态环境保护督察组，组长由朱之鑫、黄龙云、蒋巨峰、张宝顺、焦焕成、杨松、李家祥、马中平同志担任，副组长由生态环境部副部长黄润秋、翟青、赵英民、刘华同志担任，分别负责对上海、福建、海南、重庆、甘肃、青海6个省（市）和中国五矿集团有限公司、中国化工集团有限公司2家中央企业开展督察进驻工作。进驻时间约为1个月。各督察组具体如下：

第一组：上海市，组长朱之鑫，副组长赵英民。

第二组：福建省，组长黄龙云，副组长刘华。

第三组：海南省，组长蒋巨峰，副组长赵英民。

第四组：重庆市，组长张宝顺，副组长翟青。

第五组：甘肃省，组长焦焕成，副组长黄润秋。

第六组：青海省，组长杨松，副组长黄润秋。

第七组：中国五矿集团有限公司，组长李家祥，副组长翟青。

第八组：中国化工集团有限公司，组长马中平，副组长刘华。

督察将始终坚持问题导向，按照“坚定、聚焦、精准、双查、引导、规范”的总体要求，以解决突出生态环境问题，改善生态环境质量，推动高质量发展为重点，不断夯实生态文明建设和生态环境保护政治责任。

针对地方，将重点核实习近平总书记等中央领导同志有关生态环境保护重要指示批示件的贯彻落实情况；重点了解生态环境保护思想认识、责任落实，以及落实新发展理念、推动高质量发展情况；重点检查生态环境保护有关法律法规、政策措施、规划标准的具体执行情况；重点督察污染防治攻坚战和第一轮中央生态环境保护督察涉及问题的整改落实情况；重点督办对人民群众反映突出的生态环境问题的立行立改情况。同时，针对污染防治攻坚战七大标志性战役和其他重点领域，结合被督察省份具体情况，每个省份同步统筹安排一个生态环境保护专项督察，采取统一实施督察、统一报告反馈、分别移交移送的方式，进一步压实责任，倒逼落实，为打好污染防治攻坚战提供强大助力。

针对央企，将重点督察习近平总书记等中央领导同志重要指示批示件的贯彻落实情况；污染防治主体责任落实情况；推动落实污染防治攻坚战情况；中央生态环境保护督察，以及其他重要督查检查发现问题和中央媒体曝光问题的整改落实情况；企业生态环境保护管理现状和遵守环境保护法等法律法规情况；历史遗留生态环境问题处理解决情况；生态环境风险防控及处置情况，以及生态环境保护长效机制建设运行情况等。

中央生态环境保护督察组将始终牢记初心和使命，增强“四个意识”、坚定“四个自信”、做到“两个维护”，坚持以人民为中心，认真贯彻落实《规定》要求。进驻期间，各督察组将分别设立联系电话和邮政信箱，受理被督察对象生态环境保护方面的来信来电举报。

第二轮中央生态环保督察启动在即，一组数字带您回望首轮督察这三年

近日，在新一轮中央生态环境保护督察启动前夕，中共中央办公厅、国务院办公厅印发《中央生态环境保护督察工作规定》（以下简称《规定》），首次以党内法规形式，明确督察制度框架、固化督察程序和规范、界定督察权限和责任，展示了中央推进环保督察的决心。中央生态环保督察究竟有哪些好经验、好做法，让两办出台《规定》将其固化，施之长远。一组数字带您快速了解首轮中央生态环境保护督察及“回头看”成效。

关于中央生态环境保护督察作风纪律监督举报方式的公告

生态环境部 2019-07-10

为坚决贯彻落实习近平总书记打好污染防治攻坚战、打造生态环境保护铁军的指示，中央纪委关于“坚持党中央重大决策部署到哪里、监督检查就跟进到哪里”的要求和持之以恒纠正“四风”的部署，切实加强对中央生态环境保护督察的监督，现将《中央生态环境保护督察纪律规定》予以公开。欢迎被督察地区干部群众和全社会严格监督。

第二轮中央生态环保督察启动在即，一组数字带您回望首轮督察这三年

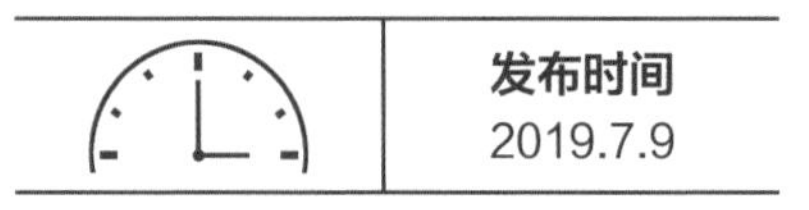

生态环境部致函被督察省（市）、集团公司坚决禁止搞“一刀切”“滥问责”

经党中央、国务院批准，中央生态环境保护督察组（以下简称督察组）将于近日陆续进驻上海、福建、海南、重庆、甘肃、青海6个省（市），以及中国五矿集团有限公司、中国化工集团有限公司2家中央企业，开展第二轮第一批中央生态环境保护督察。为力戒形式主义、官僚主义，切实做好督察各项工作，7月8日，生态环境部专门致函被督察省（市）、集团公司，要求坚决禁止搞“一刀切”和“滥问责”，并简化有关督察接待和保障安排，切实减轻基层负担。

函件明确，被督察省（市）、集团公司不得为应付督察而不分青红皂白地采取紧急停工、停业、停产等简单粗暴行为，以及“一律关停”“先停再说”等敷衍应对做法。对于相关生态环境问题的整改，要坚持依法依规，注重统筹推进，建立长效机制，按照问题的轻重缓急和解决的难易程度，能马上解决的要马上解决，一时解决不了的要明确整改的目标、措施、时限和责任单位，督促各责任主体抓好落实。要给直接负责查处整改工作的单位和人员留足时间，禁止层层加码、避免级级提速，特别是对涉及民生的产业或领域，更应当妥善处理、分类施策、有序推进，坚决禁止“一刀切”行为。对于采取“一刀切”方式消极应对督察的，督察组将严肃处理，发现一起、查处一起、通报一起。

函件要求，被督察省（市）、集团公司应依规依纪依法做好问责工作。在边督边改过程中，对发现的失职失责人员，既要严格按照“严肃、精准、有效”的原则做好问责工作，实事求是，通过必要的问责切实传导压力、落实责任，建立长效机制。同时，也要严格贯彻落实中央有关文件精神，禁止以问责代替整改，以及乱问责、滥问责、简单化问责等行为。

对在生态环境保护工作中勇于探索、敢于创新、担当尽责且成效明显，但因客观原因没有达到预期目标的，对自我加压、严格工作目标要求且正确履行职责，但因历史原因或难以预见因素导致未完成工作任务或未达到预期效果的，应当实行容错机制，鼓励有关干部担当作为。

函件强调，中央生态环境保护督察是督察组与被督察省（市）、集团公司共同承担的一项重要政治任务，需要双方以高度的政治责任感共同努力、协同推进。在安排督察接待和督察保障等工作时，能从简的一律从简，能简化的一律简化，不搞迎来送往，不搞层层陪同，切实减轻基层负担。同时，被督察省（市）、集团公司还应督促所辖地市、有关部门和单位如实反映问题，提供真实情况，推进整改落实，加强信息公开，共同营造良好的督察氛围。

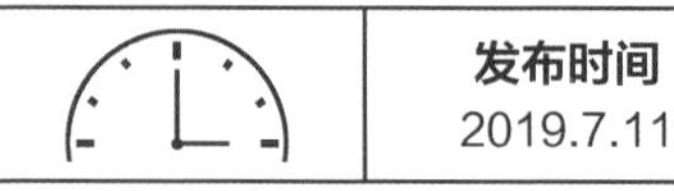

生态环境部召开部务会议

7月11日，生态环境部部长李干杰主持召开生态环境部部务会议，审议并原则通过《关于废止、修改部分规章的决定》（以下简称《决定》）、《固定污染源排污许可分类管理名录（2019年版）》（以下简称《名录》）、《核动力厂、研究堆、核燃料循环设施安全许可程序规定》（以下简称《规定》）。

会议指出，党中央、国务院高度重视法规清理工作，党的十八大以来多次作出安排部署。出台《决定》是落实国务院办公厅关于清理生态环境保护法规、规章、规范性文件和清理证明事项等工作要求的实际行动。要充分认识及时开展法规清理是维护法制统一和政令畅通、推进依法行政的客观要求和重要措施，认真落实法治政府建设责任，持续深入推进法规清理工作。对后续需要修改的规章和规范性文件，要抓紧研究制定修改方案，确保将清理任务落到实处。

会议认为，《名录》是排污许可制度体系的重要组成部分，是推进排污许可分步实施、精细化管理的基础性文件。作为落实国务院《控制污染物排放许可制实施方案》的具体举措，《名录》修订要科学严谨，围绕固定污染源环境管理全覆盖目标，聚焦污染防治攻坚战重点任务，切实增强科学性、针对性、有效性。要做好宣传解读，让地方生态环境部门、排污单位和公众及时准确了解新的管理要求，保证理解到位、执行有力。要按照“先试点、后推开”“先发证、后到位”的两个“两步走”要求，在重点区域试点工作的基础上，在全国全面实施固定污染源排污许可清理整顿，实现固定污染源“一证式”管理。要持续跟踪关注《名录》的执行情况和实施效果，及时梳理总结，发现问题适时修订，确保排污许可管理全面、科学、高效。

会议强调，核安全是国家安全的重要组成部分，要进一步提高政治站位，强化忧患意识，坚持“严慎细实”工作理念，务必严格做到“两个零容忍”，即对弄虚作假零容忍，对违规操作零容忍，把核安全监管各项要求落到实处。实施民用核设施安全许可制度，是生态环境部依法开展核安全监管的重要手段。制定《规定》，是落实核安全法和“放管服”改革要求的具体举措，对规范核动力厂、研究堆、核燃料循环设施安全许可程序、保障行政许可合法性和公平性、提升核安全监管规范化水平具有重要意义。《规定》既是指导营运单位申请许可的指南，也是监管部门受理许可、审评监督和实施许可的依据。要做好《规定》宣传解读和培训，严格、规范做好核安全监管和许可工作。要不断总结反馈、优化完善，持续做好核安全法配套法规标准制修订工作。

生态环境部副部长黄润秋、翟青、刘华，中央纪委国家监委驻生态环境部纪检监察组组长吴海英，副部长庄国泰出席会议。

驻部纪检监察组负责同志，部机关各部门、有关部属单位主要负责同志参加会议。

发布时间
2019.7.16

第二轮第一批中央生态环境保护督察全部实现督察进驻

7月15日下午，中央第二生态环境保护督察组对福建省开展中央生态环境保护督察工作动员会在福州召开。至此，第二轮第一批中央生态环境保护督察全部实现督察进驻。

在督察进驻动员会上，各督察组组长强调，以习近平同志为核心的党中央高度重视生态文明建设和生态环境保护，将生态文明建设纳入中国特色社会主义“五位一体”总体布局和“四个全面”战略布局。习近平总书记站在建设美丽中国、实现中华民族伟大复兴中国梦的战略高度，亲自推动，身体力行，提出了一系列新理念、新思想、新战略，形成了习近平生态文明思想，成为全党全国推进生态文明建设和生态环境保护、建设美丽中国的根本遵循。

建立并实施中央生态环境保护督察制度是习近平生态文明思想的重要内涵，习近平总书记高度重视中央生态环境保护督察工作，亲自倡导并推动这一重大改革举措，在中央生态环境保护督察每个关键环节、每个关键时刻都作出重要指示批示，审阅每一份督察报告，要求坚决打好污染防治攻坚战，以解决突出生态环境问题、改善生态环境质量、推动经济高质量发展为重点，夯实生态文明建设和生态环境保护政治责任，推动生态环境保护督察向纵深发展。

这次督察总的要求是“坚定、聚焦、精准、双查、引导、规范”，不断夯实生态环境保护政治责任。坚定，就是坚持问题导向，敢于动真碰硬，不解决问题绝不松手；聚焦，就是紧盯习近平生态文明思想贯彻落实情况，紧盯人民群众身边突出的生态环境问题解决情况；精准，就是把问题查实、查透、查准、查深，经得起历史和实践检验；双查，就是既要查生态环境违法违规问题，又要查违规决策和监管不力问题，既要查不作为和慢作为，也要查乱作为和滥作为；引导，就是要加强信息公开，接受社会监督，回应社会关切；规范，就是要严格按照《中央生态环境保护督察工作规定》要求开展督察工作。

6个省（市）、集团公司党委（党组）主要领导同志均做了动员讲话，强调要坚决贯彻落实习近平生态文明思想和党中央、国务院决策部署，增强“四个意识”、坚定“四个自信”、做到“两个维护”，切实统一思想，全力做好督察配合工作。坚决按照生态环境保护督察进驻工作安排，做好情况汇报、资料提供、协调保障、督察整改、信息公开等各项工作，确保督察工作顺利推进，取得实实在在的效果。

根据安排，第二轮第一批中央生态环境保护督察进驻时间为1个月。进驻期间，各督察组分别设立专门值班电话和邮政信箱，受理被督察对象生态环境保护方面的来信来电举报，受理举报电话时间为每天8：00—20：00。截至7月15日20时，8个督察组共计受理群众来电来信举报809件，经梳理合并重复举报后，向被督察对象转办569件。

附表　第二轮第一批中央生态环境保护督察进驻一览

组别	组长	被督察对象	进驻时间	值班电话	邮政信箱
中央第一生态环境保护督察组	朱之鑫	上海市	7月11日—8月11日	021-64376228	徐汇A003号邮政信箱
中央第二生态环境保护督察组	黄龙云	福建省	7月15日—8月15日	0591-88362369	福州市A0315邮政信箱
中央第三生态环境保护督察组	蒋巨峰	海南省	7月14日—8月14日	0898-66260662	海南省海口市A013号邮政专用信箱
中央第一四生态环境保护督察组	张宝顺	重庆市	7月12日—8月12日	023-63038191	重庆市A023号邮政专用信箱
中央第五生态环境保护督察组	焦焕成	甘肃省	7月12日—8月12日	0931-8920515	兰州市邮政A243号信箱
中央第六生态环境保护督察组	杨　松	青海省	7月14日—8月14日	0971-6101537	青海省西宁市A146信箱
中央第七生态环境保护督察组	李家祥	中国五矿集团有限公司	7月10日—8月10日	010-68980700	北京市海淀区100086信箱008分箱
中央第八生态环境保护督察组	马中平	中国化工集团有限公司	7月13日—8月13日	010-88841010	北京市海淀区A09701号邮政信箱

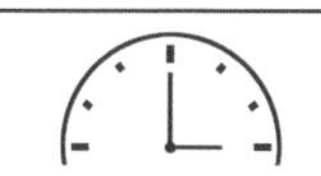

发布时间
2019.7.23

生态环境部公布2018年度《水污染防治行动计划》重点任务实施情况

自2015年4月国务院发布实施《水污染防治行动计划》（以下简称“水十条”）以来，在党中央、国务院坚强领导下，生态环境部会同各地区、各部门，以改善水环境质量为核心，出台配套政策措施，加快推进水污染治理，落实各项目标任务，切实解决了一批群众关心的水污染问题，全国水环境质量总体保持持续改善势头。

一是全面控制水污染物排放。截至2018年年底，全国97.4%的省级及以上工业集聚区建成污水集中处理设施并安装自动在线监控装置。加油站地下油罐防渗改造已完成78%。拆除老旧运输海船1000万总吨以上，拆解改造内河船舶4.25万艘。全国城镇建成运行污水处理厂4332座，污水处理能力1.95亿米^3/日。累计关闭或搬迁禁养区内畜禽养殖场（小区）26.2万多个，创建水产健康养殖示范场5628个。开展农村环境综合整治的村庄累计达到16.3万个，浙江“千村示范、万村整治”荣获2018年联合国地球卫士奖。

二是全力保障水生态环境安全。推进全国集中式饮用水水源地环境整治，1586个水源地6251个问题整改完成率达99.9%，搬迁治理3740家工业企业，关闭取缔1883个排污口，5.5亿居民的饮用水安全保障水平得到提升。36个重点城市

（直辖市、省会城市、计划单列市）1062个黑臭水体中，1009个消除或基本消除黑臭，消除比例达95%，周边群众获得感明显增强。强化太湖、滇池等重点湖库蓝藻水华防控工作。11个沿海省份编制实施省级近岸海域污染防治方案，推进海洋垃圾（微塑料）污染防治。

三是联动协作推进流域治污。全面建立“河（湖）长制”，全国共明确省、市、县、乡四级“河长”30多万名、“湖长”2.4万名。组建长江生态环境保护修复联合研究中心，长江经济带11个省（市）及青海省编制完成“三线一单”（生态保护红线、环境质量底线、资源利用上线和生态环境准入清单）。赤水河等流域开展按流域设置环境监管和行政执法机构试点。新安江、九洲江、汀江-韩江、东江、滦河、潮白河等流域上下游省份建立横向生态补偿试点。

监测数据显示，2018年，全国地表水国控断面水质优良（Ⅰ～Ⅲ类）、丧失使用功能（劣Ⅴ类）比例分别为71.0%、6.7%，分别比2015年提高6.5个百分点、降低2.1个百分点，水质稳步改善。但是，水污染防治形势依然严峻，在城乡环境基础设施建设、氮磷等营养物质控制、流域水生态保护等方面还存在一些突出问题，需要加快推动解决。

2018年，水环境质量目标完成情况较好的有北京市、天津市、河北省、上海市、浙江省、福建省、江西省、湖北省、广西壮族自治区、海南省、重庆市、四川省、西藏自治区、甘肃省、青海省、宁夏回族自治区、新疆维吾尔自治区。

发布时间
2019.7.26

中俄总理定期会晤委员会环保合作分委会第14次会议在京召开

7月26日，中俄总理定期会晤委员会环保合作分委会（以下简称分委会）第14次会议在京召开。分委会中方主席、生态环境部部长李干杰和俄方主席、俄罗斯联邦自然资源与生态部部长科贝尔金分别率团出席会议。

李干杰在主持会议时表示，2019年是中俄建交70周年，多年来，在两国元首的关心和指导下，在双方共同努力下，中俄生态环境保护合作取得丰硕成果。中俄跨界水体水质明显改善，东北虎、东北豹等珍稀野生物种得到有效保护，环境灾害应急联络机制畅通高效，边境地区生态环境质量稳定改善，为维护地区生态平衡和可持续发展奠定坚实基础。

李干杰说，中国政府历来高度重视生态环境保护。2018年以来，在以习近平同志为核心的党中央的坚强领导下，在习近平生态文明思想的科学指引下，中国生态环境保护工作取得积极进展和成效。顺利完成生态环境机构改革，组建生态环境部和7个流域海域生态环境监督管理局。积极推进污染防治攻坚战，蓝天、碧水、净土保卫战全面展开，生态环境质量持续改善。大力推动经济高质量发展，依法依规加大督察执法力度，整治“散乱污”企业及集群，制定实施支持服务民营企业绿色发展的举措。深度参与全球环境治理，推动联合国气候变化卡托维兹大会达成一揽子全面、平衡、有力度的成果，成功举办世界环境日全球主场活动，积极推动共建绿色“一带一路”，携手各国落实联合国2030年可持续发展议程。

李干杰希望，中俄双方着眼于充实新时代中俄全面战略协作伙伴关系内涵，推动中俄生态环境保护合作提质升级。一要扩大合作领域，在巩固现有合作成果的基础上，深入挖掘双方在应对气候变化、生物多样性保护、固体废物处理和海洋垃圾治理等领域的合作潜力。二要推进双方在“一带一路”绿色发展国际联盟框架下的合作，共同提升环境管理水平，共建共享绿色“一带一路”。三要加强国际协作，携手引导多边合作进程，共同应对全球性环境问题，构建人与自然和谐共生的美丽家园。

科贝尔金表示，中俄建交70年来，双方坚持相互帮助、深度融通、开拓创新、普惠共赢，新时代中俄全面战略协作伙伴关系不断深化。中俄生态环境领域合作是中俄友谊的重要组成部分，双方在分委会框架下各工作组和专家组的合作取得显著成绩。站在新的起点上，俄方愿进一步加强与中方在生态环境领域的合作，不断为双方关系注入新的活力和动力。俄方积极支持2020年中国举办《生物多样性公约》第15次缔约方大会。

会议听取了双方边境地区生态环境保护工作进展汇报，以及污染防治和环

境灾害应急联络工作组及环评信息交换专家组、跨界水体水质监测与保护工作组、跨界自然保护区和生物多样性保护工作组的工作报告。双方对过去一年中俄生态环境保护合作以及分委会各工作组和专家组取得的成果给予积极评价。

会前，李干杰与科贝尔金举行了双边工作会谈。会后，双方共同签署了本次会议纪要。

发布时间
2019.7.27

生态环境部组织开展强化土壤污染防治重点建议办理工作调研

7月26日至27日，生态环境部相关负责人带队赴甘肃省开展土壤污染防治工作现场调研，并组织召开座谈会与部分全国人大代表进行交流。

据了解，全国人大常委会办公厅将十三届全国人大二次会议期间代表提出的10份关于加强土壤污染防治的建议作为重点督办建议，交由生态环境部和有关部门共同办理。调研期间，生态环境部邀请部分全国人大代表实地调研了兰州石化公司厂区、白银市东大沟流域土壤污染源头防控、治理修复等项目，了解甘肃省在土壤污染防治方面的实际做法。

在座谈会上，生态环境部相关负责人结合代表们提出的关于健全法律法规标准、加强土壤污染综合防治、完善农用地土壤环境管理制度、完善技术体系和加大资金投入等建议介绍了土壤污染防治工作的开展情况。他表示，办理代表建议是保障代表依法履职的重要内容，体现了中国式民主的特点和优势。人大代表的监督是对生态环境保护工作的支持和帮助。此次调研座谈是生态环境部重点建议办理工作的一项重要内容，通过座谈，加强了代表、部门和地方之间的沟通，有助于各部门更好地落实代表提出的各项意见建议，有针对性地解决当前土壤污染防治中的问题。

下一步，生态环境部将结合人大代表提出的意见建议，继续完善土壤污染防治管理体系、抓好统筹协调，聚焦完成硬任务、抓好《土壤污染防治法》的实施、抓好示范，加强试点经验推广，全力推动《土壤污染防治行动计划》各项工作的实施，确保完成目标任务。

全国人大环资委委员王军对人大建议办理、土壤污染防治法实施提出具体要求。

国务院有关部门同志参与调研座谈。

发布时间
2019.7.30

生态环境部党组开展“不忘初心、牢记使命”主题教育集中学习研讨

7月29日，生态环境部党组围绕学习贯彻习近平总书记主持中央政治局第十五次集体学习时的重要讲话、在中央和国家机关党的建设工作会议上的重要讲话等两个专题，开展集中学习研讨，继续深入开展“不忘初心、牢记使命”主题教育。参加研讨的部领导班子成员逐一作重点发言，部分司局主要负责同志结合工作实际谈学习体会。

在学习贯彻习近平总书记主持中央政治局第十五次集体学习时的重要讲话专题研讨中，大家一致表示，习近平总书记的重要讲话，从永葆党的先进性和纯洁性、加强党的长期执政能力建设的战略高度，深刻论述了“不忘初心、牢记使命”的重大意义，号召全党在新时代把党的自我革命推向深入，为推动全党围绕守初心、担使命、找差距、抓落实的

总要求切实抓好主题教育提供了重要遵循、注入了强大动力。生态环境部系统各级党组织和广大党员干部要增强“四个意识”，坚定“四个自信”，做到“两个维护”，深入学习贯彻习近平总书记重要讲话精神，以高度的思想自觉、政治自觉、行动自觉，高标准开展、高质量推进主题教育，以彻底的自我革命精神推进新时代党的建设迈上新台阶。

大家一致认为，自我革命精神与我们党的初心使命密不可分。我们党始终坚守为中国人民谋幸福、为中华民族谋复兴这个初心使命，坚持用初心使命激发革命精神，坚持对照初心使命不断检视自己，坚持把践行初心使命体现到党的全部奋斗之中。党的十八大以来，习近平总书记就我们党必须进行自我革命发表了一系列重要讲话，深刻阐明了推进自我革命对于我们党的极端重要性，深刻揭示了我们党的内在特质和制胜之道。勇于自我革命是我们党特有的政治基因和政治品格，也是区别于其他政党的显著标志和鲜明特质，是我们党永葆先进性和纯洁性、永葆生命力的关键所在，是我们党团结带领全国各族人民推动伟大社会革命的必然要求。

大家一致表示，党的十八大以来，以习近平同志为核心的党中央，紧紧围绕践行初心使命，以刀刃向内的自我革命精神解决党内存在的突出问题，推动党和国家事业取得历史性成就、发生历史性变革，赢得了人民群众对党的信心、信任和信赖。但也要清醒地看到，在长期执政中，各种弱化党的先进性、损害党的纯洁性的因素无时不有，各种违背初心和使命、动摇党的根基的危险无处不在，“四大考验”“四种危险”依然复杂严峻，党的自我革命任重道远。推进自我革命，关键是在实践中实现“四个自我”，即自我净化，教育引导全体党员干部坚定理想信念宗旨，不断纯洁党的队伍；自我完善，坚持补短板、强弱项、固根本，防源头、治苗头、打露头，不断构建系统完备、科学规范、运行有效的制度体系，完善决策科学、执行坚决、监督有力的权力运行机制；自我革新，勇于推进理论创新、实践创新、制度创新、文化创新以及各方面创新，通过革故鼎新不断开辟未来；自我提高，不断提升政治境界、思想境界、道德境界，建设一支忠诚、干净、担当的高素质、专业化干部队伍。

大家一致认为，牢记初心使命、推进自我革命是一项长期的历史任务，生态环境部系统要把“不忘初心、牢记使命”作为加强党的建设的永恒课题，作为全体党员干部的终身课题，在生态环境保护实践中不断把党的自我革命推向深入。要深入学习贯彻习近平新时代中国特色社会主义思想，坚定不移用以武装头脑、指导实践、推动工作，使部系统保持统一的思想、坚定的意志、强大的战斗力。要充分运用并不断发展严肃党内政治生活等推进党的自我革命的重要经验，切实把好经验、好做法运用到生态环境保护领域，不断提高部系统党建工作水平。要真刀真枪解决突出问题，以正视问题的自觉和刀刃向内的勇气找准开展“不忘初心、牢记使命”主题教育专项整治的切入点，确定目标任务，明确责任主体、进度时限和工作措施，逐条逐项推进落实。要在实现“四个自我”上下功夫，坚定对马克思主义的信仰、对共产主义和中国特色社会主义的信念，建立完善自我约束的制度规范体系，通过改革和制度创新压缩不良现象的生存空间和滋生土壤，加快打造生态环境保护铁军。部系统各级领导干部特别是部领导班子成员，要以身作则、以上率下，发挥好“关键少数”的示范引领作用。

在学习贯彻习近平总书记在中央和国家机关党的建设工作会议上的重要讲话专题研讨中，大家一致表示，习近平总书记的重要讲话精辟论述了加强和改进中央和国家机关党的建设的重大意义，深刻阐明了新形势下中央和国家机关党的建设的使命任务、重点工作、关键举措，对加强和改进中央和国家机关党的建设作出全面部署，视野宏阔、总览全局，具有很强的时代性、政治性、思想性、指导性，为推动中央和国家机关党的建设高质量发展指明了努力方向、提供了根本遵循。生态环境部机关各级党组织和广大党员干部要把学习贯彻习近平总书记的重要讲话精神作为“不忘初心、牢记使命”主题教育的重要内容，集中开展研讨学习，自觉用习近平总书记重要讲话精神统一思想和行动。

大家一致认为，中央和国家机关在党和国家治理体系中处于特殊重要位置，离党中央最近，服务党中央最直接，对机关党建乃至其他领域党建具有重要风向标作用。深化全面从严治党、进行自我革命必须从中央和国家机关严起、从机关党建抓起。中央和国家机关在党的建设方面具有优良的传统，党能够长期稳固地执掌政权、完成不同历史时期的执政使命，是同不断加强和改进机关党的建设密不可分的。当前，中央和国家机关党的建设方面面临政治意识淡化、党的领导弱化、党建工作虚化、责任落实软化等“灯下黑”问题，必须加强和改进党的建设，采取有力措施加以解决。

大家一致表示，加强和改进中央和国家机关党的建设，必须把带头做到“两个维护”作为首要任务，不断加强对党忠诚教育，坚持民主集中制，始终坚定自觉地在思想上、政治上、行动上同以习近平同志为核心的党中央保持高度一致，做到党中央提倡的坚决响应、党中央决定的坚决执行、党中央禁止的坚决不做。必须把握特点规律，处理好共性和个性、党建和业务、目标引领和问题导向、建章立制和落地见效、继承和创新“五对关系”，提高机关党的建设的科学性和精准性。必须切实加强党的领导，全面落实党建责任制，坚持明确责任、落实责任、追究责任，形成党委抓、书记抓、各有关部门抓、一级抓一级、层层抓落实的工作格局。

大家一致认为，必须以“钉钉子”的精神，从严抓好习近平总书记重要讲话精神的落实，推动生态环境部机关党的建设取得新进展。

要进一步聚焦政治建设，严守政治纪律和政治规矩，坚决贯彻习近平总书记重要指示批示和党中央关于生态环境保护的决策部署，认真落实新形势下党内生活若干准则、党内监督条例等制度，锻造忠诚干净担当的党员队伍，增强践行“两个维护”的政治定力和政治能力。

要进一步聚焦理论武装，以部党组中心组集中理论学习为龙头、党支部为基础，抓好常态化集中研讨和个人自学，加强对习近平新时代中国特色社会主义思想特别是习近平生态文明思想的学习，注重加强青年干部理论武装。

要进一步聚焦基层组织，坚决整治机关党建“灯下黑”问题，夯实工作基础，加强制度保障，不断提高基层党组织建设质量，确保一名党员就是一面旗帜、一个支部就是一座堡垒。

要进一步聚焦正风肃纪，加强“以案为鉴，营造良好政治生态”专项治理整改落实，力戒形式主义、官僚主义，切实减轻基层负担，深入开展部内巡视，正确运用好监督执纪“四种形态”，打造生态环境保护铁军。

要进一步聚焦落实“两个责任”，各级党组织要牢固树立“抓好党建是本职、不抓党建是失职、抓不好党建是渎职”的意识，党组织书记带好头、做表率，切实履行全面从严治党的主体责任，并自觉接受监督；各级纪检组织要敢于监督、善于监督，不断提高监督能力，落实全面从严治党的监督责任。

生态环境部党组书记、部长李干杰主持并参加集中学习研讨。生态环境部副部长黄润秋，生态环境部党组成员、副部长翟青、赵英民、刘华，中央纪委国家监委驻生态环境部纪检监察组组长、部党组成员吴海英，部党组成员、副部长庄国泰参加集中学习研讨。

驻部纪检监察组负责同志，部机关各部门、各派出机构、直属单位党政主要负责同志和部分单位党办主任参加集中学习研讨。

发布时间
2019.7.30

生态环境部召开空气质量预警座谈会对上半年空气质量恶化、目标完成滞后城市预警提醒

7月30日，生态环境部召开2019年上半年环境空气质量预警座谈会，对上半年环境空气质量同比恶化、年度目标完成情况严重滞后的城市进行预警提醒，生态环境部部长李干杰出席会议并讲话。他强调，要深入贯彻落实习近平生态文明思想和全国生态环境保护大会精神，切实提高对大气污染防治工作重要性、复杂性和紧迫性的认识，全力以赴打赢蓝天保卫战。

会议通报了2019年上半年空气质量改善目标进展情况，对细颗粒物（$PM_{2.5}$）浓度和环境空气质量综合指数同比不降反升、改善幅度进度滞后的城市进行了预警提醒。

会上，李干杰指出，2018年以来各地区、各部门统筹谋划，狠抓落实，大气污染防治工作取得积极成效，但要清醒地认识到，2019年以来，部分城市大气污染严重反弹，尤

其是非重点区域问题凸显，大气污染防治工作形势依然十分严峻。

李干杰强调，各地区、各部门要准确把握打赢蓝天保卫战的总体要求，坚决克服“四种消极情绪和心态”，始终保持“五个坚定不移”，认真落实“六个做到”，狠抓责任落实，确保各项措施落地见效，全力打赢蓝天保卫战。

一是狠抓组织领导，提高思想认识。坚决落实“党政同责、一岗双责”，切实担负起大气污染防治工作主体责任。对治污任务拉条挂账，明确各地各相关部门责任，明确时间节点和责任人，倒排工期，逐一销号。要建立督查督办机制，推动加快落实各项治污任务。

二是狠抓重点排放，推进精准治污。要高度重视污染企业“上山下乡”——向中西部、向城乡接合部、向农村转移的趋势，对“散乱污”企业及集群进行详细摸底调查，制订综合整治方案，分门别类地实施淘汰一批、整合一批、提升一批。要抓准主要矛盾，锁定对空气质量改善影响大、效果好的重点任务，分类精准施策，严禁“一刀切”。

三是狠抓执法监管，有效打击环境违法行为。要组织生态环境、经信、市场监管、交通、公安、住建、城管等部门开展自查和联合执法检查，重点针对“高架源”、挥发性有机物无组织排放、机动车船污染、秸秆露天焚烧等开展专项执法，加大对违法排污行为的打击力度。对发现超标排放、违法排污的要依法查处，并建立诚信档案纳入全国信用信息共享平台，情节严重的依法依规开展失信联合惩戒。

四是狠抓考核问责，层层压实责任。制定和实施量化问责机制，对$PM_{2.5}$浓度同比明显上升、环境空气质量综合指数同比明显上升且改善幅度排名靠后、环境空气质量约束性指标远滞后于时序进度要求的城市（包括地、州、盟），每季度实施一次书面预警，每半年实施一次约谈，每年度实施一次量化问责。

五是狠抓减排措施，有效应对重污染天气。强化依法减排、科学减排、精准减排。各地要严格按照《关于加强重污染天气应对夯实应急减排措施的指导意见》有关要求，全面修订完善政府和部门重污染天气应急预案，规范填写减排清单，指导企业细化"一厂一策"实施方案，确保应急减排措施落地见效。

会议采取视频会方式召开。在生态环境部机关设立主会场，在有关省（区、市）及新疆生产建设兵团生态环境厅（局）、有关地市生态环境局设立分会场。

会议由生态环境部副部长赵英民在主会场主持。

生态环境部有关部门、部属单位主要负责同志在主会场参加会议。有关省（区、市）及新疆生产建设兵团生态环境厅（局）主要负责同志、大气处处长，有关城市人民政府负责同志、大气污染防治领导小组全体成员、生态环境局主要负责同志，生态环境部各督察局主要负责同志在分会场参会。

发布时间
2019.7.31

生态环境部部署重污染天气应急预案修订工作

7月31日，重点区域重污染天气应急预案修订部署动员电视电话会在京举行，专门就重污染天气应急预案及减排清单修订工作做出部署。

会议充分肯定了前期重污染天气应对工作取得的成效，指出当前大气污染防治工作形势依然十分严峻，要充分认识重污染天气应对工作的重要性，进一步加大力度，积极采取有效措施，减轻重污染天气影响。

生态环境部有关负责同志指出，要坚持问题导向，积极做好重污染天气应急减排清单修订工作。在总结过去重污染天气应对工作问题的基础上，坚持依法治污、科学治污、精准治污，进一步夯实应急减排措施。

一是坚持减排措施全面覆盖，细化工业源、扬尘源、移动源的具体领域，完善应急减排清单。二是坚持减排措施分类施策，对重点行业实施绩效分级，让工艺装备领先、治理措施高效、环保管理严格、排放达到超低的企业减免应急减排措施。三是坚持减排措施可行可查，指导企业科学制定减排措施，落实到具体生产线和生产工艺，确保措施切实可行，实现“削峰降速”的效果。

生态环境部有关负责同志强调，要精心组织力量按时完成修订工作。一是进一步压实责任，加强部门联动，共同编制好应急减排清单。二是进一步严格程序，细化绩效分级评定程序，严格流程。三是进一步强化监管，重点检查减排措施落实情况。四是进一步加强预测预报，牢固树立区域一盘棋思想，积极开展区域应急联动。

北京市、天津市、河北省、山西省、上海市、江苏省、浙江省、安徽省、山东省、河南省、陕西省人民政府分管秘书长、生态环境厅（局）和其他相关部门负责同志，各地级城市及区县人民政府、生态环境局及相关科室负责同志，生态环境部相关司局和在京派出机构、直属单位负责同志，国家大气污染防治攻关联合中心“一市一策”驻点专家团队参加会议。

本月盘点

微博：本月发稿397条，阅读量30217709；

微信：本月发稿320条，阅读量2160899。

- 禁止洋垃圾入境推进固体废物进口管理制度改革部际协调小组第二次全体会议召开
- 《生物多样性公约》第15次缔约方大会筹备工作组织委员会第一次会议在京召开
- 生态环境部开展对群众反映强烈的生态环境问题平时不作为、急时“一刀切”问题专项整治

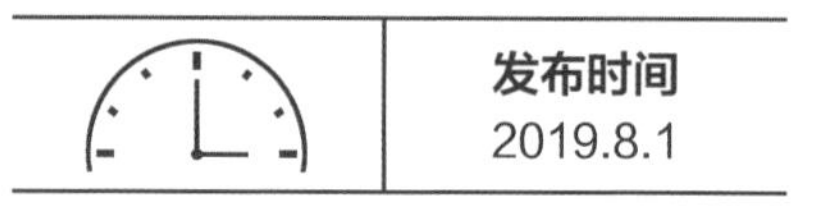

生态环境部召开部党组（扩大）会议

近日，生态环境部党组书记、部长李干杰主持召开部党组（扩大）会议，听取生态环境部2019年上半年定点扶贫工作进展和扶贫前方工作组有关情况的汇报，研究下一步定点扶贫工作安排。

会议指出，2019年上半年，生态环境部定点扶贫工作推进扎实有力，部系统13个扶贫工作小组在责任书指标落实、党建促扶贫、示范村建设、资金项目监管、作风建设等方面取得积极进展。当前脱贫攻坚已进入决胜关键阶段，各部门、各单位要紧密结合“不忘初心，牢记使命”主题教育，进一步深入学习领会和贯彻落实习近平总书记关于扶贫工作的重要论述，扎实做好定点扶贫工作，为如期打赢精准脱贫攻坚战、如期全面建成小康社会作出新的更大贡献。

会议要求，要进一步提高政治站位，切实增强协同打好污染防治和打赢精准脱贫两大攻坚战的使命感和责任感，坚决扛起脱贫攻坚重大政治责任。各部门、各单位主要负责同志要拿出专门的时间和精力，亲自抓扶贫、亲自管扶贫、亲自推扶贫，进一步加大工作力度，切实投入到河北围场、隆化两县脱贫“摘帽”的决战之中，以实际行动增强“四个意识”，做到“两个维护”，确保各项政策举措及时落地生效。

会议强调，要进一步强化责任落实，加大投入，舍得花真金白银，确保高质量完成定点扶贫责任书承诺任务。进一步加强党建引领促扶贫，抓实抓细与对口帮扶贫困村党支部“一对一”共建，严格落实党支部书记第一责任人制度。进一步发挥生态环保行业优势，加快推进生态环保扶贫示范村建设，及时总结宣传帮扶经验。进一步强化作风建设，加强中央财政生态环保专项资金项目的监督检查，强化各部门、各单位自有资金投入和引进帮扶项目的跟踪督促，确保投入两县的资金项目安全高效出实绩。

会议要求，要加强顶层设计和组织领导，推动两县做好脱贫攻坚与乡村振兴衔接，用乡村振兴措施巩固脱贫成果。谋划做好生态环保全面支撑乡村振兴工作，健全稳定脱贫长效机制，让良好生态成为乡村振兴的重要支点。总结凝练绿水青山转化为金山银山的地方典型经验、实用技术和转化模式，为两县和其他贫困地区增强持续稳定脱贫和后续振兴发展的绿色内生动力提供有益借鉴和参考。

会议还研究了其他事项。

生态环境部党组成员、副部长翟青、赵英民、刘华，中央纪委国家监委驻生态环境部纪检监察组组长、部党组成员吴海英，部党组成员、副部长庄国泰出席会议。

生态环境部副部长黄润秋列席会议。

驻部纪检监察组负责同志，部办公厅、人事司、科财司、宣教司、机关党委主要负责同志，部系统13个扶贫工作小组牵头单位主要负责同志，驻承德市和围场、隆化两县扶贫前方工作组成员列席会议。

发布时间
2019.8.5

生态环境部公布40家严重超标排污单位名单
并对其中3家实行挂牌督办

8月5日，生态环境部向社会公布2019年第二季度自动监控数据严重超标的40家重点排污单位名单，并对其中3家重点排污单位主要污染物排放严重超标排污环境问题挂牌督办。

从地区分布来看，辽宁（5家）、海南（5家）、山西（4家）和河北（4家）4个省份严重超标单位数列前四位，共18家，占严重超标单位总数的45%。

从类型分布来看，废气类单位11家，占严重超标单位总数的27.5%；废水类单位9家，占总数的22.5%；水气混合类单位（排废水又排废气）3家，占总数的7.5%；污水处理厂17家，占总数的42.5%。

其中，山西省大同市同煤广发化学工业有限公司、江西省樟树市盐化工业基地污水处理厂、宁夏回族自治区宁夏吉元冶金集团有限公司3家排污单位存在屡查屡犯、长期超标问题。生态环境部决定对上述3家排污单位严重超标排污环境违法问题挂牌督办，以切实传导压力、落实责任，促进排污单位达标排放。

3家单位严重超标问题基本情况及督办要求如下：

一、山西省大同市同煤广发化学工业有限公司

基本情况：根据自动监测数据及生态环境部门核实情况，该排污单位2019年第二季度大气污染物排放浓度日均值超标50天。其中，二氧化硫超标48天，氮氧化物超标5天；水污染物排放浓度日均值超标3天。其中，氨氮超标2天，化学需氧量超标1天。

督办要求：对超标排污的违法行为依法处罚，责令其限期整改，实现达标排放。整改期间可根据实际情况责令其限制生产。

督办期限：本通知印发之日起6个月内完成。

二、江西省樟树市盐化工业基地污水处理厂

基本情况：根据自动监测数据及生态环境部门核实情况，该污水处理厂2019年第二季度水污染物排放浓度日均值超标41天。其中，化学需氧量超标28天，氨氮超标39天。

督办要求：对超标排污的违法行为依法处罚，责令其限期整改，实现达标排放。整改期间可根据实际情况责令其限制生产。

督办期限：本通知印发之日起6个月内完成。

三、宁夏回族自治区宁夏吉元冶金集团有限公司

基本情况：根据自动监测数据及生态环境部门核实情况，该排污单位2019年第二季度大气污染物排放浓度日均值超标39天。其中，烟尘超标6天，二氧化硫超标28天，氮氧化物超标38天。

督办要求：对排污单位超标排污的违法行为依法处罚，责令其限期整改，实

现达标排放。整改期间可根据实际情况责令其限制生产。

督办期限：本通知印发之日起6个月内完成。

附件　2019年第二季度主要污染物排放严重超标重点排污单位名单和处理处罚整改情况

点击查看

2019年第二季度主要污染物排放严重超标重点排污单位名单和处理处罚整改情况

为加强重点排污单位环境监管信息公开，促进地方政府履行生态环境保护监管职责，督促重点排污单位落实生态环境保护主体责任，按照《中华人民共和国环境保护法》《中华人民共和国政府信息公开条例》等法律法规和有关规定，我部根据重点排污单位自动监测数据以及地方生态环境部门核实查处情况，汇总整理了2019年第二季度主要污染物排放严重超标重点排污单位名单和处理处罚整改情况，现予公布。

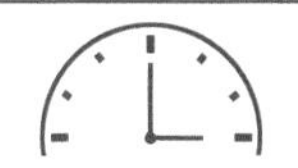

发布时间
2019.8.16

第五次金砖国家环境部长会议在巴西圣保罗召开

第五次金砖国家环境部长会议于2019年8月15日在巴西圣保罗召开，会议主题为“城市环境管埋对提高城市生活质量的贡献”。会议由巴西环境部部长里卡多·萨列斯主持，中国生态环境部副部长黄润秋，俄罗斯自然资源与生态部部长科贝尔金，印度环境、森林与气候变化部部长普拉卡什·贾瓦德卡和南非环境、森林与渔业部部长芭芭拉·克里西出席会议。会议审议通过了《第五次金砖国家环境部长会议联合声明》和部长决定等文件。

会上，中方发言时指出，中国国家主席习近平就生态文明建设和生态环境保护提出了一系列新理念、新思想、新战略、新要求，在习近平生态文明思想的科学指引下，通过积极开展蓝天、碧水、净土保卫战，优化产业结构等一系列措施，中国生态环境保护工作取得新的进展和成效。金砖国家环境部长会议已成为金砖国家加强交流合作、提升环境管理水平、应对全球环境挑战的重要平台，金砖国家环境合作已转向机制化运行，并由对话交流转向务实合作。他希望，未来在开创第二个“金色十年”过程中，金砖国家能够进一步深化环境合作，共谋绿色发展之路，共建人类命运共同体。会议探讨了海洋垃圾、固废管理、大气质量、环境卫生与水质、污染场地修复等与城市环境管理相关的事项，并就后2020年全球生物多样性框架、《金砖国家环境合作谅解备忘录》实施以及现有合作倡议落实情况等议题进行了讨论。各方均表示将为2020年在中国举办的《生物多样性公约》第15次缔约方大会作出贡献，积极参与2020年后全球生物多样性框架的制定。会议期间，中方代表团团长与其他代表团团长举行了工作会谈，就共同关心的环境问题交换了意见。

发布时间
2019.8.17

禁止洋垃圾入境推进固体废物进口管理制度改革部际协调小组第二次全体会议召开

8月16日，禁止洋垃圾入境推进固体废物进口管理制度改革部际协调小组第二次全体会议在京召开。协调小组组长、生态环境部部长李干杰主持会议并讲话。他强调，要坚定不移贯彻落实党中央、国务院决策部署，保持禁止洋垃圾入境推进固体废物进口管理制度改革的定力，不折不扣完成各项工作任务，为保障生态环境安全和人民群众身体健康、建设美丽中国作出新的更大贡献。

李干杰表示，2019年以来，部际协调小组成员单位坚决贯彻落实习近平总书记重要指示精神，按照年度工作计划，各司其职、团结协作，不断完善固体废物进口管理制度，坚决强化洋垃圾非法入境管控，着力构建防堵洋垃圾入境长效机制，持续提升国内固体废物回收利用水平，积极采取措施应对相关问题，国内用纸产品市场基本平稳，废金属进口

管理改革扎实有序。2019年上半年，全国固体废物进口量为728.6万吨，同比下降28.1%，为顺利完成2019年改革目标奠定了坚实基础。

李干杰指出，禁止洋垃圾入境推进固体废物进口管理制度改革工作自2017年实施以来，取得了明显的阶段性进展，国际社会对我国的改革举措越来越理解和支持，国内的供给侧结构性改革为禁止洋垃圾入境创造了良好条件。但也要清醒地认识到改革推进面临的风险和挑战，坚定改革决心和信心，研究周密的应对措施，以抓铁有痕、踏石留印的劲头不断推进改革工作。

李干杰强调，要认真总结上半年固体废物进口情况，进一步严格控制许可进口总量，确保完成2019年进口固体废物总量控制目标任务。要加大宣传引导力度，向国内外展示我国在禁止洋垃圾入境推进固体废物进口管理制度改革方面取得的成就，努力营造全社会保护生态环境和节约资源的良好氛围。要做好法律和标准支持工作，全力配合《固体废物污染环境防治法》修订，加快推动《控制危险废料越境转移及其处置巴塞尔公约》附件修订的国内报批，做好回收铜、回收铝原料产品质量标准发布。要继续加大洋垃圾非法入境管控力度，持续开展打击整治洋垃圾走私专项行动，建立健全国际合作机制，联合有关国家和地区开展区域性联合执法行动。要加快相关配套政策措施实施，大力推进国内固体废物回收利用工作。

会上，协调小组副组长、生态环境部副部长庄国泰通报了2019年上半年禁止洋垃圾入境推进固体废物进口管理制度改革工作进展情况，协调小组副组长、海关总署副署长邹志武介绍了海关总署2019年上半年禁止洋垃圾入境有关工作情况，国家发展和改革委副秘书长苏伟介绍了实现废纸零进口综合性措施制定情况。

中央宣传部、中央网信办、国家发展和改革委、科学技术部、工业和信息化部、公安部、司法部、财政部、生态环境部、住房和城乡建设部、商务部、海关总署、市场监管总局、中国海警局、国家邮政局15个协调小组成员单位的负责同志出席会议。

生态环境部机关有关部门、有关直属单位主要负责同志参加会议。

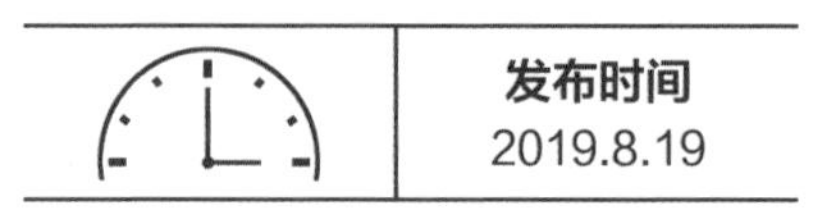

生态环境部召开部务会议

8月19日，生态环境部部长李干杰主持召开生态环境部部务会议，审议并原则通过《建设项目环境影响报告书（表）编制监督管理办法》（以下简称《办法》）。

会议指出，制定《办法》是落实环境影响评价法有关规定，加强事中、事后监管的必然要求，是贯彻全国深化“放管服”改革优化营商环境电视电话会议精神的具体举措，是落实国务院办公厅《关于加快推进社会信用体系建设构建以信用为基础的新型监管机制的指导意见》的实践探索，也是环评管理特别是环境影响报告书（表）编制单位管理方式的重大变革，对规范建设项目环境影响报告书（表）编制行为、加强监督管理、保障环境影响评价工作质量、维护环境影响评价技术服务市场秩序具有重要意义。

会议强调，取消环评资质前置行政许可，绝不意味着不要管理或放松管理，必须做到放管结合、放管并重。要严格落实环评文件编制质量责任，加强事中、事后监管，对监督管理中发现的质量问题实施分类管理和处罚。《办法》出台后，要组织通报一批存在质量问题的环评编制单位，形成一批环评信用记分，查处一批粗制滥造、弄虚作假的环评违法行为。配合《办法》出台，要同步开展政策解读，同步发布相关配套规范性文件，同步启用全国统一的环境影响评价信用管理系统，为《办法》贯彻落实创造良好的基础条件和舆论氛围，确保环评文件编制质量以及环评管理工作得到明显提升。要进一步深化改革创新，在加强“三线一单”宏观管控、推进项目环评全覆盖监管、优化服务提升建设单位获得感等方面，开展法律、制度创新的前瞻性研究，不断增强环评制度的效力和活力。

生态环境部副部长翟青、赵英民、刘华，中央纪委国家监委驻生态环境部纪检监察组组长吴海英，副部长庄国泰出席会议。

驻部纪检监察组负责同志，部机关各部门、有关部属单位主要负责同志参加会议。

发布时间
2019.8.19

生态环境部召开部常务会议

8月19日，生态环境部部长李干杰主持召开生态环境部常务会议，审议并原则通过《“十三五”生态环境保护规划》（以下简称《规划》）实施情况中期评估报告及《国家生态文明建设示范市、县建设指标》《国家生态文明建设示范市、县管理规程》《“绿水青山就是金山银山”实践创新基地管理规程（试行）》。

会议指出，《规划》是“十三五”时期我国生态环境保护的纲领性文件，是推进生态文明建设和实现全面建成小康社会生态环境目标的路线图。开展中期评估是对《规划》实施情况的一次对标对表，也是对污染防治攻坚战阶段成果和生态环境保护工作的一次梳理总结，有助于总结经验做法、检视发现问题和不足，有助于补齐短板、防范污染防治攻坚战目标不能圆满完成的风险，有助于科学合理谋划“十四五”生态环境目标任务。

会议强调，在以习近平同志为核心的党中央坚强有力领导下，在各地区、各部门的共同努力下，《规划》实施总体进展顺利，为全面建成小康社会奠定了坚实的生态环境基础。但也要看到生态环境质量持续改善的基础还不牢固，个别约束性指标不能圆满完成的风险相当大，环境治理任务艰巨繁重，生态环境保护工作进展不平衡，生态环境监管还存在短板，外部环境不稳定、不确定因素有所增加。

要保持加强生态文明建设的战略定力，坚定信心，持续推进，克服“四种不良情绪和心态”，做到“五个坚定不移”，落实“六个做到”，与时俱进、改革创新。

要用好《规划》实施情况中期评估成果，加快推进重大项目、重大工程、重大政策实施，坚持问题导向，对存在风险的指标、进度滞后的任务提前采取针对性措施。要加强动态监测和分析研判，加大协调督办力度，努力完成《规划》确定的各项目标任务。要抓紧开展《“十四五”生态环境保护规划》的前期研究工作，围绕建设美丽中国，对标生态环境治理体系和治理能力现代化的要求，找准坐标与方位、重点与难点，统筹谋划“十四五”生态文明建设和生态环境保护的战略安排、目标指标、重点任务和保障措施，主动融入国家“十四五”规划纲要编制工作。

会议指出，开展生态文明建设示范市县创建、“绿水青山就是金山银山”实践创新基地建设示范工作，是全面落实习近平生态文明思想、加快构建生态文明体系、探索高质量发展新路子的重要载体和平台。修订生态文明建设示范市县建设指标和管理规程，制定“绿水青山就是金山银山”实践创新基地管理规程，体现了党中央对生态文明建设的新部署、新要求，提升了指标体系的科学性和可操作性，优化了管理的规范性，有利于进一步提高试点示范工作的规范化和制度化水平。要严格按照建设指标和管理规程，差异化推进两个“示范”创建和建设工作，做好第三批国家生态文明建设示范市县和“绿水青山就是金山银山”实践创新基地的评选、命名工作。

会议还研究了其他事项。

生态环境部副部长翟青、赵英民、刘华，中央纪委国家监委驻生态环境部纪检监察组组长吴海英，副部长庄国泰出席会议。

驻部纪检监察组负责同志，部机关各部门、有关部属单位主要负责同志参加会议。

发布时间
2019.8.20

《生物多样性公约》第15次缔约方大会筹备工作组织委员会第一次会议在京召开

8月20日，《生物多样性公约》（以下简称《公约》）第15次缔约方大会（以下简称“COP15”）筹备工作组织委员会（以下简称“组委会”）第一次会议在京召开。组委会主任、生态环境部部长李干杰，云南省省长阮成发出席会议并分别讲话。

李干杰首先对各部门、各单位特别是云南省为生物多样性保护和筹办COP15所做的大量富有成效的工作表示感谢。李干杰指出，COP15将总结过去10年全球生物多样性保护工作进展，制定未来10年全球生物多样性保护蓝图，确定2030年乃至更长时间的全球生物多样性保护目标和方向，国际社会高度关注并寄予厚望。举办COP15对展示我国生态文明建设成就、深度参与全球生态环境治理具有重大意义。李干杰强调，党中央、国务院

高度重视COP15筹备工作，韩正副总理主持召开中国生物多样性保护国家委员会会议，审议通过COP15筹备工作方案，决定成立大会筹备工作组委会和执行委员会（以下简称执委会），并提出明确要求，为大会筹备工作指明了方向、提供了保障。李干杰要求，深入贯彻习近平生态文明思想，认真贯彻落实党中央、国务院决策部署和韩正副总理重要讲话精神，充分发挥组委会和执委会作用，各司其职、密切配合，全力以赴做好大会开幕式和高级别会议准备工作，科学谋划提出东道国支持生物多样性保护政策措施，积极参与2020后全球生物多样性保护框架编制进程，全面做好大会宣传和舆论引导，细致开展各项会务准备工作，共同努力将COP15办成一届圆满成功、具有里程碑意义的缔约方大会。

阮成发在讲话中表示，在昆明举办COP15是党中央、国务院交给云南省的政治任务，对展示云南省生态文明成就、打造生态文明建设排头兵、推进中国最美丽省份建设将发挥重要的作用。云南省将以高度的政治责任感、良好的精神状态、扎实的工作作风，举全省之力高质量、高标准做好大会筹备工作。阮成发介绍，云南省已经成立COP15筹备机构，抓紧完善工作方案，明确职责分工，全力做好会务、交通、安全保卫、志愿者服务等各项工作。加快实施城市环境整治、生物多样性保护示范工程等，全面提升昆明市城市功能，向世界展示“花城”、智慧城市、生物多样性示范之城的良好形象。加大宣传力度，动员社会各界积极参与COP15筹备工作，为大会成功举办营造浓厚氛围。阮成发希望，中央有关部门大力支持并指导云南省和昆明市举办COP15，切实把COP15办成中国气派、云南特色的国际盛会。

COP15组委会常务副主任兼执委会主任、生态环境部副部长黄润秋主持会议，并宣布组委会委员名单和执委会成员名单。生态环境部有关司局主要负责同志汇报了COP15筹备工作进展情况。组委会副主任兼执委会主任、云南省副省长王显刚，执委会副主任、外交部条法司司长贾桂德，执委会副主任、昆明市市长王喜良参加会议。组委会、执委会全体成员单位代表及生态环境部有关人员参加会议。

会后，还召开了COP15执委会第一次会议，生态环境部副部长黄润秋、云南省副省长王显刚出席会议并讲话。会议审议通过了《COP15执委会工作规则》及任务分工安排。

据获悉，《公约》于1992年在联合国环境与发展大会上通过，已成为联合国环境与发展进程中最具有影响力的国际环境公约之一，为推进全球生物多样性保护、可持续利用和惠益分享发挥了重要作用。缔约方大会是《公约》的最高议事和决策机制，每两年召开一次，大会成果将主导《公约》进程的发展走向，为全球生物多样性保护指明方向。2016年12月，《公约》第13次缔约方大会决定，2020年COP15由我国举办。

点击查看

《生物多样性公约》第15次缔约方大会标识征集

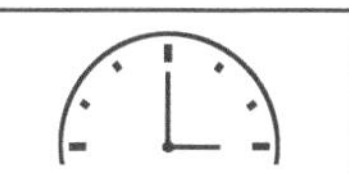

发布时间
2019.8.22

第二轮第一批中央生态环境保护督察全面完成督察进驻工作

经党中央、国务院批准，第二轮第一批8个中央生态环境保护督察组于2019年7月10日至15日陆续进驻上海、福建、海南、重庆、甘肃、青海6个省（市）和中国五矿集团有限公司、中国化工集团有限公司两家中央企业开展督察。截至8月15日，全部完成督察进驻工作。

各督察组严格执行《中央生态环境保护督察工作规定》，走到哪就把习近平生态文明思想宣传到哪，督到哪就把习近平生态文明思想贯彻落实到哪。在督察过程中，始终坚持以人民为中心，积极推动解决群众反映突出的生态环境问题，并就群众举报问题查处整改情况开展实地回访，得到人民群众的肯定和称赞；始终坚持“坚定、聚焦、精准、双查、引导、规范”要求，聚焦重点领域，突出问题导向，做到见人见事见责任，查实一批工作不实、责任不实、效果不实，甚至敷衍应对、弄虚作假等形式主义、官僚主义问题，到目前为止已曝光典型案例10个；始终坚持实事求是，务求督察实效，坚决反对生态环境保护“一刀切”，注重督察问责泛化、简单化甚至以问责代替整改等问题，不断改进和优化督察流程方法，努力减轻基层负担。

各被督察地方和中央企业高度重视督察工作，将支持配合督察作为贯彻落实习近平生态文明思想、不断提高政治站位的重要内容，建立机制、立行立改，边督边改，6个省（市）党政主要领导还专门赴现场调研推动问题整改落实。截至8月15日，各督察组受理转办的18732件群众举报（未计重复举报）中，被督察地方和中央企业已办结6761件，阶段办结4119件；立案处罚1901家，罚款11308.7万元；立案侦查60件，拘留56人；约谈党政领导干部1365人，问责234人（详见附表）。

这次督察进驻正值第一批“不忘初心、牢记使命”主题教育开展时间，督察双方均以开展中央生态环境保护督察为契机，不断深化主题教育。各督察组做到“督察进驻的过程就是主题教育的过程”，并充分利用下沉督察和回访群众听取基层意见，检视存在的问题，改进督察工作，实现主题教育与督察工作两不误、两促进。各被督察地方和中央企业也将接受督察作为推进主题教育的重要机遇，作为检视自身问题的重要渠道，对群众举报和督察发现的问题不回避、不遮掩，认真分析原因，积极推进整改，不断增强贯彻落实习近平生态文明思想的思想自觉、政治自觉和行动自觉。

目前，第二轮第一批中央生态环境保护督察已进入督察报告阶段。对已经转办、待查处整改的群众举报问题，各督察组均已安排人员继续督办，确保群众举报问题能够查处到位、整改到位、公开到位。同时，中央生态环境保护督察办公室已将这次督察进驻期间受理转办群众举报问题的查处整改情况纳入主题教育专项整治范畴，要求被督察地方和中央企业盯住不放，不解决问题绝不松手，并建立完善长效机制，不断回应人民群众生态环境诉求。

附表　第二轮第一批中央生态环境保护督察边督边改情况汇总

省（市、企业）	收到举报数量 / 件			受理举报数量 / 件			交办数量 / 件	已办结 / 件			阶段办结 / 件	责令整改 / 家	立案处罚 / 家	罚款金额 / 万元	立案侦查 / 件	拘留 / 人		约谈 / 人	问责 / 人
	来电	来信	合计	来电	来信	合计		属实	不属实	合计						行政	刑事		
上海	2017	2289	4306	1590	1765	3355	2481	793	288	1081	506	1072	544	5484.3	1	3	3	321	10
福建	2863	4753	7616	2524	3305	5829	43986	472	157	629	2341	1981	689	2684.8	30	1	13	298	30
海南	2206	1992	4198	2024	1929	3953	3858	492	202	694	227	620	68	509.5	8	17	1	71	7
重庆	2322	1977	4299	2292	1557	3849	3849	1558	259	1817	606	1077	378	1277.9	4	1	6	327	23
甘肃	2590	1301	3891	1573	1015	2588	2588	1463	186	1649	258	929	184	729.9	11	5	6	234	114
青海	1045	455	1500	1020	292	1312	1204	427	178	605	179	130	38	622.3	7	0	0	107	42
中国五矿	385	25	410	52	10	62	37	14	21	35	1	0	0	0	0	0	0	0	0
中国化工	527	31	558	322	7	329	329	236	15	251	1	0	0	0	0	0	0	7	8
合计	13955	12823	26778	11397	9880	21277	18732	5455	1306	6761	4119	5809	1901	11308.7	60	27	29	1365	234

注：数据截至2019年8月15日20：00。

发布时间
2019.8.23

生态环境部组织完成长江经济带120处国家级自然保护区管理评估

为贯彻落实习近平总书记对长江经济带“共抓大保护，不搞大开发”指示精神，切实做好长江经济带生态环境保护工作，2017—2018年，生态环境部（原环境保护部）联合原国土资源部、水利部、原农业部、原国家林业局、中国科学院、原国家海洋局六部门组织开展长江经济带国家级自然保护区管理评估。近日，生态环境部联合自然资源部、国家林草局印发《关于印发长江经济带120处国家级自然保护区管理评估报告的函》，向地方反馈评估结果，督促问题整改。

此次评估历时两年，生态环境部周密计划、精心组织，相关行业、相关领域专家认真参与，实地考察行程累计近10万千米，查阅档案资料1万余件。评估结果表明，长江经济带国家级自然保护区管理工作取得积极进展，绝大部分保护区设置了独立管理机构，所有保护区都建立了管理制度并开展了日常巡护工作，自然保护区主要保护对象状况基本稳定，部分重点保护野生动植物数量稳中有升，保护区与社区协同发展取得一定成效。从各省级行政区总体情况来看，上海、江苏、浙江、湖北、江西等省（市）评估情况较好。其中，评估结果前10名的保护区包括四川卧龙、湖北五峰后河、江苏泗洪洪泽湖湿地、湖北神农架、江苏大丰麋鹿、贵州赤水桫椤、江西武夷山、浙江天目山、贵州梵净山、江西九连山。

同时，评估结果中也反映出一些共性问题。例如，部分地方政府仍然存在重视程度不高、落实保护区管理责任不到位等问题；保护区管理机构的人员配置与勘界立标等基础工作薄弱，科研监测、专业技术能力等方面存在明显短板；人类活动负面影响仍然不同程度存在。评估结果后10名的保护区包括安徽扬子鳄、重庆缙云山、重庆五里坡、贵州佛顶山、长江上游珍稀特有鱼类（贵州段）、云南文山、江西赣江源、江西铜钹山、四川察青松多白唇鹿、四川长沙贡玛。

下一步，生态环境部将持续加强自然保护地监管，深入开展自然保护地成效评估，并通过帮扶指导、后评估等多种形式，不断提升我国自然保护地保护成效。

发布时间
2019.8.31

生态环境部开展对群众反映强烈的生态环境问题平时不作为、急时“一刀切”问题专项整治

根据中央“不忘初心、牢记使命”主题教育领导小组《关于在“不忘初心、牢记使命”主题教育中开展专项整治的通知》有关要求，按照中央纪委国家监委专项整治“漠视侵害群众利益问题”的工作安排，生态环境部牵头开展“解决对群众反映强烈的生态破坏和环境污染问题不闻不问、敷衍整改问题，坚决纠正生态环境保护平时不作为、急时‘一刀切’问题”的专项整治。为进一步推动相关工作，生态环境部在官方网站开设专栏，公开整改情况，公告工作进展，公布整治成果，接受群众监督。

生态环境部受理举报电话为：010-12369，从9月1日至11月30日，在原工作日开通人工电话接听服务的基础上，周六、周日也开通人工电话接听服务，接听时间为早8：00—晚8：00。

本月盘点

微博：本月发稿303条，阅读量27223646；

微信：本月发稿211条，阅读量1414001。

◆ 生态环境部通报临沂市兰山区及部分街镇急功近利搞环保“一刀切”问题

◆ “11+5”个城市和地区通过“无废城市”建设试点实施方案评审

◆ 长江经济带11省（市）、环渤海13个城市完成污水处理厂排污许可证核发

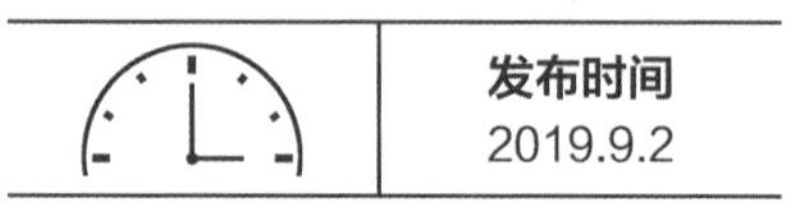

生态环境部召开部党组（扩大）会议

9月2日，生态环境部党组书记、部长李干杰主持召开部党组（扩大）会议，审议并原则通过《生态环境监测规划纲要（2020—2035年）》《蓝天保卫战量化问责规定》。

会议强调，生态环境监测是生态环境保护的“顶梁柱”和“生命线”。监测顶层设计和网络规划要先行一步，并以此为基础和依据，抓紧研究编制“十四五”监测规划。要进一步理顺工作机制，把统一负责生态环境监测评估的法定职责落到实处。要组织做好“十四五”国控生态环境监测网点位调整工作。要多措并举，强化生态环境监测的机构队伍、能力建设与运行经费保障。

会议指出，当前我国重点区域大气环境形势依然严峻，非重点区域部分城市大气污染问题日益凸显。制定实施《蓝天保卫战量化问责规定》是落实《打赢蓝天保卫战三年行动计划》的具体举措。要准确把握量化问责的着力点，按照“季度告知、半年约谈、年度问责”的机制，对空气质量明显恶化的实施量化问责；对工作滞后、措施不力、大气污染明显反弹的城市，要持续传导压力，倒逼责任落实。要依法依规做到严肃问责、规范问责、精准问责，真正起到问责一个、警醒一片的效果。

会议还研究了其他事项。

生态环境部党组成员、副部长翟青、赵英民、刘华、庄国泰出席会议。

生态环境部副部长黄润秋列席会议。

驻部纪检监察组负责同志，部机关各部门、有关部属单位主要负责同志列席会议。

发布时间
2019.9.3

《生物多样性公约》第15次缔约方大会（COP15）主题发布

9月3日，生态环境部部长李干杰与《生物多样性公约》（以下简称《公约》）执行秘书克里斯蒂娜·帕斯卡·帕梅尔共同发布《公约》第15次缔约方大会（COP15）主题：“生态文明：共建地球生命共同体”（Ecological Civilization—Building a Shared Future for All Life on Earth）。

李干杰表示，“生态文明：共建地球生命共同体”这一主题顺应了世界绿色发展潮流，表达了全世界人民共建共享地球生命共同体的愿望和心声，彰显了习近平生态文明思想的鲜明世界意义。主题对引导国际社会保护生物多样性的政治意愿、推进全球生态文明建设、努力达成《公约》提出的到2050年实现生物多样性可持续利用和惠益分享、实现“人与自然和谐共生”美好愿景具有重要作用。中国政府将认真履行东道国义务，全力

做好COP15筹备工作，确保办成一届圆满成功、具有里程碑意义的缔约方大会，为全球生物多样性保护和可持续发展贡献中国智慧和力量。

帕梅尔对中方为筹备COP15所做的周密细致工作给予充分肯定并表示感谢。她认为，主题体现了中国政府推动全球生物多样性保护的主人翁意识和责任意识，对推进全球生物多样性保护、实现全球可持续发展具有重要意义。

发布会前，李干杰会见了帕梅尔，双方就COP15筹备进展及后续筹备工作、2020年后全球生物多样性框架磋商进程等议题进行了交流。

生态环境部副部长黄润秋主持发布会并参加会见。

《公约》秘书处相关人员、生态环境部相关司局负责人、新闻媒体代表参加发布会。

2020年COP15将在中国昆明举行，大会将审议2020年后全球生物多样性框架，确定2030年全球生物多样性新目标。

发布时间
2019.9.3

生态环境部召开“不忘初心、牢记使命”主题教育总结会议

9月2日，生态环境部召开“不忘初心、牢记使命”主题教育总结会议。部党组书记、部长李干杰出席会议并讲话，中央主题教育第二十四指导组组长宋秀岩出席会议并作指导讲话，部党组成员、副部长翟青主持会议。

生态环境部作为第一批主题教育单位，在中央第二十四指导组的指导和监督下，把开展好主题教育作为首要政治任务，深入贯彻习近平总书记重要指示精神和《中共中央关于在全党开展“不忘初心、牢记使命”主题教育的意见》，按照“守初心、担使命，找差距、抓落实”的总要求，加强组织领导，落实规定动作，注重正向引导，建立工作机制，有力推动主题教育落实落地。

李干杰深入总结了部系统开展主题教育的基本情况、主要做法和成效。他说，部党组和各级党组织紧扣学习贯彻习近平新

时代中国特色社会主义思想这一主线，聚焦“不忘初心、牢记使命”这一主题，突出力戒形式主义、官僚主义这一重要内容，围绕理论学习有收获、思想政治受洗礼、干事创业敢担当、为民服务解难题、清正廉洁做表率的目标，坚持把学习教育、调查研究、检视问题、整改落实贯穿主题教育全过程，在做到理论武装强思想、群众路线改作风、自我革命找差距、真刀真枪解难题等方面取得了明显成效。

李干杰指出，当前打好污染防治攻坚战是生态环境部门的主责主业，生态环境部系统紧密结合这一中心任务，扎实推进主题教育与中心任务两不误、两促进，展现了部门特色。部党组和各级党组织领导班子以身作则，发挥了较好的表率引领作用；驻部纪检监察组认真开展政治监督，有力保证主题教育方向正确；始终牢记初心担使命，努力改善生态环境质量，擦亮国家发展的绿色底色，协同推进生态环境高水平保护和经济高质量发展；坚持力戒形式主义和为基层减负，不走过场动真格，不误虚功求实效；创新方式方法，灵活多样推进主题教育工作，做到规定动作不折不扣、自选动作有声有色；加强宣传引导，推介身边的先进典型及其感人事迹，展示部系统主题教育和重点工作相互促进、相得益彰的良好局面，为主题教育营造良好氛围。

李干杰强调，对照党中央更高要求，部系统主题教育还存在一些问题和不足。有的工作推进还不平衡，学习深度不够扎实、研讨聚焦主题不够、调研比较宽泛、检视问题和整改落实力度还不够；有的批评和自我批评武器运用还不充分，剖析原因的深度不够，从政治上、思想上、作风上找问题、提建议少了一些；有的整改落实亟待强化，整改措施还相对笼统，专项整治仍需加强。

李干杰要求，生态环境部门坚守党的初心和使命就是改善生态环境质量，提供更多优质生态产品，不断满足人民日益增长的优美生态环境需要，筑牢中华民族永续发展的生态根基。要不断巩固主题教育成果成效，进一步深入学习贯彻习近平新时代中国特色社会主义思想，进一步抓好专项整改和检视问题整改落实，进一步压实全面从严治党主体责任，进一步下大气力打好污染防治攻坚战，进一步锻造生态环境保护铁军，为美丽中国建设作出我们应有的贡献。

宋秀岩同志在讲话中充分肯定了生态环境部主题教育取得的积极成效。她指出，主题教育开展以来，生态环境部党组认真落实“守初心、担使命，找差距、抓落实”总要求，一体推进学习教育、调查研究、检视问题、整改落实四项重点措施，把守初心、担使命体现到打好污染防治攻坚战、推进生态文明建设的实际行动中。组织领导坚强有力，主体责任有效落实。聚焦主题主线和根本任务，理论武装取得新进步。坚持刀刃向内、自我革命，主动担当作为、动真碰硬，整改落实初见成效。她强调，要坚持不懈强化理论武装，持续深入学习贯彻习近平新

时代中国特色社会主义思想，努力做到学懂弄通做实。要善始善终抓好整改落实特别是专项整治工作，确保主题教育取得实实在在的效果，以实际成效取信于民。要坚持把“不忘初心、牢记使命”作为永恒课题、终身课题，总结运用这次主题教育的有效做法，以自我革命精神加强党的建设。

生态环境部副部长黄润秋，部党组成员、副部长赵英民、刘华、庄国泰出席会议。

会议以视频方式召开。中央第二十四指导组有关负责同志，驻部纪检监察组负责同志，机关各部门和部分部属单位党政主要负责同志在主会场参会。部机关、京内外部属单位处级及以上干部和全体党员在分会场参会。

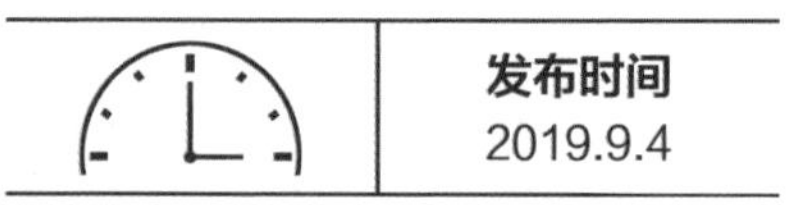

生态环境部通报临沂市兰山区及部分街镇急功近利搞环保“一刀切”问题

根据群众反映，2019年8月29日生态环境部组织调查组赴山东省临沂市开展明察暗访。发现临沂市兰山区大气污染治理工作平时不作为，等到要考核问责时就急功近利搞“一刀切”，辖区部分街镇餐饮企业大面积停业，400余家板材企业被迫集中停产，25家货运停车场除1家兼顾公交车停放而正常运营外，其余全部停业整顿，严重影响当地人民群众生产生活，社会影响恶劣，群众反映强烈。

一、基本情况

近年来，临沂市大气污染治理工作不力，蓝天保卫战形势严峻。2019年上半年，全市空气质量综合指数达到6.84，在全国168个重点城市中排名倒数第十，在山东省排名倒数第一，综合指数同比恶化13.2%。山东省委、省政府对临沂市实施了约谈。

临沂市开始逐步加大蓝天保卫战工作力度。8月25日，在全市蓝天保卫战攻坚行动动员大会上明确：36个市级领导干部盯在一线办公，市级机关干部要下到基层网络、乡镇；纪检、组织部门5天内查实大气治理工作排名后两位的乡镇，党委书记应予免职。

兰山区是临沂市核心城区，面积839平方千米，常住人口137万人，流动人口80万人，建有32处物流园区，被称为“商贸物流之都”，也是全国最大的板材生产基地。8月25日动员会后，在工作推进和压力传导过程中，兰山区及部分街镇为提高空气环境质量排名，通过打电话、网格员劝说、书面通知、停供蒸汽等措施，迫使大量企业集中停产停业，方法简单、急功近利，造成十分恶劣的影响。

二、主要问题

调查发现，临沂市兰山区及部分街镇生态环境保护“一刀切”问题突出。主要表现为：

（一）部分街镇餐饮企业大面积停业。生态环境部调查人员实地察看兰山区银雀山街道和义堂镇，发现餐饮企业大面积停业。银雀山街道辖区设有1个国控空气监测站点，街道城管部门于8月26日以口头通知方式，要求站点附近区域餐饮企业于8月27日停业整顿，因随之出现的反对声音，该街道于8月28日开始纠偏。但8月29日下午调查人员暗查发现，商城路、开阳路沿街仍有近半数餐饮企业关门停业。

图1　银雀山街道关门停业的餐饮企业

调查还发现，8月26日义堂镇以排放不达标、卫生不合格为由，要求该镇区范围内270家经营性餐饮企业全部停业整顿。调查组8月30日现场检查时，当日中午和晚上用餐高峰期间，在义堂镇镇区范围内竟找不到一家开门营业的餐饮企业。

图2　义堂镇中心区域餐饮企业全部停业整顿

经进一步调查发现，银雀山街道和义堂镇餐饮企业绝大部分已安装油烟净化设施，绝大多数属于合法经营，并达到环境保护有关要求。

（二）板材企业集中停产停业。临沂市是全国最大的板材生产和交易基地，板材企业主要分布于兰山区，是该区主要特色产业，历来是当地大气污染

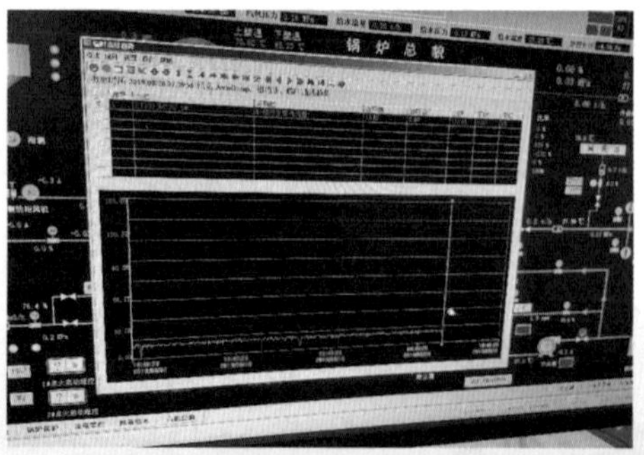

图3　兰山区双鼎、佳润等多家供热企业8月26日起停止供汽

治理的重点。调查发现，兰山区为降低大气污染物排放，临时采用“停供蒸汽”的方式，导致下游400余家已开展过多轮环境整治的板材企业被迫停产停业。

调查还了解到，兰山区现有9家供热企业，除1家为垃圾发电企业、1家为企业自备热电外，其余7家主要为下游板材企业供应蒸汽。其中，除奥博特热力因设备故障于8月24日停产检修外，其余6家热力公司分别以设备损坏检修或例行检修等各种名义于8月26日至28日先后停产，导致下游使用蒸汽企业被迫全面停产，企业苦不堪言，社会反映强烈。

（三）货运停车场全面停业整顿。兰山区共有25家货运停车场，其中大部分手续不齐全，建设不规范，无序经营，当地政府及相关部门长期未进行有效监管，也未提出整改要求。在这次压力传导中，兰山区紧急要求其中24家全部停业整

图4　板材企业因蒸汽无法供应停产

图5　地面已硬化并配有冲洗和洒水设施的停车场也被停业整顿

图6　大量货车在道路两侧违规停放，安全隐患突出

顿（其中1家因兼顾公交停车而幸免）。调查发现，25家停车场中，有11家地面已全部硬化，并配有车辆冲洗和场地洒水等降尘设施，但也被要求停业整顿。

进一步调查发现，兰山区制定的停车场整治方案只要求停车场停业整顿，对停车场停业后货车停放去向和管理等问题研究不多、考虑不够，缺乏配套措施和政策，大量货车被迫在城区周边道路违规停放，造成的扬尘污染问题和交通安全隐患更为突出，给当地群众正常生产生活带来极大不便。

三、原因分析

一是平时不作为，急时滥作为。近两年来临沂市大气污染防治工作力度明显减弱，产业结构调整、工业企业治理、餐饮油烟整治等工作长期滞后，一些早该开展的工作直至约谈后才真正启动。面对大气环境质量恶化的严峻形势和市委、市政府严肃考核问责的要求，兰山区及其部分街镇“病急乱投医”，为确保8月份大气环境质量改善，紧急要求餐饮企业、供热企业等全面停产停业，用简单粗暴的治污措施来追求短期大气环境质量改善，造成极为恶劣的社会影响。

二是政绩观出现偏差，急功近利。2019年8月以来，临沂市大气污染防治措施逐步加严，各级党委和政府持续向基层传导压力。但兰山区对上级要求领会不到位，政绩观出现偏差，对所属街镇出现“一刀切”问题不清醒、不敏感，对其可能带来的恶劣影响认识不到位。银雀山街道、义堂镇等空气质量在全市排名靠后的街镇为快速改善排名，急功近利，虽未通过正式文件要求有关企业全部停业，但通过电话、网格员劝说等方式隐形传导压力，导致执行政策变形走样。

三是不作为、慢作为问题突出。兰山区党委和政府对部分街镇采用“一刀切”方法治理大气污染问题默许纵容，对部分街镇供热企业和板材行业全面停工停产、停车场全部停业整顿行为纠正不及时，处置不到位，特别是在8月27日银雀山街道餐饮企业大面积停业已引起负面舆情的情况下，仍未组织排查处理，导致义堂镇类似问题持续存在，不作为、慢作为问题突出。

银雀山街道和义堂镇工作简单粗暴，尤其是义堂镇在群众反映强烈的情况下，仍然我行我素，直至生态环境部调查组要求当地必须尽快整改后，才开始组织纠偏工作，平时不作为、急时滥作为问题十分突出。

针对临沂市兰山区环保“一刀切”问题，生态环境部高度重视，已要求当地立即整改，吸取教训、举一反三，并进一步查明情况和原因，依纪依法严肃问责。截至8月31日调查组离开时，银雀山街道、义堂镇已逐家通知达标餐饮企业恢复经营并诚恳解释，部分餐饮企业已开门营业；已有4家热力公司开工供汽，其余3家预计5日内能够开工供汽，保障下游企业尽快复产；对已落实大气污染防治措施的停车场，允许边使用边完善手续，同时拟在城区周边规划布局一批停车场，有序引导物流企业向外转移。

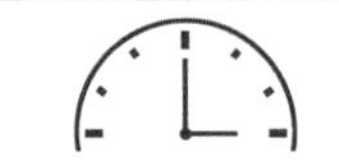

发布时间
2019.9.5

生态环境部、农业农村部联合部署、严格规范禁养区划定和管理

近日，为贯彻落实国务院常务会议和全国稳定生猪生产保障市场供应电视电话会议精神，生态环境部、农业农村部联合印发通知，要求进一步规范畜禽养殖禁养区划定和管理，促进生猪生产发展。

通知指出，各地要严格落实《中华人民共和国畜牧法》《畜禽规模养殖污染防治条例》等法律法规对禁养区划定的要求，依法科学划定禁养区。除饮用水水源保护区、风景名胜区、自然保护区的核心区和缓冲区、城镇居民区、文化教育科学研究区等人口集中区域及法律法规规定的其他禁止养殖区域之外，不得划定禁养区。国家法律法规和地方法规之外的其他规章和规范性文件不得作为禁养区划定依据。

通知要求，各地要在省级人民政府的领导下，成立专门工作组，组织开展禁养区划定情况排查。全面查清本地区禁养区划定情况，建立分县工作台账。对以改善生态环境为由，违反法律法规规定限制养猪业发展或压减生猪产能的情况一并排查。排查结果及调整后的禁养区划定情况要于10月底前报生态环境部、农业农村部备核。

通知强调，要落实工作责任，坚决、迅速取消排查中发现的超出法律法规的禁养规定和超划的禁养区。对违反法律法规限制养猪业发展和压减生猪产能的情况，要立即进行整改。生态环境部将有关违反法律法规规定超划禁养区的问题纳入中央生态环境保护督察和强化监督范畴，并适时开展专项行动。

通知明确，对禁养区内关停需搬迁的规模化养殖场户，优先支持异地重建，对符合环保要求的畜禽养殖建设项目，加快环评审批。加强对养殖场户畜禽养殖污染防治的技术指导与帮扶，畅通畜禽粪污资源化利用渠道。对确需关闭的养殖场户，给予合理过渡期，避免清理代替治理，严禁采取“一律关停”等简单做法。

发布时间
2019.9.10

全球适应委员会高级别圆桌会议在京举行

9月10日，全球适应委员会高级别圆桌会议在京举行。全球适应委员会委员、生态环境部部长李干杰出席会议并作主旨发言。全球适应委员会主席、联合国前秘书长潘基文出席会议并讲话。

李干杰在发言中指出，中国政府致力于构建人类命运共同体，高度重视应对气候变化工作，实施积极应对气候变化国家战略，在努力开展减缓行动的同时不断强化适应行动和实践。中方重视与全球适应委员会的合作，积极支持全球适应中心在北京开设办公室，国务院总理李克强出席办公室揭牌启动仪式，为坚持多边主义、深化适应气候变化领域国际合作提供了政治推动力。中方愿继续积极支持委员会发挥更大作用，推动各方在《联合国气候变化框架公约》原则指导下，落实《巴黎协定》适应目标，切实加强适应气候变化国际合作，有效满足发展中国家的适应需求，为全球适应气候变化贡献解决方案。

潘基文表示，应对气候变化需要各方努力。只有通过全球协作，共同采取行动，才能保护好清洁美丽的世界。希望各国政府、企业和社会组织加强合作，推动形成有效应对气候变化的合力，促进全球实现可持续发展。

全球适应委员会由荷兰发起并于2018年10月成立，目前有包括中国在内的20个国家作为联合发起国，由34位在全球拥有重要影响力和广泛声誉的人士担任委员。

发布时间
2019.9.16

2019 年国际保护臭氧层日纪念大会在济南举行

9月16日，2019年国际保护臭氧层日纪念大会在山东省济南市举行。生态环境部部长李干杰、山东省省长龚正、联合国环境规划署臭氧秘书处执行秘书蒂娜·玻比利、蒙特利尔议定书多边基金秘书处秘书长爱德华多·加南出席会议并分别致辞。

李干杰首先对出席会议的各位嘉宾表示诚挚欢迎，对大家给予中国生态环境保护工作的关心、理解和支持表示衷心感谢。他指出，设立国际保护臭氧层日，表达了世界各国保护臭氧层、守护地球美好家园的共同意愿。2019年国际保护臭氧层日的主题是“32年，不断修复”，对系统总结《关于消耗臭氧层物质的蒙特利尔议定书》（以下简称《议定书》）履约经验教训、指引未来履约实践具有重要的现实意义。

李干杰强调，2019年是中国加入《保护臭氧层维也纳公约》（以下简称《公约》）30周年。中国始终认真履行《公约》和《议定书》的要求，坚持政策法规建设、生产削减、消费淘汰和替代品发展“四同步”的指导思想，综合运用技术、经济、法律以及行政手段协调推进履约工作，取得了积极成效。率先制定《逐步淘汰消耗臭氧层物质国家方案》，明确消耗臭氧层物质（ODS）淘汰时间表和路线图。成立国家保护臭氧层领导小组，建立国家牵头，省、市、县三级联动的履约管理机制。颁布和实施《消耗臭氧层物质管理条例》等100多项政策法规，对受控物质实施总量控制和配额管理，逐步减少受控用途的生产和使用。率先编制全球第一个ODS行业整体淘汰计划，先后在十多个行业上千家企业开展ODS淘汰和替代，已全面停止全氯氟烃（CFCs）、哈龙、四氯化碳、甲基氯仿和甲基溴五大类ODS受控用途的生产和使用，超额完成第一阶段含氢氯氟烃（HCFCs）淘汰任务，如期实现《议定书》规定的各阶段履约目标。累计淘汰ODS约28万吨，占发展中国家淘汰量的一半以上。

李干杰强调，中国政府把严格执法作为巩固履约成果的重要保障，始终以“零容忍”态度严厉打击涉ODS非法行为。针对三氯一氟甲烷（CFC-11）全球排放意外持续增长问题，组织国内外专家开展深入研讨，连续两年在全国范围开展ODS专项执法行动。2018年，排查相关企业1172家，对涉及非法生产和使用

CFC-11的企业依法立案查处。在2019年的专项行动中，进一步加强CFC-11主要原料的源头管控，对全部16家副产四氯化碳企业实施24小时驻厂监督，并实施在线监控。对11个省市泡沫制品等企业开展执法检查，以实际行动坚决维护《议定书》。

李干杰指出，当前中国在《公约》和《议定书》履约方面面临第二阶段HCFCs加速淘汰、《议定书》基加利修正案批约和氢氟碳化物管控准备以及已淘汰ODS后续监管等新挑战。中国政府将直面挑战，持续完善协作机制和政策法规体系，加强国家履约能力建设，保持对已淘汰ODS的严格监督管理，坚决履行好承诺。中国政府也愿与各缔约方、国际组织在履约政策法规、监管措施、能力建设、替代技术等方面继续深入开展交流与合作，推动形成持续履约的体制和长效机制。

龚正代表中共山东省委、省政府对各位嘉宾的到来表示热烈欢迎，对大家长期以来给予山东发展的关心与支持表示衷心感谢，并简要介绍了山东省经济发展和生态环境保护情况。他说，山东作为中国东部沿海的人口大省、经济大省、文化大省，正按照习近平总书记提出的“走在前列、全面开创”的总目标、总定位，认真落实“腾笼换鸟、凤凰涅槃”的重大思路要求，聚力实施新旧动能转换重大工程、建设国家综试区，高质量发展全面起势。在习近平生态文明思想的科学指引下，山东坚定践行“绿水青山就是金山银山”的绿色发展理念，坚决扛牢生态环境保护的政治责任，一手“强力治标”，全面打好八场标志性重大战役；一手“源头治本”，开展“四减四增”专项行动，推动生态环境质量持续改善。

龚正指出，保护生态环境、应对气候变化是全球面临的共同挑战，保护臭氧层是世界各国的共同义务。按照国家部署要求，山东扎实实施履约项目、健全长效管理机制、严厉打击非法行为，自觉主动履约践诺。山东将一如既往认真履行

国际环境公约，持续巩固履约成果，着力推动绿色发展，为保护地球生态环境作出更大贡献。

会上，播放了《保护臭氧层　执法在行动》宣传片。联合国环境规划署法律司司长伊丽莎白·姆莱玛、中国外交部和海关总署有关司局负责同志作了发言。

会后，李干杰还分别与蒂娜·玻比利和爱德华多·加南举行双边会谈，就下一步履约工作安排进行了深入交流。

来自联合国开发计划署、联合国环境规划署、联合国工业发展组织、世界银行、环境调查机构等国际机构和非政府组织，中国国家保护臭氧层领导小组成员单位，各省（区、市）、新疆生产建设兵团生态环境厅（局），国内科研院所、行业协会和企业的代表共200余人参加会议。

“11+5”个城市和地区通过“无废城市”建设试点实施方案评审

9月4日至11日，按照《国务院办公厅关于印发“无废城市”建设试点工作方案的通知》要求，生态环境部会同“无废城市”建设试点部际协调小组各成员单位（以下简称“协调小组成员单位”），组织咨询专家委员会专家在北京召开系列会议，逐一对“11+5”个试点城市和地区“无废城市”建设试点实施方案（以下简称实施方案）进行了评审。

会议指出，“11+5”个试点城市和地区党委和政府高度重视，各相关部门积极配合，组建专门机构，高位推动，委托高水平团队编制实施方案，重点企业、社会公众充分参与，为推动试点工作提供了重要的组织保证。生态环境部印发《“无废城市”建设试点实施方案编制指南》及《“无废城市”建设指标体系（试行）》，举办实施方案编制培训及工作进展交流会，组织咨询专家委员会委员以及其他技术专家组建国家技术帮扶工作组，开展现场调研指导和实施方案技术预审，为确保各地实施方案编制质量提供了重要技术支撑。

会议明确，各试点城市和地区实施方案特色鲜明、重点突出，技术路线正确，试点目标合理，可对我国不同发展区域、不同经济结构、不同发展阶段、不同规模的城市开展“无废城市”建设发挥较好的示范带动效应。评审专家组一致同意“11+5”个试点城市及地区实施方案通过评审。

会议要求，各试点城市及地区根据评审专家组意见和建议，尽快修改完善实施方案，抓紧印发，边实践、边总结，积极探索、大胆创新，广泛发动全民参与，在制度体系、技术体系、监管体系、市场体系建设等方面尽早形成阶段性成果。下一步生态环境部将会同协调小组成员单位进一步做好指导和支持，积极推动各地认真落实实施方案，争取试点工作取得实效。

来自国家发展和改革委、自然资源部、住房和城乡建设部、卫生健康委、国家邮政局等协调小组成员单位代表，以及深圳市、包头市、铜陵市、威海市、重庆市、绍兴市、三亚市、许昌市、徐州市、盘锦市、西宁市、瑞金市、光泽县人民政府，河北雄安新区、北京经济技术开发区、中新天津生态城管理委员会以及相关部门代表、实施方案编制单位参加相关会议。

发布时间
2019.9.17

长江经济带11个省（市）、环渤海13个城市完成污水处理厂排污许可证核发

为打好长江保护修复攻坚战、渤海综合治理攻坚战、城市黑臭水体治理攻坚战，长江经济带11个省（市）和环渤海沿岸13个城市的生态环境部门发扬生态环境铁军精神，提前摸底排查，通过宣贯培训、集中填报审核、按期调度督办，采取层层调查上报、网格化摸底排查等方式，结合污染源普查、环境统计、总量减排、在线监测等数据库，认真比对相关数据，全面摸清辖区内污水处理厂底数，并于8月底提前完成污水处理厂排污许可证核发任务。

长江经济带11个省（市）和环渤海沿岸13个城市共计发放污水处理厂排污许可证4860张。其中，长江经济带共发证4342张，环渤海城市共发证518张，实现对工业废水集中污水处理厂和城镇污水处理厂排污许可管理全覆盖。江苏省、浙江省、安徽省、江西省、湖北省、重庆市还超额完成任务，对固定污染源排污许可分类管理名录（2017年版）外的306家乡镇污水处理厂完成发证，共计发证5166张。此外，还摸清了尚未投运、位于禁建区、停产等不予核发情形共38家污水处理厂的情况。

4860家已发证污水处理厂中，工业废水集中处理厂有997家，城镇生活污水处理厂3863家，共管控污水日总设计处理能力1.9亿吨。为规范重点地区污水处理厂运营、督促企业按证排污打下坚实基础，为打好长江保护修复攻坚战、渤海综合治理攻坚战提供有力支撑。

下一步，各地将开展污水处理厂无证排污检查和证后监管执法，加大对污水处理厂无证排污和不按证排污的打击力度。对已发证污水处理厂，督促按许可证要求提交执行报告、自行监测报告，并及时进行信息公开，接受公众监督。

发布时间
2019.9.19

生态环境部（国家核安全局）与国际原子能机构签署核与辐射安全合作协议

2019年9月18日，生态环境部副部长、国家核安全局局长刘华出席国际原子能机构第63届大会期间，与国际原子能机构副总干事胡安·卡洛斯·伦蒂霍共同签署了《中华人民共和国国家核安全局与国际原子能机构之间有关核与辐射安全领域合作的实际安排》。

中国历来重视与国际原子能机构的合作。本次签署的实际安排将促进中国与国际原子能机构在核与辐射安全领域的全面合作。双方将在核与辐射安全领域开展技术交流、联合研发、培训以及公众宣传，分享核与辐射安全监管经验与知识，借鉴国际先进经验，介绍核与辐射安全领域的最新实践与成就。生态环境部（国家核安全局）与国际原子能机构将基于建立中的国际核与辐射安全联合研究中心开展上述合作，为落实习近平主席在

华盛顿核安全峰会上关于“推广国家核电安全监管体系”的承诺提供支撑，帮助有需要的国家提升安全监管能力，为提高全球核电安全水平作出贡献。

会谈期间，双方还就共同关心的核与辐射安全问题交换了意见，伦蒂霍先生对中国新近发布的《中国的核安全》白皮书给予高度关注，称其充分体现了中国在核安全方面的投入和承诺，展示了中国为构建公平、合作、共赢的国际核安全体系所做的努力，对世界其他核工业国家提供了有益的经验。

发布时间
2019.9.19

生态环境部传达学习贯彻习近平总书记在黄河流域生态保护和高质量发展座谈会上重要讲话精神

9月19日，生态环境部党组书记、部长李干杰主持召开部党组（扩大）会议，传达学习贯彻习近平总书记在黄河流域生态保护和高质量发展座谈会上的重要讲话精神。

会议指出，黄河是中华民族的母亲河、中华文明的摇篮。习近平总书记在黄河流域生态保护和高质量发展座谈会上的重要讲话，明确提出保护黄河是事关中华民族伟大复兴和永续发展的千秋大计，黄河流域生态保护和高质量发展是重大国家战略，深刻阐明了黄河流域在我国经济社会发展和生态安全方面的重要地位，高度评价了新中国成立以来特别是党的十八大以来黄河治理取得的巨大成就，深入剖析了当前黄河流域存在的突出问题，明确提出了黄河流域生态保护和高质量发展的目标任务，具有很强的政治性、思想性、理论性、针对性和指导性，对推动黄河流域生态保护和高质量发展具有深远历史意义和重大现实意义。习近平总书记的重要讲话，进一步拓展和丰富了习近平生态文明思想，深刻阐述了生态环境保护与经济发展的关系，为保持加强生态文明建设的战略定力、深入推进打好污染防治攻坚战提供了坚强保障和行动指南。生态环境系统要进一步提高政治站位，增强“四个意识”，坚定“四个自信”，做到“两个维护”，切实把习近平总书记重要讲话精神学习好、领会好、贯彻好，大力推动黄河流域生态文明建设和生态环境保护工作。

会议强调，党的十八大以来，在以习近平同志为核心的党中央坚强领导下，黄河流域生态环境保护取得积极进展，生态环境持续明显向好。同时也要清醒地看到，黄河流域生态环境脆弱，水资源保障形势严峻，发展质量有待提高。生态环境系统要深入学习贯彻习近平总书记重要讲话精神，坚持绿水青山就是金山银山的理念，坚持生态优先，绿色发展，坚持山水林田湖草综合治理、系统治理、源头治理，按照“共同抓好大保护，协同推进大治理”的要求，大力推进黄河流域生态环境保护。要研究提出推动黄河流域生态保护和高质量发展的具体思路和措施，积极配合有关部门做好统筹谋划。要充分考虑黄河上中下游的差异，会同有关地方和部门推动分区分类生态保护修复，全面开展黄河流域生态状况评估。要持续推进黄河流域治污行动，加强对汾河等支流劣V类水体整治，推进入河排污口排查、监测、溯源、整治，巩固提升黑臭水体治理成效，强化大气污染防治，加快重点工程实施进度，加强土壤污染风险管控和修复，优先开展饮用水水源地汇水区等敏感区域农村环境综合整治。要继续推进沿黄九省区“三线一单”编制，完善生态环境分区管控体系，开展生态保护红线勘界定标，以行业规划环评优化产业布局，促进黄河流域产业结构调整优化，大力推进高质量发展。要健全黄河流域生态环境监管机制，建立健全全流域生态保护与管理的统一规划和协调机制，通过开展中央生态环境保护督察、强化监督等举措，进一步加强黄河流域生态环境监管。要加大对黄河流域治理的支持力度，着力提升环境治理能力，为黄河流域生态保护和高质量发展作出积极贡献，让古老的母亲河焕发新活力。

会议还研究了其他事项。生态环境部党组成员、副部长翟青，中央纪委国家监委驻生态环境部纪检监察组组长、部党组成员吴海英，部党组成员、副部长庄国泰出席会议。驻部纪检监察组负责同志，部机关各部门、有关部属单位主要负责同志列席会议。

发布时间
2019.9.23

京津冀及周边将出现区域性大气污染过程 生态环境部向8个省市发出预警提示信息

生态环境部9月23日向媒体通报，25日起，京津冀及周边地区将出现一次区域性大气污染过程，影响范围包括京津冀大部分地区、河南全境、山东大部分地区以及江苏、安徽北部部分城市。

根据中国环境监测总站、中国气象局和各省级环境质量预报中心会商的结果，预计9月24日，京津冀及周边地区总体扩散条件相对有利，空气质量以良为主，部分城市可能出现轻度污染。9月25日至29日，区域受均压场和低气压控制，开始出现大范围静稳天气，太行山东侧-燕山南侧在半封闭地形影响下，近地面以弱偏南风主导，污染物容易在太行山前积累并由南向北传输，导致出现一次长时间、大范围中至重度污染过程，部分城市可能出现4天重度污染过程。据目前资料研判，污染形势还有可能延续到10月初。

生态环境部已向北京市、天津市、河北省、山西省、江苏省、安徽省、山东省、河南省人民政府发函，通报空气质量预测预报信息。要求各地根据实际情况，及时启动相应级别预警，切实落实各项减排措施，缓解重污染天气影响，最大限度保障人民群众身体健康。生态环境部派驻京津冀大气污染传输通道城市各现场工作组，将重点督促各地应急减排措施落实情况。

专家解读（1）丨排放强度大、远超环境承载力是导致区域污染频发的主要原因

根据中国环境监测总站、北京市环境保护监测中心和国家气象中心最新预测结果，受不利气象条件影响，京津冀及周边地区将从9月25日起出现一次大范围、持续性大气污染过程。生态环境部发布预警提示信息，天津、河北、山西、江苏、安徽、山东、河南等省市将启动应急预案，实施大范围的区域应急联动。针对上述情况，国家大气污染防治攻关联合中心及时组织专家会商研判，攻关联合中心副主任张远航院士对此次污染成因进行分析解读。

京津冀及周边地区在这个时期发生大范围、长时间污染过程并不偶然，近年来观测数据表明，9月中下旬至10月初每年都会发生区域性污染过程。例如，2015年10月2日至7日的重污染过程，区域内11个城市出现日均重度及以上污染，北京$PM_{2.5}$日均浓度峰值为293微克/米^3，达到严重污染水平；2016年9月22日至10月4日，先后发生两次污染过程，在长达13天的时间里平均仅有两天达到优良水平。2017年9月21日至10月8日，区域先后发生3次污染过程。

大气重污染成因与治理攻关的最新研究成果表明，排放强度大、远超环境承载力是导致区域污染频发的主要原因。虽然近年来污染减排工作取得了很大成效，但以重化工为主的产业结构、以煤为主的能源结构和以公路为主的运输结构尚未根本改变，2018年京津冀及周边地区“2+26”城市排放一次$PM_{2.5}$、SO_2、NO_x、VOCs、NH_3等污染排放强度是全国平均水平的4倍左右，大大超出区域环境容量。其中，唐山、石家庄、天津、邯郸、郑州等城市的排放量居“2+26”城市前列。近几年“十一”前后出现的污染过程中，硝酸盐是$PM_{2.5}$的首要组分，占比超过30%，硫酸盐占比也较高，表明工业和机动车排放对$PM_{2.5}$贡献显著。

不利的气象条件是发生污染过程的重要外因。在京津冀及周边地区秋冬季节转换时期，冷暖气流交替，容易出现不利气象条件。对区域内多次重污染过程的分析表明，当近地面风速小于2米/秒、存在近地面逆温等不利气象条件时，污染物快速累积；特别是相对湿度高于60%时，气态污染物向颗粒物的二次转化显著加快。同时，受大气环流影响，区域内污染物输送对各地空气质量影响较大。例如，9月22日上午，北京市出现了轻度污染过程，期间$PM_{2.5}$、SO_2和CO浓度及硝酸盐含量快速上升，燕山山前传输通道的贡献明显。

根据最新气象和空气质量预报结果，9月25日起，京津冀及周边地区将出现一次不利气象条件过程，影响范围大、持续时间较长。主要原因是区域受均压场和低压区控制，出现大范围静稳天气；在太行山东侧-燕山南侧的半封闭地形背景下，近地面受偏南弱风主导，污染物容易在太行山沿线城市累积并由南向北传输。此外，北京及周边夜间相对湿度超过60%，个别时段可能超过80%甚至接近饱和，推动NO_x、SO_2等气态污染物向硝酸盐、硫酸盐等二次颗粒物快速转化并吸湿增长，推高$PM_{2.5}$浓度。

为减缓本次污染过程影响，建议京津冀及周边地区各省市尽早启动应急响应，实施大范围应急联动。考虑到近期污染过程呈现硝酸盐主导的特征，建议重点加强NO_x减排，特别是强化工业源、重型柴油车监管，大幅削减污染物排放。

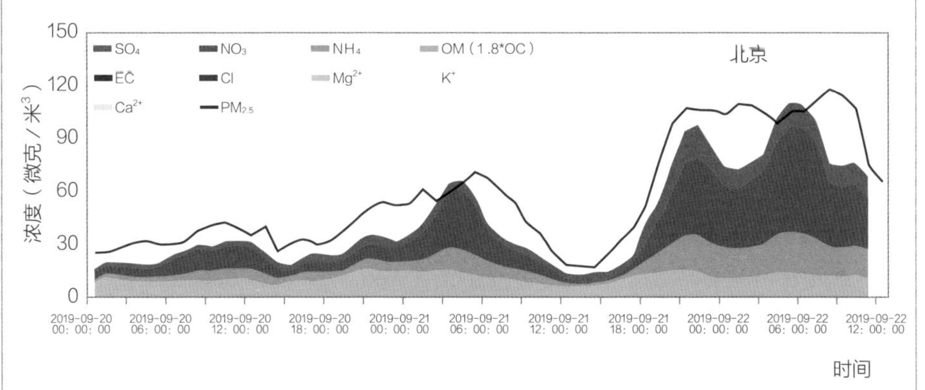

北京市9月20—22日$PM_{2.5}$浓度及组分变化

（解读专家：国家大气污染防治攻关联合中心副主任　张远航院士）

专家解读（2）丨污染过程与2016年9月30日至10月4日过程相似，但不利气象条件持续时间或更长

根据中国环境监测总站、北京市环境保护监测中心、国家气象中心最新会商预测结果，自9月25日起，京津冀及周边地区将出现一次持续性不利气象条件过程。针对本次不利气象条件过程，国家大气污染防治攻关联合中心学术委员会成员、中国气象科学研究院张小曳研究员进行了分析解读。

从大气环流形势来看，自9月25日起，受天气系统影响，京津冀及周边地区将持续受均压场和低压区控制，区域会出现以气团停滞、静稳为特征的不利气象条件，区域整体偏南小风、静风特征明显，大气边界层高度降低，污染物在水平及垂直方向的稀释能力减弱，地面细颗粒物污染浓度会相应攀升。从相对湿度看，太行山–燕山沿线城市相对湿度较高，北京市夜间到凌晨相对湿度会维持在60%左右，个别时段超过80%甚至接近饱和，更有利于二次颗粒物的生成和吸湿增长。

此外，不利气象条件和污染累积之间存在一定的双向反馈作用。当污染物累积到一定程度后，还会导致或加剧逆温、增大近地面相对湿度，边界层高度进一步下降，气象条件进一步转差；更为不利的气象条件还会促进污染物累积，导致污染物浓度进一步上升、能见度进一步下降。

总体而言，本次污染过程与2016年9月30日至10月4日的污染过程相似，但本次不利气象条件持续的时间更长。攻关联合中心将持续关注不利气象条件的变化。

（解读专家：国家大气污染防治攻关联合中心　张小曳研究员）

中国气候变化事务特别代表解振华与欧盟气候行动和能源委员在纽约联合国气候行动峰会期间举行会谈

中国气候变化事务特别代表解振华与欧盟气候行动和能源委员米格尔·阿里亚斯·卡涅特对联合国气候行动峰会取得圆满成功表示欢迎，并感谢联合国秘书长安东尼奥·古特雷斯对雄心勃勃的全球气候行动作出的杰出贡献。

解振华特别代表和卡涅特委员还借此机会回顾了各自国家自主贡献的实施情况、气候变化政策和行动的国内进展以及2018年《中欧领导人气候变化和清洁能源联合声明》的落实情况。

卡涅特委员强调，欧盟已通过立法来实现其2030年气候和能源目标。他指出，如果全面实施该法案，到2030年，欧盟的温室气体减排总量预计将达到45%左右。他还强调，2050年实现欧盟经济体气候中和的长期战略愿景已经发布并得到广泛讨论。他希望此项提案能够尽快得到欧洲领导人的签署。

解振华特别代表表示，中国非常重视应对气候变化工作。实施了一系列有效的政策措施，在应对气候变化方面取得了重大进展。2018年中国的碳强度比2005年下降了45.8%，已经超过2020年碳强度下降40%～45%的目标，为实现“十三五”规划和中国国家自主贡献设定的气候变化目标奠定了坚实基础。他还指出，中国已经启动了全国碳排放交易体系，并积极推进全国碳市场建设。此外，中国与30多个发展中国家开展了气候变化南南合作，帮助这些国家提升应对气候变化的能力。

在2018年中欧领导人气候变化和清洁能源联合声明的背景下，双方代表对该声明的实施情况表示满意。双方强调了在长期温室气体低排放发展战略、碳排放交易以及能源、交通等其他气候和清洁能源项目上的共同努力。双方还回顾了2019年4月9日中国—欧盟峰会联合声明，其中就加强绿色金融合作达成一致，以使私人资本流向更加环境可持续的经济。

最后，双方代表强调了对实施《巴黎协定》和《蒙特利尔议定书》的坚定承诺。他们呼吁所有缔约方落实各自国家自主贡献并逐步强化行动。双方重申，中国和欧盟将按照《巴黎协定》的要求，在2020年前通报长期温室气体低排放发展战略，并呼吁其他缔约方采取同样行动。

发布时间
2019.9.25

书讯｜《2017环保部新闻发布会实录》（英文版）出版

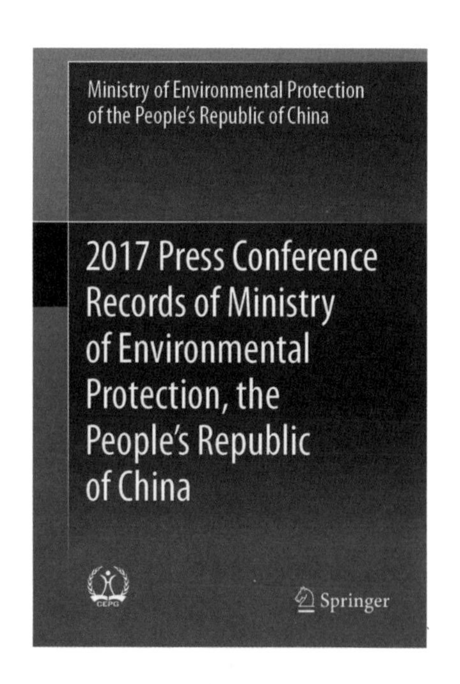

为了促进国际社会客观认识中国的生态环境工作，中国环境出版集团与德国施普林格自然出版集团共同策划了《2017环保部新闻发布会实录》（英文版）。目前，该书已在世界范围内出版发行。

《2017环保部新闻发布会实录》（英文版）收录了2017年环境保护部12场例行发布会，涵盖了环境质量监测、环境污染防治、环境政策法规、环保国际合作、环境监管执法、中央环保督察等方面的内容，基本实现了部中心、重点工作全覆盖，体现了习近平生态文明思想。

“绿水青山就是金山银山”，生态文明建设关系人民福祉，关乎民族未来。《2017环保部新闻发布会实录》（英文版），紧跟时代发展，立足绿色发展理念和中国生态文明建设大局，对于国际社会客观认识中国的生态环境工作具有重要意义。

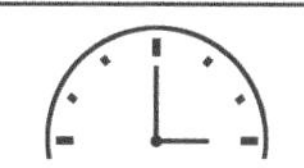

发布时间
2019.9.26

生态环境部首批“最美水站”推选结果公布

为落实《生态环境监测网络建设方案》，提高地表水监测数据质量，按照地表水环境质量监测事权上收工作安排，2018年，各地生态环境主管部门干部职工上下一心、团结一致、攻坚克难、全力以赴推进国家地表水水质自动站（以下简称水站）建设，半年时间里新建水站1041个，上收改造提升水站840个，全面完成水站建设任务，国家地表水环境质量监测事权上收圆满完成。

本轮水站建设是我国生态环境监测历史上范围最广、规模最大、效率最高的基础设施建设工程，形成了自动监测与手工监测相融合的地表水监测体系，实现了地表水由现状监测向预测预警的跨越，搭建了公众走进监测与了解监测的重要平台，标志着我国地表水监测迈上新的台阶。

为进一步强化国家水站文化建设，加强公共服务功能，赋予人文内涵和文化属性，按照《“最美水站”推选活动方案》要求，经各地推荐、网上投票、专家评审和公示，推选出生态环境部首批100个“最美水站”。近期，生态环境部将在部微博、微

关于生态环境部首批“最美水站”推选结果的函

信平台、中国环境报、中国环境网等平台对100个“最美水站”进行展播，集中展现国家水站文化建设成效，充分发挥国家水站的示范带头和科普宣传作用，有效提升国家生态环境监测品牌影响力。

发布时间
2019.9.26

中国环境与发展国际合作委员会暨"一带一路"绿色发展国际联盟圆桌会在纽约召开

时值联合国气候行动峰会，中国环境与发展国际合作委员会（以下简称国合会）暨"一带一路"绿色发展国际联盟（以下简称联盟）圆桌会于当地时间9月24日上午在美国纽约召开。会议以"气候协同治理与联合国2030年可持续发展议程"为主题，围绕应对气候变化、空气质量改善和生物多样性保护协同治理的成效和举措进行交流与分享，探讨了实现2030年可持续发展议程的绿色发展之路，特别是与"一带一路"倡议等重要国际公共产品的紧密联系。

受中国生态环境部部长、国合会执行副主席、联盟联合主席李干杰委托，国合会副主席、中国气候变化事务特别代表解振华出席会议并作开幕致辞。他强调，要充分认识到应对气候变化与高质量发展的内在统一性和一致性，统筹协调环境保护、应对气候变化和社会经济发展；

加强国际合作，共同落实《巴黎协定》和实现2030年可持续发展议程；积极推动机制创新，为完善全球环境治理提供新思路新方案；以绿色“一带一路”和气候变化南南合作为契机，发挥应对气候变化、生物多样性保护、海洋治理和经济社会发展的协同效应，推动实现可持续发展。

国合会副主席、联盟联合主席、可持续海洋经济高级别小组挪威特使赫尔格森，国合会副主席、联盟咨询委员会主任委员、世界资源研究所高级顾问索尔海姆，国合会委员、联盟联合主席兰博蒂尼，国合会委员、联盟联合主席、世界资源研究所总裁兼首席执行官斯蒂尔出席会议并发言。

出席圆桌会议的代表认为，务实合作是推动全球环境治理的重要手段，表示愿意继续利用国合会、联盟等多边平台和机制，携手推动绿色“一带一路”建设，共同落实2030年可持续发展议程。

会议由国合会秘书处、联盟秘书处、美国环保协会、世界资源研究所、世界自然基金会共同主办。国合会外方首席顾问、部分国合会委员、特邀顾问，联盟咨询委员，以及合作伙伴的代表和专家100余人参加了会议。

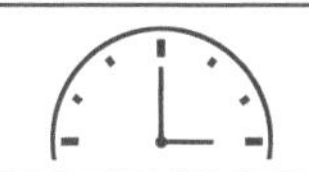

发布时间
2019.9.27

第一次上海合作组织成员国环境部长会在莫斯科召开

9月27日，第一次上海合作组织（以下简称上合组织）成员国环境部长会在俄罗斯莫斯科举行，会议主题为“上海合作组织城市生态福祉发展规划”。会议由俄罗斯自然资源与生态部部长科贝尔金主持，中国生态环境部副部长翟青，印度环境、森林与气候变化部部长贾瓦德卡，哈萨克斯坦生态、地质与自然资源部副部长普里姆洛夫，吉尔吉斯斯坦国家环境保护与林业局局长阿曼库洛夫，巴基斯坦驻俄大使哈里鲁拉，塔吉克斯坦驻俄大使萨特托罗夫，乌兹别克斯坦国家生态与环境保护委员会主席库奇卡罗夫和上合组织副秘书长卓农等出席会议。

会议审议通过了《第一次上合组织成员国环境部长会联合公报》和《上合组织城市生态福祉发展规划》。

会上，中方发言时指出，在习近平生态文明思想的科学指引下，通过生态环境机构改革、开展污染防治攻坚战、推动经济高质量发展等措施，中国生态环境保护工作取得积极进展。2018年青岛峰会和2019年比什凯克峰会期间相继通过《上合组织成员国环保合作构想》及其落实措施计划，翻开了上合组织环保务实合作的新篇章。中方愿与各国一道，秉承“上海精神”，强化落实，加强协调，深化务实合作，共享合作成果。

会议就《上合组织成员国环保合作构想》及其三年落实措施计划实施情况、城市生态环境保护政策与措施、未来合作前景等进行了探讨。

会议期间，中方代表团团长与其他代表团团长举行工作会谈，就共同关心的环境问题交换意见。

本月盘点

微博：本月发稿351条，阅读量38929643；

微信：本月发稿247条，阅读量2730768。

- ◆ 生态环境部组建第一届生态环境应急专家组
- ◆ 第二届全国生态环境监测专业技术人员大比武活动全国决赛开幕
- ◆ 生态环境部召开“倡导绿色价值观念，推进生态文明建设”座谈会

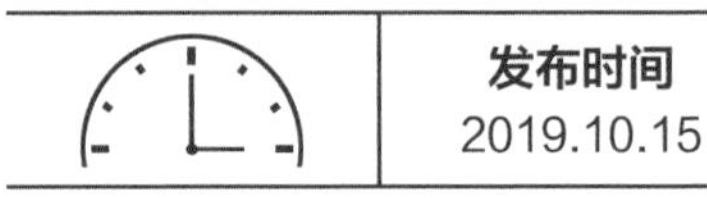

发布时间
2019.10.15

生态环境部组建第一届生态环境应急专家组

近日，生态环境部组建了第一届生态环境应急专家组。来自清华大学、北京大学、中国科学院、中国化学品安全协会等高校、科研院所和行业协会的29名专家成为专家组成员。专家组成员既有中国工程院院士，又有来自一线的科研、工程人员，不但涵盖了涉水、气、土壤、重金属等所有类别突发环境事件应对处置专家，还吸收了法律和舆情管理等行业相关专家，进一步丰富了专家组的构成，提升了专家组的综合指导能力。

这是生态环境部立足防范和控制突发环境事件生态环境风险，着眼于牢牢守住环境安全底线，持续推动生态环境应急治理体系和治理能力现代化，切实保证打好污染防治攻坚战的重要举措。

为切实转变工作作风，体现高效、有效的工作原则，本届专家组没有专门召开会议宣布成立，而是以生态环境部生态环境应急指挥领导小组办公室的名义致信各位专家，表示祝贺并提出要求和期望，希望专家们充分发挥智力和技术优势，重点做好突发环境事件应对的技术指导工作，关键时候能克服困难、冲得上去，做到召之即来、来之能战、战之必胜，同时积极开展环境应急科学研究，不断破解难题、总结规律，夯实工作基础，提供政策建议。

生态环境部还专门出台了《生态环境部生态环境应急专家组管理办法》，界定了专家组的定位和组成方式，规定了专家的入选条件和职责任务，明确了专家激励和保障措施。保障专家组智力优势和技术优势的充分发挥，切实服务生态环境安全。

发布时间
2019.10.17

生态环境部有关负责同志就《京津冀及周边地区2019—2020年秋冬季大气污染综合治理攻坚行动方案》答记者问

《京津冀及周边地区2019—2020年秋冬季大气污染综合治理攻坚行动方案》（以下简称《方案》）日前发布。生态环境部有关负责同志就《方案》的具体目标、举措等有关问题回答了记者的提问。

问：今年（2019年）京津冀及周边地区秋冬季攻坚方案与去年（2018年）相比有哪些调整？

答：虽然近年来我国环境空气质量持续改善，但重点区域秋冬季期间大气环境形势依然严峻，$PM_{2.5}$平均浓度是其他季节的两倍左右，重污染天数占全年90%以上，抓好秋冬季污染治理就抓住了区域大气污染防治工作的“牛鼻子”，因此要深入推进重点区域秋冬季大气污染综合治理攻坚行动。

《方案》是落实《打赢蓝天保卫战三年行动计划》“开展重点区域秋冬季攻坚行动”要求制定的，今年重点工作与去年一脉相承，对过去行之有效的、好的经验和做法持续予以推进，保持工作的连续性。方案总体思路是一贯的，坚持稳中求进总基调，聚焦影响秋冬季区域环境空气质量的主要矛盾和关键问题，立足于产业结构、能源结构、运输结构和用地结构调整优化，有效应对重污染天气，强调标本兼治、综合施策，同时强化组织保障，严格监督执法，确保责任落实。

措施的主要变化体现在以下几方面：

一是更加强化依法依规。坚决反对“一刀切”，《方案》中强制性错峰生产、大范围停工停产等要求一律没有涉及，坚决反对“一律关停”“先停再说”等敷衍应对做法，严格依法依规，做好秋冬季大气污染防治各项工作。

二是更加突出科学施策。实施差异化应急管理，有效应对重污染天气。各地根据《关于加强重污染天气应对夯实应急减排措施的指导意见》，进一步完善重污染天气应急预案，夯实应急减排措施，实施企业分类分级管控，达到A级的企业重污染天气应急期间可不采取减排措施，B级企业适当少采取减排措施。

三是更加注重因地制宜。分类施策，推动工业企业深度治理，加强对地方和企业的差别化指导，结合本地产业特征、发展定位等确定治理方案。

问：今年京津冀及周边地区各城市秋冬季攻坚目标是如何确定的？

答：李克强总理在今年《政府工作报告》中明确提出，要巩固扩大蓝天保卫战成果，重点地区$PM_{2.5}$浓度继续下降。今年1—9月，“2+26”城市$PM_{2.5}$平均浓度54微克/米^3，同比上升1.9%，大气环境形势十分严峻。根据国家气候中心最新预测显示，受“厄尔尼诺现象”影响，今年极有可能成为史上全球平均气温最高的年份之一。受此影响，今年秋冬季北方风速小、气温偏高、冷空气活动少、强度偏弱，可能出现雾霾持续时间长、覆盖范围广的情况，进一步增加了约束性指标完不成的风险。这就要求我们必须更加努力，用更多的减排量来抵销不利气象条件带来的负面影响，才有可能确保年度目标的完成。

因此，我们在确定2019—2020年秋冬季城市环境空气质量改善目标时，按照巩固成果、稳中求进的总要求，既考虑与打赢蓝天保卫战目标相衔接，又充分考虑各地工作实际和可操作性。依据各城市上个秋冬季$PM_{2.5}$浓度值与过去两个秋冬季累计下降幅度分别进行分档，设定各档改善目标，上个秋冬季$PM_{2.5}$浓度越高、累计下降幅度越小，本秋冬季目标越高。同时，适当考虑各城市减排潜力，污染重的多削减，改善幅度小的多削减，重点城市多削减。三项改善目标之和作为城市的空气质量总目标。在各城市2018—2019年秋冬季重污染天数的基础上，各城市重污染天数下降幅度等同于$PM_{2.5}$浓度下降幅度，设定重污染天数目标。京津冀及周边地区2019—2020年秋冬季$PM_{2.5}$浓度同比下降4%左右，重污染天数同比下降6%。

问：《方案》在减少排放方面有哪些重要举措？

答：《方案》强调标本兼治，其中，“本”就是指结构调整和企业深度治理。京津冀及周边地区产业结构重，结构调整任务艰巨，企业深度治理还有较大空间。为此，《方案》提出以下几项主要措施：

一是深入推进重污染行业产业结构调整。各地按照本地已出台的钢铁、建材、焦化、化工等行业产业结构调整、高质量发展等方案要求，细化分解2019年度任务，明确与淘汰产能对应的主要设备，确保按时完成，取得阶段性进展。

二是推进企业集群升级改造。各地结合本地产业特征，针对特色企业集群，进一步梳理产业发展定位，确定发展规模及结构，制定综合整治方案，建设清洁化企业集群。按照“标杆建设一批、改造提升一批、优化整合一批、淘汰退出一批”实施治理，提升产业发展质量和环保治理水平。

三是坚决治理“散乱污”企业。各城市根据产业政策、产业布局规划，以及土地、环保、质量、安全、能耗等要求，进一步明确“散乱污”企业分类处置条件。提升改造类企业要对标先进企业实施深度治理。进一步夯实网格化管理，强化多部门联动，坚决打击遏制“散乱污”企业死灰复燃、异地转移等反弹现象。

四是高标准推进钢铁行业超低排放改造。各地增强服务意识，加强对企业的指导和帮扶，严把工程质量，选用成熟先进的技术，严防“豆腐渣”工程。企业改造完成后，要严格开展评估监测，对有组织排放、无组织排放和大宗物料产品清洁运输全面满足相关要求的才能认定为超低排放。

五是推进工业炉窑大气污染综合治理。建立工业炉窑管理清单，按照“淘汰一批、替代一批、治理一批”的原则，加大建材、焦化、铸造、有色、化工等重点行业综合治理力度。

六是强化重点行业VOCs综合治理。在家具、整车生产、机械设备制造、汽修、印刷等行业，全面推进低VOCs含量涂料、油墨、胶粘剂等替代；按照“应收尽收、分质收集”的原则，有效提高废气收集率；推进建设适宜高效的末端治理设施，提高VOCs治理效率。

问：《方案》在保障农村居民清洁取暖和温暖过冬方面有哪些考虑？

答：以往的经验表明，清洁取暖是京津冀及周边地区改善空气质量最关键的举措，对降低$PM_{2.5}$浓度的贡献率达1/3以上。在清洁取暖推进中，我们始终坚持五个原则：一是坚持统筹协调温暖过冬与清洁取暖，以保障群众温暖过冬为第一原则；二是坚持以供定需、以气定改，根据天然气签订合同量确定“煤改气”户数；三是坚持因地制宜、多元施策，宜电则电、宜气则气、宜煤则煤、宜热则热；四是坚持突出重点、有取有舍，重点推进京津冀及周边地区和汾渭平原散煤治理；五是坚持先立后破、不立不破，在新的取暖方式没有稳定供应前，原有取暖设施不予拆除。

今年秋冬季，为完成散煤治理任务，将清洁取暖这件为民造福的事办好，《方案》提出以下措施：

一是合理确定年度散煤治理任务。各地根据气源、电源等落实情况，合理制订2019年散煤治理计划，“自下而上”确定散煤治理任务。根据各地上报，2019年10月底前，“2+26”城市完成散煤替代524万户。各地散煤治理任务中，“煤改电”、集中供热、地热能等方式替代比例超过50%，更加突出多种方式替代，较大程度地缓解了天然气保供压力。

二是全力做好气源电源供应保障。抓好天然气产供储销体系建设，加快2019年天然气基础设施互联互通重点工程建设，加快储气设施建设步伐。优化天然气使用方向，采暖期新增天然气重点向京津冀及周边地区等倾斜，保障清洁取暖与温暖过冬。完善调峰用户清单，夯实“压非保民”应急预案。地方政府对“煤改电”配套电网工程和天然气互联互通管网建设应给予支持，统筹协调项目建设用地等。

三是加大政策支持力度。中央财政支持北方地区冬季清洁取暖试点对“2+26”城市做到全覆盖，全面加大支持力度。加大价格政策支持力度，京津冀及周边地区居民“煤改气”采暖期天然气门站价格不上浮。各地进一步制定和完善农村居民天然气取暖运营补贴政策，确保农村居民用得起、用得好。

四是严防散煤复烧。对已完成清洁取暖改造的地区，要建立长效监管机制，确保不出现散煤复烧问题。地方政府依法将其划定为高污染燃料禁燃区，并制定实施配套政策措施，从供应侧管住煤炭流入。同时，要加大清洁取暖资金投入，保障补贴资金及时足额发放。

问：《方案》中针对移动源污染防治提出哪些具体举措？

答：当前，我国移动源污染问题日益突出，已成为空气污染的重要来源。北京2018年污染源解析结果显示，移动源污染排放占比高达45%，在重污染天气期间贡献率会更高。秋冬季攻坚战期间，推进柴油货车等移动源污染治理，加快运输结构调整，京津冀及周边地区应重点开展以下工作：

一是加快推进铁路专用线建设。各地要对建设铁路专用线落实情况进行摸排，对工程进度滞后的，要分析查找原因，分类提出整改方案。

二是大力提升铁路水路货运量。严格落实禁止汽运煤集港以及推进矿石、焦炭等大宗货物“公转铁”政策。要求具有铁路专用线的大型工矿企业和新建物流园区，煤炭、焦炭、铁矿石等大宗货物铁路运输比例原则上达到80%以上。

三是加快推进老旧车船淘汰。加快淘汰国三及以下排放标准的柴油货车、采用稀薄燃烧技术或“油改气”的老旧燃气车辆。2019年12月底前，淘汰数量应达到任务量的40%以上。

四是严厉查处机动车超标排放行为。对柴油货车等开展常态化全天候执法检查，各地要按要求在主要物流货运通道和城市主要入口布设排放检测站（点），重点单位入户检查实现全覆盖。

五是开展油品质量检查专项行动。要求各地集中打击和清理取缔黑加油站点、流动加油车，查处劣质油品存储销售集散地和生产加工企业，开展企业自备油库专项执法检查，加大对加油船、水上加油站以及船舶用油等监督检查力度。

六是加强非道路移动源污染防治。要求各地2019年年底前全面完成非道路移动机械摸底调查和编码登记，加大执法监管力度，每月抽检率不低于10%。

问：《方案》中对重污染天气应对方面有哪些要求？

答：积极应对重污染天气是《大气污染防治法》的明确要求，是改善空气质量的必要手段，是打赢蓝天保卫战的重中之重。按照《打赢蓝天保卫战三年行动计划》，为更好地保障人民群众身体健康、积极应对重污染天气、完善重污染天气应急预案，生态环境部印发了《关于加强重污染天气应对夯实应急减排措施的指导意见》（以下简称《指导意见》）。2019—2020年秋冬季重污染天气应对工作将以《指导意见》为基础开展，从以下四个方面督促重点区域城市依法治污、精准治污、科学治污，做好重污染天气应对工作，为打赢蓝天保卫战提供有力抓手。

一是应急减排措施要全覆盖。重污染天气应对要按照《大气污染防治法》的具体要求，按照地方重污染天气应急预案规定，在重污染预警期间，针对涉气工业源、扬尘源、移动源等依法采取相应的管控措施，要做到减排措施无死角、应急期间共担责。

二是实施绩效分级、差异化管控。《指导意见》明确，对钢铁、焦化等15个重点行业进行绩效分级，采取差异化应急减排措施，一方面鼓励“先进”，让治理水平高的企业受益；另一方面鞭策“后进”，促进重点行业加快升级改造进程，全面减少区域污染物排放强度。

三是坚持减排措施可行可查。要求各地在制定应急减排措施时，要坚持“可操作，可监测，可核查”。按照《指导意见》中各行业的减排要求，制定科学可行的措施，并落实到具体减排的生产线和生产设施，切实实现“削峰降速”的效果。

四是继续深化区域应急联动。各城市应将区域应急联动措施纳入本地应急预案，健全应急联动机制，建立快速有效的运行模式。当启动区域应急联动时，应按照预警提示信息，及时组织所辖地市积极开展区域应急联动，发布预警，启动重污染天气应急响应，果断采取各项应急减排措施。

问：《方案》中提出，对稳定达到超低排放要求的电厂，不得强制要求治理“白色烟羽”是出于什么考虑？

答：近年来，我国大力推进实施燃煤电厂超低排放改造，截至2018年年底，全国80%以上燃煤机组完成改造，重点区域基本全部完成，初步建成了世界上最大的清洁高效煤电体系。燃煤电厂颗粒物、二氧化硫、氮氧化物等污染物排放量进一步大幅削减，为改善环境空气质量作出了重要贡献。

超低排放采用的低低温电除尘、复合塔湿法脱硫、湿式电除尘等技术，在有效控制常规污染物的同时，对三氧化硫等非常规污染物也有很好地协同去除效果。测试结果显示，超低排放改造后，平均排放浓度低于10毫克/米^3。烟气排放到大气后，由于环境空气温度低，烟气冷凝及凝结后形成的大量凝结水滴对光线产生折射、散射，视觉上形成“白色烟羽”。对于治理设施质量合格的超低排放机组来说，排放的“白色烟羽”成分以水雾为主，污染物浓度很低。目前，各地烟羽治理主要采用冷凝、加热等技术，通过改变烟气温度、湿度，从视觉上消除烟气颜色，属于“美容”，实际上对控制污染物排放作用不大，反而增加能耗，间接增加污染物排放。为此，我们在《方案》中明确，对稳定达到超低排放要求的电厂不得强制要求治理“白色烟羽”。

关于印发《京津冀及周边地区2019—2020年秋冬季大气污染综合治理攻坚行动方案》的通知

发布时间
2019.10.22

第二届全国生态环境监测专业技术人员大比武活动全国决赛开幕

10月21日至23日，由生态环境部、人力资源和社会保障部、全国总工会、共青团中央、全国妇联和国家市场监督管理总局六部门联合举办的第二届全国生态环境监测专业技术人员大比武活动全国决赛在江苏省南京市举办。

22日上午，生态环境部党组成员、副部长、国家核安全局局长、大比武活动

组委会执行主任刘华，江苏省人大常委会副主任刘捍东，全国总工会书记处书记王俊治，共青团中央书记处书记傅振邦，全国妇联书记处书记章冬梅，人力资源和社会保障部、国家市场监督管理总局、生态环境部等有关部门负责同志集体出席开幕式并观摩现场操作比赛。

开幕式上，生态环境部有关负责同志指出，生态环境监测是生态环境保护的重要基础，也是生态文明建设的重要支撑。党的十八大以来，在以习近平同志为核心的党中央领导下，我国的生态环境监测工作取得积极进展，生态环境监测网络不断完善，运行机制更加高效顺畅，监测质量管理体系日益健全，监测数据质量明显提高。当前，我国正处在决胜污染防治攻坚战的关键时刻，开展生态环境监测技术大比武活动，是对参赛选手技能水平和精神风貌的一次集中展示，更是对各级生态环境监测机构人才培养成果的一次大检阅。能够在广大监测专业技术人员队伍中营造扎实学习专业理论、刻苦钻研技术的良好氛围，大力弘扬精益求精的工匠精神，厚植“严、真、细、实、快”的工作作风，切实提升各级各类生态环境机构技术水平，为打赢蓝天、碧水、净土保卫战，持续改善生态环境质量贡献力量。

江苏省表示，作为全国经济发展最快、开放程度最高、发展活力最强的省份之一，江苏省生态环境系统要充分利用此次大比武的契机，虚心向兄弟省份学习，掀起一轮学习监测理论、钻研监测技术、提升监测能力的新高潮，推动生态环境监测工作科学化、标准化、规范化、现代化，为打好打赢污染防治攻坚战提供更强有力的技术支撑。全国总工会强调，要发现、选树更多生态环境监测系统技术能手和攻关标兵，推动提升生态环境监测整体技术水平，为全面推进生态文明建设提供坚强支撑。共青团中央着眼于牢牢把青年团结凝聚在党周围的总体目标，将为广大职业青年岗位成才创造条件、搭建平台，培养一支学习能力强、业务本领高的青年监测队伍。全国妇联表示继续在打赢污染防治攻坚战中大有作为，将为成绩优异的女选手和女性为主的团队争取“全国巾帼建功标兵”“全国巾帼文明岗”“全国巾帼建功先进集体”等荣誉称号的表彰机会。国家市场监督管理总局将致力于提升检验检测数据和结果的客观性、真实性和有效性，全面提升检验检测行业治理能力和治理质量。

本届大比武活动是时隔9年后六部门联合举办的第二届，也是贯彻落实习近平生态文明思想和全国生态环境保护大会精神，实施人才强国战略的具体举措。自2019年4月大比武活动正式启动以来，全国各省（区、市）、新疆生产建设兵团生态环境部门及军委后勤保障部军事设施建设局高度重视、精心组织、周密安排，共有来自1390家生态环境监测（检测）机构的6198名技术人员报名参加省级赛，其中社会环境监测机构数和人数占到四成。通过层层选拔和集中培训，共有33支代表队共293名选手会师本届总决赛，其中青年选手占69.6%，女性选手占43.7%。

按照赛程安排，本届大比武活动全国决赛分为生态环境监测综合比武和辐射监测专项比武，包括理论知识考试和现场操作竞赛两部分，理论考试和现场操作内容的权重为4：6，最终将决出个人奖项、团体奖项和组织奖项。

发布时间
2019.10.25

生态环境部召开“倡导绿色价值观念，推进生态文明建设”座谈会

10月25日，生态环境部在京召开座谈会，深入学习领会习近平生态文明思想，探讨如何通过培育生态价值观念，加强文化建设，助推生态文明建设。生态环境部党组成员、副部长庄国泰出席座谈会并与专家学者进行深入交流。他表示，生态环境部高度重视倡导绿色价值观念和推进生态环境领域的文化建设工作，希望未来与社会各界携手，积极推进文化建设，共同建设美丽中国。

座谈会上，来自理论界、文化界的13位代表先后发言，就宣传习近平生态文明思想，推进生态环境领域的文化建设建言献策，现场气氛热烈活跃。

会议指出，党的十八大以来，以习近平同志为核心的党中央高度重视文化工作，2018年全国生态环境保护大会正式确立的习近平生态文明思想为新时代推动生态文明建设、加强生态环境保护提供科

学思想指引和强大实践动力。倡导绿色价值观念，加强生态环境领域的文化工作是打好污染防治攻坚战、建设生态文明的重要内容，也是坚定文化自信、实现中华民族伟大复兴的具体呈现，对牢固树立人们的绿色价值观念、推进生态环境保护具有重要的意义和作用。

会议强调，我国生态环境保护取得积极进展，但全社会生态文明意识需要提升，公众生态环境科学素养有待加强，一些不环保的生活方式亟须改变。要深入学习、理解、贯彻习近平生态文明思想，大力宣传生态文明建设的生动实践、积极进展和显著成效，唱响生态文明建设主旋律。要加强生态或绿色价值观念相关理论研究，继承和发扬中国优秀传统生态道德，丰富和完善中国生态或绿色价值观念。要积极探索生态环境领域文化建设的途径和方式，繁荣生态环境领域文化产品创作，

打造六五环境日等生态环境领域文化活动品牌，加强生态环境领域文化传播体系建设。要构建全民参与的生态环境保护行动体系，挖掘和宣传公众参与的先进典型，发挥榜样示范和价值引领作用。

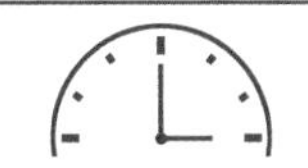

发布时间
2019.10.25

生态环境部召开部党组中心组集中（扩大）学习会

10月25日，生态环境部召开部党组中心组集中（扩大）学习会，生态环境部党组书记、部长李干杰主持会议，中央纪委国家监委法规室主任邹开红应邀就贯彻落实《中国共产党问责条例》（以下简称《条例》）作专题辅导报告。

邹开红以“着力提高党的问责工作的政治性、精准性、时效性”为题，全面解读了《条例》修订的背景和必要性、主要内容以及贯彻执行要求，深入细致地对《条例》有关条款进行了重点阐释，大家感到深受教育、受益匪浅。

李干杰说，邹开红同志的报告内容丰富、思路清晰、深入浅出，对于生态环境部系统进一步抓好《条例》的学习贯彻具有重要指导意义。

李干杰指出，问责是我们党管党治党的利器，是激励党员干部担当履责的重要举措。新修订的《条例》是充分运用党的十九大以来全面从严治党新鲜经验，与时俱进推进党的制度建设的重大成果，为党的问责工作提供了制度遵循，彰显了我们党不忘初心、牢记使命，推进全面从严治党向纵深发展的坚定决心。生态环境部系统要高度重视《条例》的学习贯彻，深刻领会、牢牢把握《条例》精神实质和基本要求，切实提高贯彻执行《条例》的自觉性、主动性。要把学习贯彻《条例》与“不忘初心、牢记使命”主题教育问题整改结合起来，与巡视整改和新一轮巡视工作结合起来，与开展中央生态环境保护督察和强化监督定点帮扶等业务工作结合起来，推动《条例》各项规定落到实处。

李干杰要求，严格按照《条例》规定实施科学问责，既坚持失责必问、问责必严，又坚持严肃慎重，严格落实“三个区分开来”。注重严管和厚爱结合、激励和约束并重，切实把《条例》要求转化为推动工作的重要抓手，激发党员干部干事创业的积极性和主动性。生态环境部系统各级党委（党组）要增强“四个意识”、坚定“四个自信”、做到“两个维护”，坚决履行问责工作的主体责任，确保《条例》不折不扣执行到位。部机关纪委和各部属单位纪委（纪检组）要履行好监督专责，敢于问责、善于问责，提高问责制度化、规范化水平。要加强监督检查，把贯彻执行《条例》情况纳入巡视巡察，确保责任细化到人、量化到岗、实化到事。

会议以视频会的形式召开，在生态环境部设立主会场，在部属单位设立分会场。

生态环境部党组成员、副部长刘华，中央纪委国家监委驻生态环境部纪检监察组组长、部党组成员吴海英，部党组成员、副部长庄国泰出席会议。

驻部纪检监察组负责同志，部机关各部门、在京部属单位党政主要负责同志在主会场参会；部机关全体干部，部属单位基层党组织书记和中层以上干部在分会场参会。

发布时间
2019.10.31

生态环境部党组书记、部长李干杰在《中国纪检监察报》发表署名文章：加强党的领导　科学开展问责

问责是我们党管党治党的利器，是激励党员干部担当履责的重要举措。习近平总书记反复强调，有权必有责、有责要担当、失责必追究。中共中央新修订的《中国共产党问责条例》（以下简称《问责条例》），是充分运用党的十九大以来从严治党新鲜经验、与时俱进推进党的制度建设的又一重大成果，彰显了我们党不忘初心、牢记使命，推进全面从严治党向纵深发展的坚定决心。我们要认真学习领会，结合生态环境部门实际，切实抓好贯彻落实。

5　理论｜周刊　2019年10月31日　星期四　中国纪检监察报

学习贯彻《问责条例》

加强党的领导　科学开展问责

以实际行动践行"两个维护"

加快打造生态环境保护铁军

《中国纪检监察报》10月31日第5版

一、用好问责利器　以实际行动践行“两个维护”

坚决维护习近平总书记党中央的核心、全党的核心地位，坚决维护党中央权威和集中统一领导，是党的十八大以来我们党的重大政治成果和宝贵政治经验，是我们党最根本的政治纪律和政治规矩，是我们党在新时代革命性锻造中形成的普遍共识和共同意志。

新修订的《问责条例》把“两个维护”作为根本原则和首要任务，在第一条就强调立规目的是“为了坚持党的领导，加强党的建设，全面从严治党，保证党的路线方针政策和党中央重大决策部署贯彻落实”；指导思想明确了习近平新时代中国特色社会主义思想的指导地位，增加“增强‘四个意识’，坚定‘四个自信’，坚决维护习近平总书记党中央的核心、全党的核心地位，坚决维护党中央权威和集中统一领导”等内容；问责情形新增“在重大原则问题上未能同党中央保持一致，贯彻落实党的路线方针政策和执行党中央重大决策部署不力”等内容，并在“从重或者加重问责”情形中强调“对党中央、上级党组织三令五申的指示要求，不执行或者执行不力的”条目。这些修订对于督促各级党组织和党的领导干部深入贯彻习近平新时代中国特色社会主义思想、始终同党中央保持高度一致、坚决听从党中央号令、不折不扣地贯彻执行党的路线方针政策和党中央重大决策部署具有重要意义。

生态环境保护是一项业务性很强的政治工作，事关党对人民的庄严承诺，直接影响民心向背，影响党的执政根基。2017年7月，中共中央办公厅、国务院办公厅就甘肃省祁连山国家级自然保护区生态环境问题发出通报，甘肃省委、省政府以及包括3名省部级领导在内的多名党员领导干部被问责。分析此类事件，被问责的根本原因就是，有关党组织和领导干部落实习近平总书记重要批示指示精神不严肃、不认真、不担当，落实党中央关于生态文明建设的决策部署不坚决不彻底、搞变通打折扣。

我们要以此为镜鉴，全面贯彻习近平新时代中国特色社会主义思想和党的十九大精神，以党章为根本遵循，按照新修订的《问责条例》要求，坚持和加强党对问责工作的统一领导，进一步压实各级党委（党组）、纪委、党的工作机关开展问责工作的政治责任，推动各级党组织和党员干部不断增强思想自觉、政治自觉、行动自觉，始终同以习近平同志为核心的党中央保持高度一致，做到党中央提倡的坚决响应、党中央决定的坚决执行、党中央禁止的坚决不做，确保党的领导有力有效地体现到生态环境保护工作的各方面和全过程。

二、用好问责利器　不断夯实生态环境保护政治责任

生态环境是关系党的使命宗旨的重大政治问题，也是关系民生的重大社会问题。地方各级党委和政府要对本行政区域的生态环境保护工作及生态环境质量负总责，各相关部门要履行好生态环境保护职责，管发展的、管生产的、管行业的部门都要按照“一岗双责”的要求管好环保，这是党中央的明确要求。习近平总书记在2018年召开的全国生态环境保护大会上强调，对那些损害生态环境的领导干部，要真追责、敢追责、严追责，做到终身追责。

党的十八大以来，我们将生态环境质量只能更好、不能变坏作为地方党委和政府生态环境保护的责任底线，将生态环境保护主要目标指标层层分解，完善工作考核评价机制，加大责任追究力度，实行严格问责，全面落实地方党委和政府的生态环境保护责任。全面开展中央生态环境保护督察，紧盯党委和政府，既查不作为慢作为，又查乱作为滥作为，严肃追责问责。但由于生态环境损害责任追究是一项新的工作，各地对问责工作认识程度不完全一致，在问责

的组织形式、情节认定、条规适用上不尽统一，在问责具体把握上地区间差异较大。一些地方存在问责简单化、问责流于形式、问责不严肃不精准，甚至出现“应景”“顶包”问责的情况，影响了问责工作的政治效果、纪法效果和社会效果。

新修订的《问责条例》在问责原则中新增“权责一致、错责相当”“集体决定、分清责任”，规定“对党组织问责的，应当同时对该党组织中负有责任的领导班子成员进行问责”，要求党组织和党的领导干部不得向下级党组织和干部推卸责任，并增加对问责程序的具体规定，从启动、调查、报告、审批、实施等各个环节对问责工作予以全面规范。特别是明确问责对象申诉的权利及程序，规定对不应当问责、不精准问责的，及时予以纠正；对滥用问责或者在问责工作中严重不负责任的应当严肃追究责任。

我们要认真学习贯彻新修订的《问责条例》，进一步明确问责主体职责，规范生态环境损害责任追究工作，尤其是进一步规范蓝天保卫战量化问责、中央生态环境保护督察移交问责沟通和地方督察问责工作，着力防止问责不力和泛化简单化，依规依纪依法做到严肃问责、规范问责、精准问责、慎重问责，真正起到问责一个、警醒一片的作用，不断夯实各级地方党委、政府及其有关部门生态环境保护政治责任。

三、用好问责利器　加快打造生态环境保护铁军

建设一支政治强、本领高、作风硬、敢担当，特别能吃苦、特别能战斗、特别能奉献的生态环境保护铁军，这是习近平总书记在全国生态环境保护大会上提出的明确要求，也是打好打胜污染防治攻坚战这场硬仗、大仗、苦仗的现实需要。

当前生态环境系统全面从严治党工作形势依然严峻，一些重点领域和关键环节仍面临较大廉政风险，形式主义和官僚主义问题依然存在，违反中央八项规定及其实施细则精神的情况仍有发生。这些问题存在的背后，是有的部门和单位落实全面从严治党政治责任不到位，在党的建设方面仍然还存在宽松软的现象；有的基层纪检组织履行监督职责还不到位，不敢监督、不会监督的问题仍然存在。党的十八大以来生态环境部系统被查处的党员干部中，因履行全面从严治党主体责任、监督责任不到位受到处分的党员领导干部有22人次。

新修订的《问责条例》对问责对象进一步作出明确界定，“问责对象是党组织、党的领导干部，重点是党委（党组）、党的工作机关及其领导成员，纪委、纪委派驻（派出）机构及其领导成员”；针对党内存在的思想不纯、政治不纯、组织不纯、作风不纯等突出问题，将原条例中党的建设缺失情形进行拓展，对维护党的纪律不利等情形进行细化，具体明确为党的政治建设抓得不实、党的思想建设缺失、党的组织建设薄弱、党的作风建设松懈、党的纪律建设抓得不严，以及推进党风廉政建设和反腐败斗争不坚决不扎实等问责情形，给党组织和党员干部划出更为清晰可见的高压线，对履职尽责提出了更严格的要求。

我们要认真学习贯彻新修订的《问责条例》，牢固树立抓党建是本职、不抓党建是失职、抓不好党建是渎职的理念，按照党委（党组）切实履行全面从严治党主体责任、纪委履行监督专责、党的工作机关依据职能履行监督职责的要求，形成问责合力，推动全面从严治党向纵深发展，打造生态环境保护铁军。一方面，准确把握问责情形，坚持失责必问、问责必严，该是谁的责任就问谁的责任，该追究到哪一级的责任就追究到哪一级，该问到什么程度就问到什么程度，该采取什么问责方式就采取什么问责方式。另一方面，注重严管和厚爱结合、激励和约束并重，旗帜鲜明为敢干事、能干事的干部撑腰鼓劲，对影响期满、表现好的干部，符合条件的，按照干部选拔任用有关规定正常使用，努力营造生态环境保护铁军建设的良好氛围。

（来源：《中国纪检监察报》　　作者：生态环境部党组书记、部长　李干杰）

本月盘点

微博：本月发稿346条，阅读量37240846；

微信：本月发稿235条，阅读量830174。

- ◆ 生态环境部党组召开会议　传达学习党的十九届四中全会精神
- ◆ 全国工商联、生态环境部联合召开支持服务民营企业绿色发展交流推进会
- ◆ 第二十一次中日韩环境部长会议在日本举行

发布时间
2019.11.2

生态环境部党组召开会议　传达学习党的十九届四中全会精神

11月1日，生态环境部党组书记、部长李干杰在京主持召开部党组会议，传达学习党的十九届四中全会精神，对部系统做好全会精神学习贯彻落实工作做出部署。

会议认为，党的十九届四中全会是在庆祝新中国成立70周年之际、实现“两个一百年”奋斗目标历史交汇点召开的一次里程碑式的重要会议。全会专题研究坚持和完善中国特色社会主义制度、推进国家治理体系和治理能力现代化问题并作出决定，集中展现了党的十八大以来以习近平同志为核心的党中央在坚持和完善中国特色社会主义道路、制度和理论等方面取得的重大实践创新成果，突出党的领导这个最本质的特征和最大优势，抓住了国家治理体系的关键和根本，对决胜全面建成小康社会、开启全面建设社会主义现代化国家新征程，巩固党的执政地位、确保党和国家长治久安，具有重大而深远的意义。

会议指出，党的十九大以来，以习近平同志为核心的党中央把握国际国内形势变化，统筹党和国家工作全局，加强战略谋划，坚持稳中求进工作总基调，坚持统筹推进“五位一体”总体布局和协调推进“四个全面”战略布局，贯彻创新、协调、绿色、开放、共享的新发展理念，敢于攻坚克难，沉着应对国内外风险挑战明显增多的复杂局面，保持经济持续健康发展和社会和谐稳定，推动党和国家各项事业取得新的重大进展，充分展现了中国特色社会主义制度的显著优势和强大生命力。实践证明，我们党之所以能够不断取得新的伟大成就，最重要、最根本的就在于有习近平总书记这个核心和领袖领航掌舵，有习近平新时代中国特色社会主义思想的科学指引。

会议强调，全会审议通过的《中共中央关于坚持和完善中国特色社会主义制度、推进国家治理体系和治理能力现代化若干重大问题的决定》（以下简称《决定》），全面系统阐述了坚持和完善中国特色社会主义制度、推进国家治理体系和治理能力现代化的重大意义、总体要求、总体目标，对坚持和完善13个方面的制度体系作出部署，全面回答了在我国国家制度和国家治理体系上应该坚持和巩固什么、完善和发展什么这个重大政治问题，是完善和发展我国国家制度和治理体系的纲领性文件。《决定》对生态文明建设和生态环境保护也提出了新的更高要求，从实行最严格的生态环境保护制度、全面建立资源高效利用制度、健全生态保护和修复制度、严明生态环境保护责任制度四个方面，对建立和完善生态文明制度体系、促进人与自然和谐共生作出安排部署，进一步明确了生态文明建设和生态环境保护最需要坚持与落实的制度、最需要建立与完善的制度，为我们加快健全以生态环境治理体系和治理能力现代化为保障的生态文明制度体系提供了行动指南和根本遵循。

会议要求，生态环境部系统各级党组织和广大党员干部要进一步增强“四个意识”，坚定“四个自信”，做到“两个维护”，把学习贯彻落实习近平总书记在党的十九届四中全会上的重要讲话和全会精神，作为当前和今后一个时期的一项重大政治任务和重要政治责任认真抓紧抓实抓好。要根据《决定》要求，坚持和完善生态文明制度体系，抓紧研究制定生态环境领域国家治理体系和治理能力现代化的总体目标、体系架构和重点任务，大力推进生态环境保护和生态文明建设，为建设美丽中国、实现人民对美好生活的向往作出新的更大贡献。

会议还研究了其他事项。

生态环境部党组成员、副部长翟青、刘华，中央纪委国家监委驻生态环境部纪检监察组组长吴海英，部党组成员、副部长庄国泰出席会议。

生态环境部副部长黄润秋列席会议。

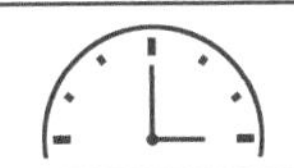

发布时间
2019.11.4

生态环境部部长出席空气污染与气候变化国际论坛

2019年11月4日，由韩国国家气候和空气质量委员会和联合国亚太经济与社会理事会联合主办的空气污染与气候变化国际论坛在韩国首尔召开。生态环境部部长李干杰应邀出席论坛并做主旨发言。

李干杰指出，空气污染、全球气候变化是当今世界面临的突出生态环境问

题。中国政府高度重视大气污染防治工作，特别是党的十八大以来，把解决大气污染问题作为改善民生的优先领域，将打赢蓝天保卫战作为重中之重，以前所未有的决心和力度向污染宣战。通过不断完善顶层设计、调整优化结构布局、持续加强联防联控和科技支撑、大力强化督察执法和公众参与等措施，近年来，中国大气污染防治工作取得显著成效，空气质量持续改善。在应对气候变化方面，中国始终坚定维护多边主义，坚持“共同但有区别的责任”原则、公平原则、各自能力原则和“国家自主决定”的制度安排，实施积极应对气候变化国家战略，走绿色、低碳、可持续发展之路，推进碳排放权交易市场建设，应对气候变化取得明显成效。

李干杰强调，中国一直秉承开放、合作、透明的态度，全方位积极参与生态环境领域国际合作交流。面向未来，中方将把治理大气污染、应对气候变化持续推进下去，并在做好国内相关工作的同时，不断加强与各国的合作交流，一是通过协商、对话交流促进达成共识，推进相关合作顺利开展；二是加快推动大气污染防治和应对气候变化措施的融合融入、协同增效，统筹整合不同合作机制下的相似活动；三是分享实践经验，交流互鉴，共同提高环境治理能力。

出席论坛期间，李干杰还分别与韩国国务总理李洛渊、韩国国家气候和空气质量委员会委员长潘基文进行会谈，就深化中韩环境合作交换意见，并就加强大气环境污染治理合作、共享最佳实践等进行了交流。

本次论坛旨在推动建立最佳实践共享伙伴关系，加强区域和国际合作，共同应对空气污染和气候变化。蒙古自然环境与旅游部部长策仁巴特，绿色气候基金、全球绿色发展署等国际机构高级代表参加论坛。

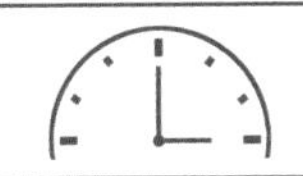

发布时间
2019.11.4

首次中韩环境部长年度工作会晤在韩国首尔举行

2019年11月4日，中韩两国环境部长首次年度工作会晤在韩国首尔举行。生态环境部部长李干杰和韩国环境部部长赵明来分别率团出席会议。

李干杰表示，此次中韩环境部长年度工作会晤标志着两国在生态环境领域正式启动部长级合作机制。今年以来，在双方的共同努力下，环境合作达成了多项

共识，取得了务实成果，进展令人满意。

李干杰指出，中方高度重视与韩方在大气领域的合作，启动“晴天计划”项目，通过政策和技术交流、联合研究、技术产业化等合作形式，不断深化务实合作，希望双方本着科学、客观的态度，继续精诚合作，共同推动两国环境空气质量改善。他强调，中韩环境合作中心是为两国合作提供支持的重要机构，应充分发挥中心作用，切实落实《中韩环境合作规划（2018—2022）》，为两国共同关注的生态环境问题提供解决方案。要加强双方在土壤、水环境治理、废物处理等其他领域的务实合作，推动两国生态环境合作迈上新台阶。

赵明来对中国在生态环境保护领域采取的有力措施以及开展的中韩环境合作表示赞赏，并向李干杰介绍了韩国近年来在大气环境治理等领域的工作进展。赵明来提出，希望进一步加强与生态环境部在中韩大气污染防治方面的合作，并发挥中韩环境合作中心作用。

双方还就生物多样性保护、海洋环境保护等议题进行了交流。

会前，两国环境部长共同签署了中韩环境合作项目《“晴天计划”实施方案》。

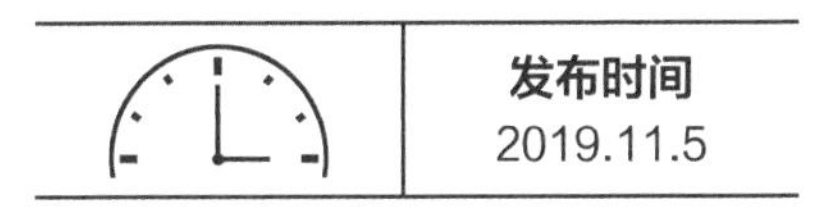

重点区域强化监督帮扶打击劣质柴油取得明显成效 排查发现问题已向相关地市政府交办

2018年6月27日，国务院印发《打赢蓝天保卫战三年行动计划》，要求柴油货车污染排放总量明显下降。同年12月30日，生态环境部、国家发展和改革委等11部委印发《柴油货车污染治理攻坚战行动计划》，要求各地组织开展清洁油品行动，清除无证无照经营的黑加油站点、流动加油罐车，抽检油品质量，严厉打击生产、销售、储存和使用不合格油品行为。

2019年5月开始，生态环境部会同市场监管总局、公安部、商务部，在京津冀及周边“2+26”城市以及秦皇岛、承德、张家口共31个城市258个县区开展清洁车用油品强化监督定点帮扶工作，采取“查黑—测油—溯源”方式，严查无证无照及证照不全违法加油站点（以下简称黑加油站点），抽检合规加油站柴油质量（检测硫含量），追溯不合格油品来源，工作取得明显成效。

日前，生态环境部执法局有关负责人介绍了此项工作的相关情况。

一、部分地区黑加油站点问题突出

重点区域清洁车用油品强化监督定点帮扶共排查发现1466个黑加油站点。其中，各地按要求已清理取缔905个，此次排查仍然发现561个黑加油站点（固定加油站点428个、流动加油罐车133个）。从排查情况来看，河北省黑加油站点问题较为突出，11个城市均发现了黑加油站点问题，且数量最多，占黑加油站点排量总数的40%。

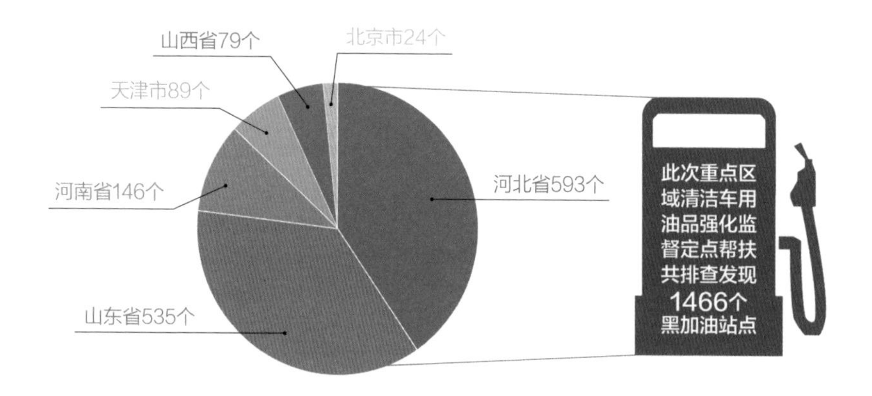

地方已取缔的905个黑加油站点中，山东省取缔黑加油站点数量占取缔总数的48%，河北省占比29%、河南省占比9%、山西省占比7%、天津市占比7%。

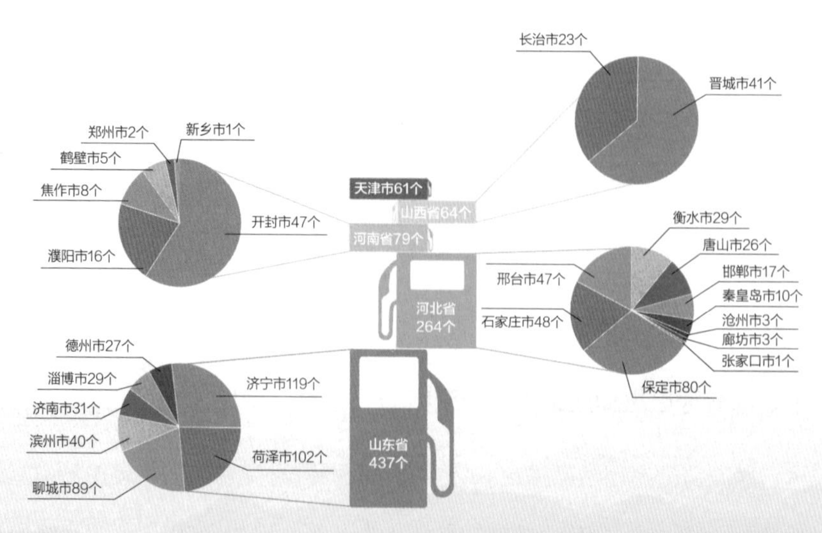

已被取缔的905个黑加油站点

此次排查发现的561个黑加油站点呈现以下特点：

（1）黑加油站点区域分布相对集中。561个黑加油站点中，河北省共329个（数量最多）、山东省98个、河南省67个、天津市28个、北京市24个、山西省15个。具体城市中，河北省邢台市黑加油站点多达92个，其石家庄市、张家口市、邯郸市、沧州市和河南省开封市、山东省菏泽市都有20个以上。北京市丰台区、天津市蓟州区、石家庄市辛集市、邯郸市成安县、承德市宽城县、济南市长清区、开封市通许县黑加油站点数量占所在城市总数的近50%。

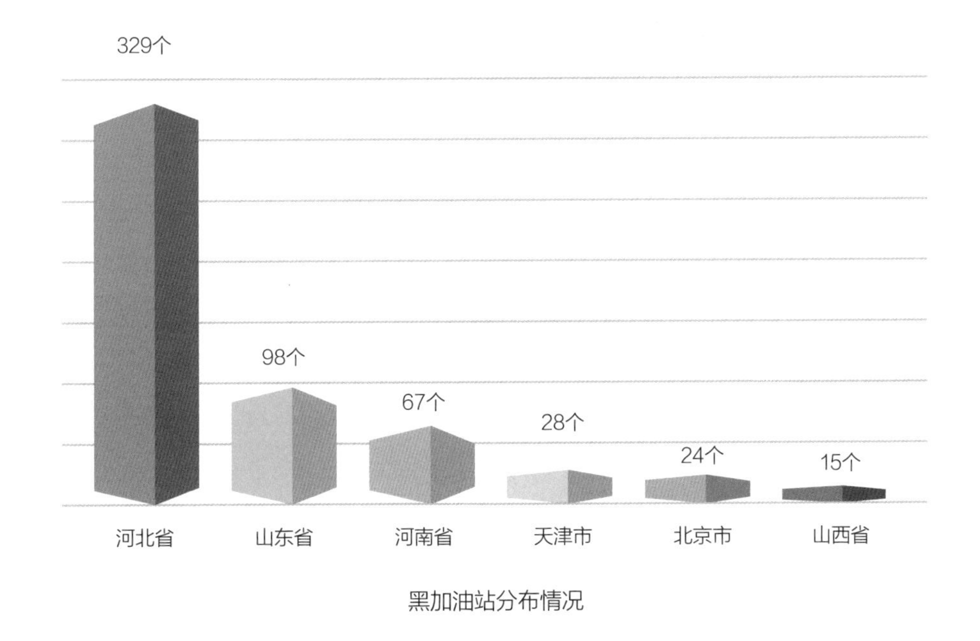

黑加油站分布情况

（2）黑加油站点无证无照问题较为突出。此次发现的561个黑加油站点中，399个黑加油站点无任何证照，占比达71%，还有133个黑加油站点的危险化学品经营许可证、成品油零售经营许可证、营业执照等证照不全，24个黑加油站点的证照过期，5个黑加油站点的证照名称不符。

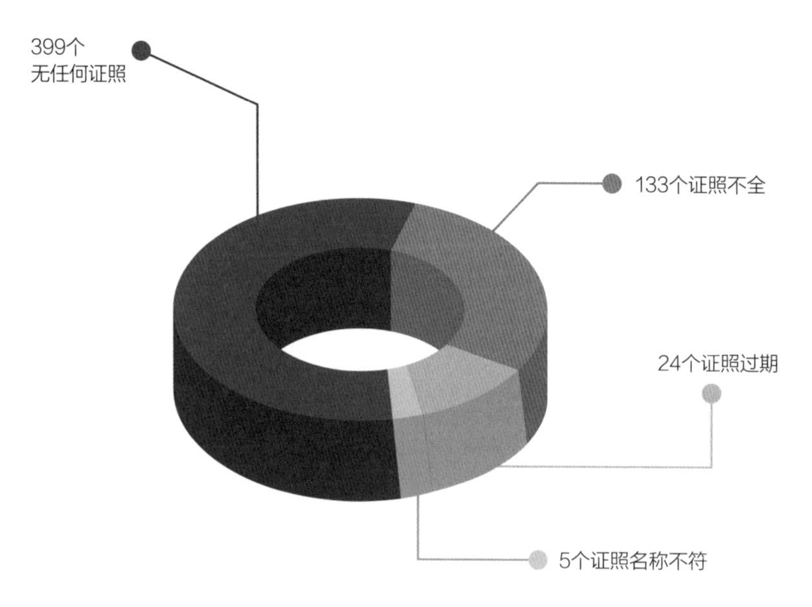

561个黑加油站点中的问题类型

（3）**黑加油站点隐蔽性、流动性强。**“虽然地方已经开展了打击黑加油站点相关工作，但是此次重点区域清洁车用油品强化监督定点帮扶工作还是发现了不少问题。”生态环境部执法局有关负责人介绍道。此次排查发现，黑加油站点往往隐藏在居民院、停车场或货运场内。有的设备藏匿于地下，还有的将加油罐车伪装成救援车、洒水车、搬家货车等，隐蔽性、流动性强，打击黑加油站点形势相当严峻。

二、合规加油站柴油硫含量超标问题严重

除了对黑加油站点的打击，合规加油站油品抽检是此项工作的另一个重点。

生态环境部执法局有关负责人介绍，通过对11769个合规加油站进行抽检，共采集19552份柴油样品。经抽检和复检，发现644个合规加油站的873份柴油样

品硫含量超标，超标加油站数量占加油站总数的5.5%，不合格样品占抽检样品总数的4.5%。

值得注意的是，抽检发现存在超标问题样品平均超标25倍，其中55个超标100倍以上，最高的为沧州市黄骅市南排河镇歧口津海加油站，超标902倍。

图左为合格柴油样品，右为沧州市黄骅市南排河镇歧口津海加油站超标902倍柴油样品

从超标加油站省际分布情况来看，河北省有560个，占超标加油站总数的87%，山东省48个、河南省22个、山西省8个、天津市5个、北京市1个；从城市分布情况看，河北省张家口市、秦皇岛市超标加油站比例最高，约为20%。

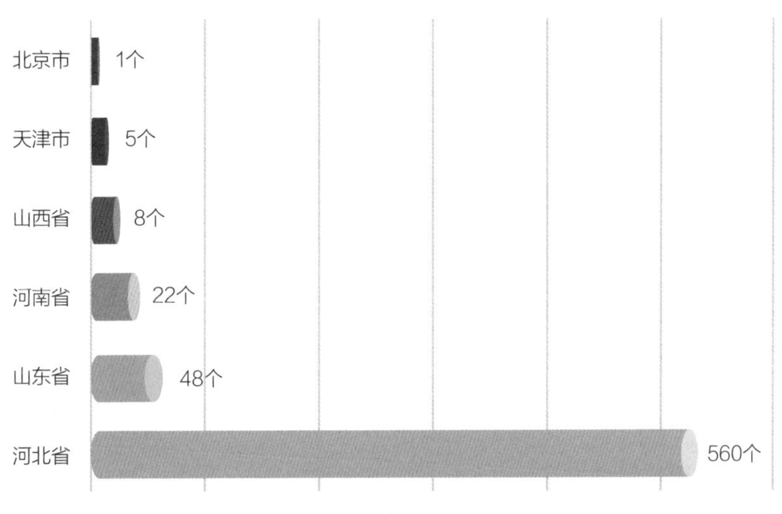

超标加油站分布情况

经过对超标加油站不合格柴油油品来源的初步调查，涉及9个省（市），共41个城市、194个企业（个人）。

“这个过程中，石家庄、唐山、张家口、秦皇岛等城市的146个加油站在复检时弄虚作假，擅自更换备用样品，性质恶劣。”生态环境部执法局有关负责人介绍，还有112个加油站涉嫌在溯源调查时提供虚假发票和台账，部分加油站利用其他合格油品发票和合格检测报告应付检查。

三、完善工作机制确保取得实效

《柴油货车污染治理攻坚战行动计划》印发以来，全国多地开展了专项治理行动，严厉打击黑加油站点和生产、销售不合格油品行为。为何违法生产销售不合格油品的行为却屡打不尽、屡禁不止？

强化监督定点帮扶工作组人员介绍，这主要是由于劣质油品价格远低于合格油品价格，往往能带来高额利润，现场发现黑加油站点每升劣质油品比合格油品便宜1～2元，部分黑加油站点月收入可达几十万元。

使用劣质油品不仅严重扰乱了市场秩序，其燃烧排放后还会带来严重的空气污染问题。

中国环境科学研究院机动车排污监控中心近年来对柴油货车油箱内的油品开展抽检发现，柴油货车油箱中油品的合格率仅为60%，使用不合格油品现象相当普遍，车辆实际排放状况不容乐观。中国环境科学研究院机动车排污监控中心相关负责人介绍，国四柴油车如果使用国一水平柴油，氮氧化物排放量将增加50%以上，颗粒物排放量增加80%以上。同时高硫劣质油会导致机动车尾气后处理系统“中毒”，大幅降低车辆污染控制装置的净化效率，也会造成机动车污染物排放量迅速增加。

目前，生态环境部、市场监管总局、商务部已联合发函，将超标加油站和不合格柴油油品来源线索向相关地市人民政府发函交办。生态环境部已将黑加油站点问题向地市人民政府发函交办，并将黑加油站点相关情况及时函告相关职能部门指导地方查处。各地已对黑加油站点和油品超标加油站处以罚款3610.3万元，其中，289个加油站被责令停业整顿，279个加油站被查封扣押。

据了解，该项工作给合规达标加油站带来了明显好处和效益。针对合规达标加油站的抽调结果显示，2019年5—8月柴油销售量较4月均呈现较大幅度增长，平均增长率为11.3%。发现问题较多的石家庄、邢台、张家口、邯郸、开封、菏泽6个城市平均增长率为33.2%，其中，黑加油站点数量最多的邢台市增长了39.1%。

下一步，生态环境部将充分发挥强化监督定点帮扶工作机制优势，对排查发现的问题拉条挂账，逐一核查地方查处整改情况，保持高压态势，巩固行动成效。对交办问题查处不力、整改不到位、问题出现反弹的地方纳入中央生态环境保护专项督察，严肃追责问责。

同时，生态环境部将联合公安部、交通运输部、商务部、市场监管总局等部门，通过持续加强强化监督定点帮扶工作力度，督促指导地方开展好专项行动，并建立完善信息通报、联合调查、联合处罚、联合惩戒等工作机制，确保全国清洁油品行动取得实效。

“我们也鼓励公众通过‘12369’、‘12315’和‘12312’平台举报黑加油站点和生产、销售不合格油品的问题。”生态环境部有关负责人表示。

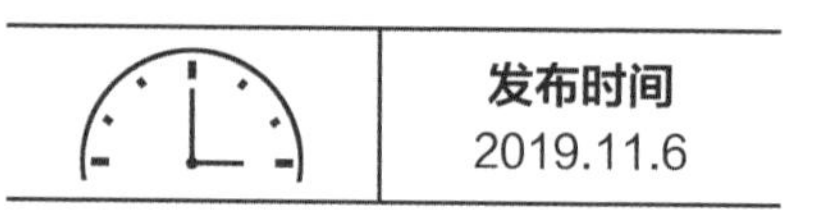

发布时间
2019.11.6

生态环境部深入推进“对群众反映强烈的生态环境问题平时不作为、急时‘一刀切’问题”专项整治工作

11月5日，生态环境部组织召开“对群众反映强烈的生态环境问题平时不作为、急时‘一刀切’问题”专项整治工作视频会议。生态环境部副部长、党组成员、部机关党委书记翟青主持会议并讲话，驻生态环境部纪检监察组副组长陈春江在会上提出工作要求。各省（区、市）生态环境保护厅（局）、中央生态环境保护督察办公室、环境应急与事故调查中心、生态环境部各区域督察局主要负责同志及有关人员参加了会议。

会议强调，要深入学习贯彻习近平新时代中国特色社会主义思想，增强“四个意识”、坚定“四个自信”、做到“两个维护”，切实把抓好专项整治作为一项重要政治任务，按照中央纪委国家监委专项整治工作部署要求，进一步统一思想、提高认识、压实责任，通过再推进、再用力、再深入，确保在第二批主题教育期间再取得一批可检验、可评判、可感知的成效。

会议指出，通过开展专项整治工作，各地在推动解决群众身边的生态环境问题、坚决查处环保“一刀切”问题等方面做了大量扎实有效的工作，专项整治工作整体态势良好，取得了阶段性成果。但也存在问题和不足，一是思想认识还不够到位，一些地方没有从政治上、大局上来认识和推动专项整治工作；二是重视程度还不够，在推进专项整治中，一些地方工作力度还有待加强；三是问题底数还不够清楚，有些生态环境问题较多的地市，竟然没有报送一件需要检视整改的群众举报问题；四是工作力度还不够平衡，多数地方都下了工夫并取得明显成效，但也有少数地方还处在起步阶段。

会议明确，要针对存在的问题和不足持续开展专项整治工作，确保取得实实在在的效果。一是思想上再提升。认真学习领会习近平总书记关于“不忘初心、牢记使命”主题教育和专项整治工作的重要批示指示精神，进一步提高政治站位。各地生态环境部门主要负责同志要亲自研究、亲自推动，亲自调度，坚决防止形式主义、官僚主义。二是工作上再加力。距离第二批主题教育结束只剩下不足一个月的时间，要在有限的时间内实现既定目标任务、赢得人民群众的认可，必须再发力、再加力。三是效果上再突出。要防止纸上整改、虚假整改，要以钉钉子精神紧盯工作实效，生态环境部将对各地专项整治情况开展重点抽查盯办，各地也要加强督办落实，聚焦重点、倒排工期、对账销号，并坚决遏制环保“一刀切”。

会议要求，生态环境部有关部门和各地要进一步提高政治站位，增强工作责任感；要找准薄弱环节，聚焦突出问题；要发扬斗争精神，强化责任落实。各级党组织要落实好主体责任，主要负责人要担负起第一责任人职责，纪检监察部门要承担起政治监督职责，督察办要履职尽责、守土有责。要对标对表党中央和中央纪委国家监委要求，集中力量打一场攻坚战、歼灭战，推进专项整治工作按期限、高质量地完成。

会上，江苏、山东、湖北、广东、贵州五省生态环境厅负责同志还就推进专项整治工作做了交流发言。

五省发言材料

发布时间
2019.11.6

生态环境部部长会见法国生态与团结化转型部部长

11月6日，生态环境部部长李干杰在京会见了法国生态与团结化转型部部长伊丽莎白·博尔内，双方就深化应对气候变化和生物多样性保护等领域的合作进行了交流。

李干杰首先代表生态环境部对博尔内一行的来访表示欢迎，祝贺博尔内担任

法国生态与团结化转型部部长，并介绍了中国生态环境保护工作进展。李干杰说，习近平主席和马克龙总统高度重视中法生态环境领域合作。2018年“中法环境年”启动，双方共同举行了多项生态环保对话交流活动。2019年3月，两国发表联合声明，提出在加强应对气候变化、生物多样性保护等领域开展合作。希望双方切实推动相关领域各层面的政策对话和务实合作，为保护两国生态环境、落实《2030年可持续发展议程》作出新的贡献。

李干杰强调，中国是气候多边进程的坚定支持者和积极参与者，赞赏法方对全球合作应对气候变化的信心和决心，愿与法方在内的各方共同努力，全力支持以公开透明、协商一致、缔约方驱动的方式，推动《联合国气候变化框架公约》第25次缔约方大会取得成功，为《巴黎协定》全面有效实施奠定坚实基础。

李干杰指出，《生物多样性公约》第15次缔约方大会（COP15）将于2020年在中国昆明举办，中国将认真履行东道国义务，全力做好各项筹备工作，确保办成一届圆满成功的缔约方大会，为全球生物多样性保护和可持续发展贡献中国智慧和力量。中方欢迎法方为COP15的成功举办提供支持与帮助。

博尔内对中国在应对气候变化和生物多样性保护方面采取的有力措施表示赞赏。她表示，法方愿与中方一道，推进务实合作，共同为两国和全球的生态环境保护作出贡献，并衷心祝愿2020年COP15取得圆满成功。

会见期间，李干杰与博尔内还就进一步加强中法核安全领域合作进行了交流，共同见证了生态环境部核与辐射安全中心与法国核安全与辐射防护研究院签署合作谅解备忘录。

生态环境部工作组赴宁夏中卫调查沙漠污染问题

近日，有媒体报道宁夏回族自治区中卫市“腾格里沙漠边缘再现大面积污染物”。获知情况后，生态环境部高度重视，目前已派出工作组赶赴事发现场，对问题进行调查核实，并将及时向社会公布调查结果。

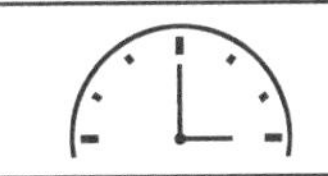

发布时间
2019.11.12

《长三角地区2019—2020年秋冬季大气污染综合治理攻坚行动方案》印发实施

为落实《打赢蓝天保卫战三年行动计划》“开展重点区域秋冬季攻坚行动”任务要求，近日，生态环境部会同有关部门和相关省（市）政府联合印发《长三角地区2019—2020年秋冬季大气污染综合治理攻坚行动方案》（以下简称《方案》）。

长三角地区包括上海市、江苏省、浙江省、安徽省，共41个地级及以上城市，面积35万平方千米。区域结构性污染问题突出，钢铁、化工等重化产业集中，挥发性有机物（VOCs）重点行业企业数量众多；煤炭消费量居高不下，生物质锅炉保有量大；公路运输比例高，柴油车和船舶污染问题突出。虽然近年来长三角地区环境空气质量总体持续改善，但改善成效还不稳固，季节性差异明显，秋冬季期间大气环境形势依然严峻，$PM_{2.5}$平均浓度是其他季节的1.8倍左右，重污染天数占全年90%以上，空气质量整体改善的关键在秋冬季。

《方案》是针对长三角地区大气污染特征和当前完成三年行动计划目标形势制定的。总体思路是坚持稳中求进总基调，聚焦影响秋冬季区域环境空气质量的主要矛盾和关键问题，强调依法依规、精准科学施策，推动产业结构、能源结构、运输结构和用地结构调整优化，有效应对重污染天气，强化标本兼治，同时加强组织保障，严格监督执法，确保责任落实。

《方案》在确定各城市2019—2020年秋冬季（2019年10月1日—2020年3月31日）环境空气质量改善目标时，既考虑与打赢蓝天保卫战目标相衔接，又充分考虑各地工作实际和可操作性，污染重的城市多削减，改善幅度小的城市多削减，重点城市多削减，$PM_{2.5}$年均浓度达标的城市不设置空气质量改善目标。长三角地区2019—2020年秋冬季目标为$PM_{2.5}$平均浓度同比下降2%，重度及以上污染天数同比减少2%。

《方案》根据长三角地区大气污染特征，提出针对性攻坚措施：

一是深入落实各地已出台的化工、钢铁等产业结构调整任务，加大化工园区治理力度；提升VOCs 综合治理水平，大力推进低VOCs含量涂料、油墨、胶粘剂源头替代，全面加强有组织、无组织排放治理。

二是严格控制煤炭消费总量，强化新建耗煤项目煤炭减量替代，着力削减非电用煤；全面开展生物质锅炉整治，对生物质锅炉逐一开展环保检查，建立管理台账，对不能稳定达标排放的依法实施停产整治。

三是大力推进长三角互联互通综合交通体系建设，加快实施“公转铁”、铁水联运、水水中转、江海直达等多式联运项目，推进重点港区港口集疏运铁路建设；加快推进老旧车船淘汰，大力推动20年以上的内河船舶淘汰；加大柴油车和车用油品监管力度。

生态环境部将按照党中央、国务院部署，联合有关部门和地方扎实推进长三角地区2019—2020年秋冬季大气污染综合治理攻坚行动各项任务措施落地见效，为坚决打赢蓝天保卫战、全面建成小康社会奠定坚实基础。

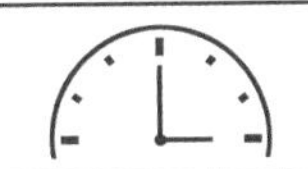

发布时间
2019.11.12

《汾渭平原2019—2020年秋冬季大气污染综合治理攻坚行动方案》印发实施

为落实《打赢蓝天保卫战三年行动计划》"开展重点区域秋冬季攻坚行动"任务要求，近日，生态环境部会同有关部门和相关省人民政府联合印发《汾渭平原2019—2020年秋冬季大气污染综合治理攻坚行动方案》（以下简称《方案》）。

汾渭平原包括山西省晋中市、运城市、临汾市、吕梁市，河南省洛阳市、三门峡市，陕西省西安市、铜川市、宝鸡市、咸阳市、渭南市以及杨凌示范区（含陕西省西咸新区、韩城市），面积约15万平方千米。区域结构性污染问题突出，产业结构偏重，煤炭、焦炭等占比较大，工业排放量大，污染治理水平亟待提高；能源结构以煤为主，清洁化利用水平偏低，燃煤污染特征明显，生活和冬季取暖散煤污染影响突出，环境空气二氧化硫浓度是全国的1.7倍；煤炭、焦炭等大宗货物以公路运输为主，过境车辆排放量大，机动车排放污染问题突出。2018年，汾渭平原$PM_{2.5}$浓度58微克/米^3，与京津冀及周边地区基本相当，较2015年下降4.9%，下降幅度远低于其他区域。特别是秋冬季期间，$PM_{2.5}$平均浓度是其他季节的2倍左右，重污染天气频发，重污染天数占全年90%以上，是人民群众的"心肺之患"，抓好秋冬季污染治理，就抓住了区域大气污染防治工作的"牛鼻子”。

《方案》是针对汾渭平原大气污染特征和当前完成三年行动计划目标形势制定的。总体思路是坚持稳中求进总基调，聚焦影响秋冬季区域环境空气质量的主要矛盾和关键问题，强调依法依规、精准科学施策，推动产业结构、能源结构、运输结构和用地结构调整优化，有效应对重污染天气，强化标本兼治，同时加强组织保障，严格监督执法，确保责任落实。

《方案》在确定各城市2019—2020年秋冬季（2019年10月1日—2020年3月31日）环境空气质量改善目标时，既考虑与打赢蓝天保卫战目标相衔接，又充分考虑各地工作实际和可操作性，污染重的城市多削减，改善幅度小的城市多削减，重点城市多削减。汾渭平原2019—2020年秋冬季目标为$PM_{2.5}$平均浓度同比下降3%，重度及以上污染天数同比减少3%。

《方案》根据汾渭平原大气污染特征，提出针对性攻坚措施：

一是推动焦化行业结构升级，加快推进炉龄较长、炉况较差的炭化室高度4.3米焦炉压减工作；实施煤炭洗选企业专项整治，关停、整合一批，深度治理一批。

二是在保证温暖过冬的前提下，集中资源大力推进散煤治理，2019年采暖季前完成散煤治理198万户；采取综合措施，防止已完成替代地区散煤复烧，对已完成清洁取暖改造的地区，地方人民政府应依法划定为高污染燃料禁燃区，并制定实施相关配套政策措施。

三是加快推进煤炭、焦炭运输“公转铁”，山西省全面推进重点煤矿企业接入铁路专用线。

生态环境部将按照党中央、国务院部署，联合有关部门和地方扎实推进汾渭平原2019—2020年秋冬季大气污染综合治理攻坚行动各项任务措施落地见效，为坚决打赢蓝天保卫战、全面建成小康社会奠定坚实基础。

发布时间
2019.11.13

生态环境部在巴黎第二届和平论坛期间举办生物多样性保护圆桌会议

第二届巴黎和平论坛于2019年11月11—13日在法国巴黎召开，来自30多个国家以及100多个相关国际组织的6000余名代表参加了论坛。11月12日下午，生态环境部主办主题为“《生物多样性公约》第15次缔约方大会（COP15）——生物

多样性最后的机会”圆桌会议，COP15筹备工作执行委员会主任、生态环境部副部长黄润秋出席圆桌会。与会嘉宾围绕“COP15筹备”和“2020年后全球生物多样性框架的制定和执行”等议题展开讨论，并与现场观众问答互动。

生态环境部有关负责同志表示，COP15是联合国《生物多样性公约》履约进程中一届具有里程碑意义的大会，将为未来十年生物多样性保护工作描绘新蓝图，也将努力推动各利益相关方重视并强化框架执行。作为东道国，中国衷心感谢国际社会对COP15的关心和高度期待，愿积极配合《生物多样性公约》秘书处，充分考虑不同发展程度缔约方的关切，协调各利益相关方，推动达成一个兼具雄心与现实的框架。

生态环境部有关负责同志还表示，自2018年中法环境年启动以来，双方高层政治力量不断推进生物多样性保护领域的深度合作，为COP15的筹备注入强大动力。中国愿认真学习借鉴法国举办第21届联合国气候变化大会的成功经验，努力举办一届圆满成功的缔约方大会。

论坛期间，生态环境部还举办了主题为“生态文明——共建地球生命共同体”的展览。

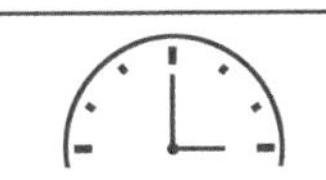

发布时间
2019.11.14

生态环境部命名第三批国家生态文明建设示范市县

为贯彻习近平生态文明思想，落实党中央、国务院关于加快推进生态文明建设的决策部署，全国各地积极创建国家生态文明建设示范市县。经审核，北京市密云区等84个市县达到考核要求，生态环境部决定授予其第三批国家生态文明建设示范市县称号，现予公告（名单附后）。

生态环境部

2019年11月13日

点击查看

第三批国家生态文明建设示范市县名单（84个）

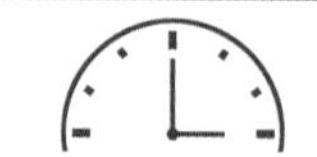

发布时间
2019.11.14

生态环境部命名第三批“绿水青山就是金山银山”实践创新基地

为深入贯彻习近平生态文明思想，各地积极探索“绿水青山就是金山银山”的有效转化路径。经审核，生态环境部决定命名北京市门头沟区等23个地区为第三批“绿水青山就是金山银山”实践创新基地，现予公告（名单附后）。

生态环境部

2019年11月13日

第三批“绿水青山就是金山银山”实践创新基地名单（23个）

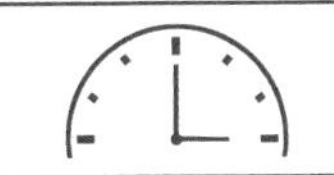

发布时间
2019.11.15

2019年辐射安全监管工作座谈会在京召开

11月14日至15日，生态环境部（国家核安全局）2019年辐射安全监管工作座谈会在北京召开。生态环境部副部长、国家核安全局局长刘华出席会议并讲话。辐射源安全监管司、核设施安全监管司负责人分别介绍2019年辐射安全监管和综合保障方面的工作情况，上海市、广东省就各自辐射安全监管经验作典型发言。

会议指出，全系统要严格落实党中央“不忘初心、牢记使命”主题教育的要求，要讲政治、守使命、勇担当，争做污染防治攻坚战的排头兵；要提高标准找差距，切实改进工作作风和精神风貌；要以身作则带队伍，优化机制选人才，全面提升技术能力和业务水平。

会议要求，全系统要明确目标、狠抓落实，一要持续加强体制机制建设；二要按时完成放废库安保升级和高风险源实时监控任务；三要做好经验反馈，不断优化核技术利用监管；四要充分利用伴生放射性矿普查成果；五要努力破解涉核项目邻避问题；六要规范放射性物品运输活动中的监督；七要进一步提升监测应急基础能力。

参会代表围绕开展辐射安全与防护培训改革等议题，深入分析讨论，形成了有益的意见和建议。生态环境部相关司局、各地区核与辐射安全监督站和技术支持单位、各省（区、市）生态环境保护主管部门、解放军有关单位相关负责人出席了会议。

发布时间
2019.11.15

全国工商联、生态环境部联合召开支持服务民营企业绿色发展交流推进会

11月15日，全国工商联、生态环境部在河南省郑州市联合召开支持服务民营企业绿色发展交流推进会，深入学习贯彻党的十九届四中全会精神，贯彻落实习近平生态文明思想，进一步推动落实两部门联合印发的关于支持服务民营企业绿色发展的意见，合力打好污染防治攻坚战，协同推进经济高质量发展和生态环境高水平保护。中央统战部副部长，全国工商联党组书记、常务副主席徐乐江，生态环境部党组书记、部长李干杰出席会议并讲话。河南省委常委、常务副省长黄强出席会议并致辞。

徐乐江在讲话中指出，党的十九届四中全会通过的《中共中央关于坚持和完善中国特色社会主义制度、推进国家治理体系和治理能力现代化若干重大问题的决定》，对新时代坚持

和完善中国特色社会主义制度、推进国家治理体系和治理能力现代化作出了科学完备的顶层新设计，为工商联做好新时代"两个健康"提供了战略指引，对提升生态环境治理体系和治理能力现代化水平作出了明确部署。工商联作为党领导的人民团体和商会组织，必须树牢"四个意识"，坚定"四个自信"，做到"两个维护"，认真学习贯彻党的十九届四中全会精神，把组织引导民营企业助力打好污染防治攻坚战作为重大政治任务，作为开创"两个健康"新局面的重要举措，创新思路、深化改革、强化服务，在这场必须打好的攻坚战中展现历史担当，做出应有贡献。

徐乐江强调，各级工商联要以习近平生态文明思想为指导，加强教育引导，强化企业绿色发展理念，守好生态保护红线、环境质量底线、资源利用上线。加强支持服务，落实与中国民生银行战略合作协议，推进绿色金融支持民营企业绿色发展。鼓励支持民营企业在长江经济带发展、黄河流域生态保护和高质量发展等重大国家战略任务中发挥积极作用。要与"万企帮万村"、乡村振兴工作统筹推进，组织引导民营企业参与农村环境治理，帮助改善农村人居环境。京津冀及周边地区、长三角、汾渭平原等省份工商联要引导企业通过超低排放、深度治理等环保改造手段，积极参与蓝天保卫战。

徐乐江要求，各级工商联要明确助力打好污染防治攻坚战工作的分管领导和责任处室，压实责任。要推行民营企业社会责任报告环境责任专项评价制度，增强绿色标杆引领示范效应。鼓励各省工商联发挥基层创新创造的主动性，努力创新组织民营企业参与污染防治的工作手段。充分调动商会力量，加强行业自律，发挥好商会参与污染防治的重要作用。各地工商联和生态环境部门要尽快建立完善合作机制，加强信息共享，积极开展联合调查研究、教育培训、宣传推广，共同支持服务民营企业绿色发展。

李干杰指出，党的十九届四中全会重点研究坚持和完善中国特色社会主义制度、推进国家治理体系和治理能力现代化问题并作出决定，具有开创性、里程碑意义。全会对坚持和完善社会主义基本经济制度、坚持和完善生态文明制度体系提出明确要求，为我们做好有关工作提供了方向指引和重要遵循。各级生态环境部门要增强“四个意识”，坚定“四个自信”，做到“两个维护”，切实把思想和行动统一到全会精神上来，大力支持服务民营企业绿色发展，坚决打好打胜污染防治攻坚战，推动生态环境保护事业和非公有制经济共同发展。民营企业作为推动绿色发展的重要力量、绿色技术创新的主力军、污染物减排的重要贡献者、践行绿色发展理念的受益者，在打好污染防治攻坚战中发挥了积极作用并还将有更大作为。

李干杰强调，近年来，生态环境部门将服务民营企业绿色发展作为打好污染防治攻坚战的重要内容，严格监管与优化服务并重，引导激励与约束惩戒并举，持续加大工作力度，出台一系列政策文件，着力推进依法依规监管、减少审批许可、加强帮扶指导、完善环境政策、倾听企业诉求等重点举措，在营造公平环境、释放发展活力、提供技术服务、稳定信心预期等方面取得积极进展和成效。不少地方探索创新支持服务民营企业绿色发展的方式方法，生态环境部门与工商联的合作取得丰富成果。这些工作既积极促进了民营经济健康发展，为做好“六稳”工作提供了助力，也为推动生态环境质量改善发挥了重要作用。

李干杰要求，各级生态环境部门要深入学习贯彻党的十九届四中全会精神，贯彻落实习近平生态文明思想和习近平总书记在民营企业座谈会上的重要讲话精神，以更加热情的服务和更加有力的举措，鼓励、支持、引导民营企业绿色发展，合力打好污染防治攻坚战。要强化政治责任，加强组织领导，将支持服务民营企业绿色发展作为政治任务，摆在更加重要的位置，推动相关政策举措落到实处、抓出成效。要深入了解和准确把握企业关切诉求，发扬“店小二”精神，精准雪中送炭，用灵活多样、注重实效的方式服务企业、支持企业，切实帮助企业解决实际困难。要加强与工商联合作联动，健全工作机制，立足部门优势进一步深化合作，在环境信用、绩效评价、市场机制等方面开展更多探索创新。

会议由全国工商联副主席谢经荣主持。生态环境部党组成员、副部长赵英民出席会议。

会上，内蒙古、江苏、浙江、河南、广东5个省（区）工商联、生态环境厅，中国民生银行和天能集团的代表作了交流发言。

全国工商联、生态环境部有关部门主要负责同志，京津冀及周边地区、长江经济带、汾渭平原、珠三角等区域的19个省份工商联、生态环境厅（局）代表，全国工商联绿色发展委员会委员，部分民营企业代表，共近150人参加会议。

发布时间
2019.11.16

中国生态文明论坛十堰年会召开

11月16日至17日，中国生态文明论坛年会在湖北省十堰市召开。本次会议以“生态文明 和谐共生——打好污染防治攻坚战，推动高质量发展”为主题。十一届全国政协副主席、中国生态文明研究与促进会会长陈宗兴，生态环境部党组书记、部长李干杰出席开幕式并讲话，湖北省委副书记、省长王晓东，湖北省政协副主席、十堰市委书记张维国出席开幕式并致辞。生态环境部副部长黄润秋主持开幕式。

陈宗兴在讲话中指出，刚刚胜利闭幕的十九届四中全会围绕如何推进坚持和完善中国特色社会主义制度、推进国家治理体系和治理能力现代化这个时代命题，部署了一系列重大任务和举措，对把制度优势更好转化为国家治理效能有重大而深远的影响。全会通过的《中共中央关于坚持和完善中国特色社会主义制度、推进国家治理体系和治理能力现代化若

干重大问题的决定》对坚持和完善生态文明制度体系、促进人与自然和谐共生作出系统部署，充分体现了以习近平同志为核心的党中央对加强生态文明建设的高度重视，为加快构建生态文明体系提供了制度遵循和制度保障。

陈宗兴强调，以生态文明建设引领高质量发展，要强化制度保障，进一步完善和提升生态文明建设治理体系和治理能力，把生态文明制度优势更好地转化为治理效能，强化制度执行，使制度行得通、真管用、有效率。要牢固树立和践行“两山”理念，重在实践，贵在创新，成在转化，以生态优先统筹规划产业布局、规模和结构，按照自然规律推动生态要素向生产要素、生态财富向物质财富转变，同时提高生态产品的生产能力，全面提升生态文明建设水平。要突出区域协调，推动形成更高质量、更可持续的发展模式。在深入推进区域协调发展的实践中，各地区应发挥比较优势，突出区域的主体生态功能，认真落实在国土空间规划中统筹划定的生态保护红线、永久基本农田、城镇开发边界三条控制线，更加重视陆海统筹，保护海洋生物多样性，实现海洋资源有序开发利用。要坚定文化自信，弘扬生态文化，加强文化引领，提高全民的节约意识、环保意识和生态意识，倡导简约适度、绿色低碳的生活方式，筑牢高质量发展的生态文化根基，推动全社会共建美丽中国。

陈宗兴总结了中国生态文明研究与促进会（以下简称研促会）一年来的工作，并对2020年工作提出要求。他指出，2019年是新中国成立70周年，也是生态文明研究与促进工作稳步发展的一年。一年来，研促会深入学习贯彻习近平生态文明思想，围绕中心、服务大局，扎实推进各项工作，在服务生态文明建设国家战略和地方实践、组织开展生态文明专题研讨和集成创新、深化生态文明宣传教育、强化专家智库、分支机构和队伍建设等方面取得了新的进展。2020年研促会即将迎来成立10周年，应以面向全国、面向世界的开放胸怀，以创新、包容、共享的姿态开展工作，发挥好智囊智库、桥梁纽带、支撑服务作用。要深入学习贯彻习近平生态文明思想，围绕党和国家生态文明建设重大部署和重大战略，深入调研，建言献策；要发挥好专家咨询委员会的作用，建设适应新时代新要求的高水平生态文明研究社会智库；要积极推动生态示范创建，支持和服务各地开展具有地方特点的生态文明建设，总结推广区域和行业、企业生态文明建设成效和经验；要深入研究和阐释“生态文化体系”的丰富内涵，加大生态文明宣传教育力度，积极培育弘扬生态文化和生态道德；要进一步加强生态文明国内国际交流，积极稳妥地推进会员和分支机构发展，支持地方和行业生态文明社会组织的建设，不断增强生态文明研究与促进的社会合力，努力推动生态文明研究与促进事业打开新局面，迈上新台阶。

李干杰在讲话中指出，党的十九届四中全会是我们党站在“两个一百年”奋斗目标的历史交汇点上召开的一次具有开创性、里程碑意义的重要会议。全会对“坚持和完善生态文明制度体系，促进人与自然和谐共生”作出系统安排，阐明了生态文明制度体系在中国特色社会主义制度和国家治理体系中的重要地位，充分体现了以习近平同志为核心的党中央对生态文明建设的高度重视和战略谋划。要增强“四个意识”，坚定“四个自信”，做到“两个维护”，切实把思想和行动统一到十九届四中全会精神上来，深刻认识加强生态文明制度体系建设是以习近平同志为核心的党中央一以贯之的要求，全面把握坚持和完善生态文明制度体系的主要任务，切实增强严格抓好生态文明制度贯彻执行的意识，在坚持巩固、完善发展、遵守执行上持续用力，为早日建成美丽中国而努力奋斗。

李干杰强调，新中国成立70年来，我国生态环境保护事业从萌芽起步到蓬勃发展，取得历史性成就、发生历史性变革，战略部署不断加强，治理力度持续加大，生态保护稳步推进，制度体系逐步完善，体制改革不断深化，执法督察日益严格，国际合作不断扩大。特别是党的十八大以来，在以习近平同志为核心的党中央坚强领导下，我国生态环境保护从实践到认识发生了历史性、转折性、全局性变化。我们探索和积累了很多做法和宝贵经验，必须长期坚持并不断丰富和发展。要坚持以习近平生态文明思想为指引，用以武装头脑、指导实践、推动工作；坚持以人民为中心，既为了人民，不断满足人民日益增长的优美生态环境需要，又依靠人民，打污染防治攻坚的人民战争；坚持落实“党政同责、一岗双责”，将“小环保”真正转变为“大环保”；坚持以改善生态环境质量为核心，以实际成效取信于民；坚持落实“六个做到”，把握正确的工作策略和方法，做到稳中求进、统筹兼顾、综合施策、两手发力、点面结合、求真务实；坚持不断强化基础能力建设，推进生态环境领域国家治理体系和治理能力现代化。

李干杰说，推动生态文明示范创建、绿水青山就是金山银山实践创新基地建设活动是贯彻落实习近平生态文明思想和党中央、国务院关于生态文明建设决策部署的重要举措和有力抓手。示范创建已初步形成点面结合、多层次推进、东中西部有序布局的建设体系，取得积极成效。下一步，各地区在示范建设中要深入贯彻习近平生态文明思想，努力推动将习近平生态文明思想的丰富理论内涵转化为实际行动和实践成果。生态文明建设示范市县要持续探索统筹推进“五位一体”总体布局的地方实践，“两山”实践创新基地要创新探索“两山”转化的制度实践和行动实践。获得命名的示范建设地区要持续高标准、严要求推动工作，当好全国生态文明建设标兵、尖兵和排头兵。要健全监督管理、交流培训、宣传推广、正向激励等机制，不断推动示范建设取得新的突破和成果。

王晓东代表湖北省委、省政府，对中国生态文明论坛十堰年会的成功举办表示祝贺。他说，湖北省认真贯彻落实习近平生态文明思想和习近平总书记视察湖北重要讲话精神，自觉践行“绿水青山就是金山银山”的理念，以长江污染防治为主战场，着力抓好源头性基础工程、突出性问题整改、长效性机制建设，推动根本性绿色变革，扎实做好生态修复、环境保护、绿色发展“三篇文章”，湖北的“颜值”和“气质”持续提升，经济“体格”和“体质”越来越好，人民群众生态获得感越来越强。湖北省将深入学习贯彻党的十九届四中全会精神，以本次论坛活动为契机，加大生态文明建设力度，奋力当好生态文明建设排头兵、长江经济带发展生力军，为建设美丽中国作出湖北新的更大贡献。

会前，陈宗兴、李干杰和王晓东等还出席了南水北调中线工程生态文明建设成果展启动仪式，并共同参观了展览。

会上，生态环境部对第三批23个“绿水青山就是金山银山”实践创新基地和第三批84个国家生态文明建设示范市县进行了授牌命名。

本次年会同时举办生态示范创建与“两山”实践创新论坛以及14个专题平行分论坛，并向社会发布《生态文明·十堰宣言》、中国西部生态文明发展报告、2019年度生态文明建设优秀论文和优秀调研报告等成果。

发布时间
2019.11.22

@生态环境部——3年，初心不改

这是 @生态环境部 的第1095天推送，从2016年11月22日推送第一条消息算起，3年，我们风雨未停。

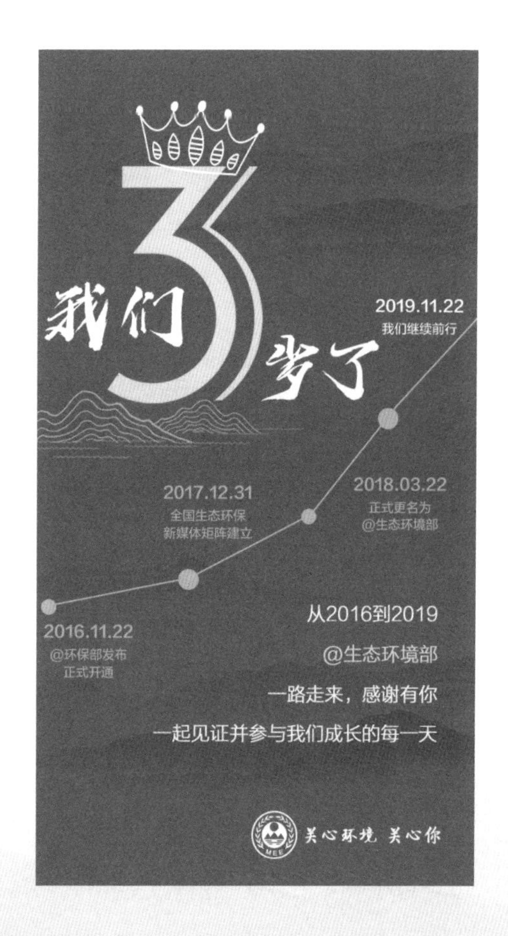

在那些凝结的时光里，一直有你——@生态环境部 “两微”的228万粉丝。

是你们，在我们发布政策信息时，第一时间点击阅读；是你们，在追踪环境污染事件时，倾听我们的声音；是你们，在关注环保人的故事时，与我们同笑同泪。

关心环境，关心你。3年，1095个日日夜夜，我们初心未改。2019年11月22日，我们又从这里出发，诚挚地邀请你，与我们携手，共同守护这绿水青山。

发布时间
2019.11.22

征集 | 快，看镜头，把你的环保故事讲给我们听

蓝天，碧水，优美的自然生态环境，是每个人的向往。但也许很多人并不了解，在这蓝天碧水之后，是全国各地的生态环境工作者、环保志愿者，日复一日、年复一年的默默守望。

现在，我们诚挚地邀请你们——那些行走在一线、奋斗在一线的生态环境工作者、环保志愿者，拿起摄像机、手机，用镜头记录下你的工作生活，讲出属于你的环保故事。

2019年11月22日起，生态环境部宣传教育司将携手新浪网、新浪微博、光明网，共同开展“我的环保故事”短视频征集活动。让我们一起用短视频记录和传播环保故事，让生态环保的理念走进每个人的心中，化为自觉的行动。

此次短视频征集活动从2019年11月22日起至2020年5月1日截止。在此期间，全国各级生态环境厅（局）、环保NGO组织、广大群众均可参与报送短视频作品。各单位及个人报送的视频作品，时长应在15秒～5分钟，视频格式为MP4，使用手机、摄像机拍摄均可，视频分辨率不低于960×540dpi。

参与者可以将“我的环保故事”短视频原始视频文件发送到活动官方邮箱xuanjiaochu@mee.gov.cn，邮件中需注明姓名、身份、工作单位、个人简介等相关信息，并留下联系方式，也可通过个人微博账号将“我的环保故事”视频通过微博发布出来，发布时需带#我的环保故事#话题词并@生态环境部官方微博账号。

对于征集到的视频，我们将通过生态环境部官方微博和微信择优展播，并在征集活动结束后，根据视频传播效果和专家评审两方面的意见，综合评选出“我的环保故事”十佳作品。

“我的环保故事”，邀你这样来讲。我们期待关于你的那条短视频，我们想让更多人看到。

点击查看

我的环保故事快闪征集令

发布时间
2019.11.24

第二十一次中日韩环境部长会议在日本举行

11月23日至24日，第二十一次中日韩环境部长会议在日本北九州市举行。中国生态环境部部长李干杰、日本环境大臣小泉进次郎、韩国环境部部长赵明来分别率团出席会议，交流了本国环境政策及最新进展，并就共同关心的区域和全球环境议题交换意见。

开幕式上，李干杰发表题为《以生态优先、绿色发展为导向，推动经济高质量发展和生态环境高水平保护》的主旨演讲。他表示，2019年是中华人民共和国成立70周年，70年来，中国生态环境保护事业从萌芽起步到蓬勃发展，取得历史性成就、发生历史性变革。生态文明写入宪法，生态环境保护从认识到实践发生了历史性、转折性、全局性变化，美丽中国建设迈出重要步伐。过去一年，中国政府以改善生态环境质量为核心，扎实推进生态环境治理体系和治理能力现代化，大力推进体制机制

改革，着力打好污染防治攻坚战，扎实推进生态保护与修复，严格开展生态环境保护督察，生态环境保护工作取得显著成效，生态环境质量持续改善。在推动解决国内生态环境问题的同时，中国秉承开放、合作、积极的态度，全方位参与国际合作和全球环境治理。2019年，中国成功举办世界环境日全球主场活动，大力推动绿色“一带一路”建设，务实开展应对气候变化合作，认真履行国际环境公约。

李干杰强调，2019年是《中日韩环境合作联合行动计划（2015—2019年）》的收官之年，也是三国环境合作承前启后的关键之年。中方赞赏日韩两国为区域可持续发展作出的贡献。中方愿继续与日韩一道，围绕共同关注的生态环境问题深化交流合作，用好包括“一带一路”绿色发展国际联盟在内的合作平台，推动“中日韩+X”生态环保合作，将三国环境合作成功经验、生态文明建设和绿色发展理念与更多合作伙伴分享，让包括三国在内的更多国家受益，为东亚乃至更大区域实现可持续发展做出积极贡献。

日本、韩国也分别做了主旨发言。日本环境大臣小泉进次郎介绍了日本在海洋塑料垃圾、生物多样性、应对气候变化、大气污染等领域的工作进展。韩国环境部部长赵明来介绍了韩国环境战略规划的相关工作，以及韩国近年来在大气环境治理、低碳经济、绿色发展等领域的工作进展。

会议期间，三国部长审议了《中日韩环境合作联合行动计划（2015—2019年）》实施情况，对工作进展表示满意；听取了青年论坛、企业圆桌会、城市脱碳与可持续发展联合研究项目代表的成果报告。三国部长对中日韩环境合作的发展前景和未来方向进行了展望和探讨，明确了包括生物多样性、绿色经济转型在内的未来优先合作领域，通过并签署了《第二十一次中日韩环境部长会议联合公报》。三国部长还为中国的柴发合、日本的内田圭一（Uchida Keiichi）和韩国的

李宗宰（Lee Jong-Jae）颁发了2019年度“中日韩三国环境部长会议环境奖”。

在随后召开的新闻发布会上，李干杰表示，中日韩环境部长会议自1999年启动以来，三国坚持政策对话与交流，推动优先领域务实合作，促进区域环境质量改善，为全球环境治理作出重要贡献。本次会议始终坚持分享成功经验、坦诚交换意见，共同谋划未来合作，体现合作新精神；充分考虑到各国环境需求，结合全球和区域重要环境议题，确定了未来五年合作新优先领域，为三国环境合作搭建框架、指明方向，迈入合作新阶段；中日韩环境部长会议机制在区域环境合作领域形成了很好的示范效果。

在回答记者关于《生物多样性公约》第15次缔约方大会（COP15）筹备进展情况时，李干杰表示，COP15将于2020年10月在中国昆明举办，大会的主题是“生态文明：共建地球生命共同体”。中国政府高度重视COP15的筹备工作，已经成立了筹备工作组织委员会和强有力的工作团队，全面启动大会筹备工作。中国期待此次大会坚持已确定的“人与自然和谐共生”2050年愿景，吸收借鉴“爱知目标”的经验，充分考虑“2030年可持续发展目标”中确定的生物多样性目标指标，致力于推动《生物多样性公约》三大目标的实现。中国将充分考虑不同缔约方的关切，协调各方利益，全面履行东道国义务，积极做好筹备工作，推动达成一个兼具雄心与现实的框架，确保举办一届圆满成功、具有里程碑意义的缔约方大会。在此过程中，中国也愿与日本、韩国加强沟通协调，并汲取经验，共同为全球生物多样性保护出谋划策、贡献力量。

会前，李干杰还分别与日本环境大臣小泉进次郎、韩国环境部部长赵明来举行了中日、中韩双边会谈。

中日韩环境部长会议开始于1999年，旨在落实三国首脑会议共识，探讨和解决共同面临的区域环境问题，促进本地区可持续发展。会议每年召开一次，在三国轮流举行。

发布时间
2019.11.28

生态环境部党组书记、部长在《中国纪检监察报》发表署名文章：坚决整治平时不作为急时“一刀切”问题

中央纪委国家监委机关牵头负责漠视侵害群众利益问题专项整治工作，确定了14个方面的突出问题，其中，生态环境部牵头整治对群众反映强烈的生态

专题

中国纪检监察报

[illegible]

坚决整治平时不作为急时“一刀切”问题

[illegible]

大力整治住房租赁中介机构乱象

[illegible]

环境问题平时不作为、急时“一刀切”问题。我们深入贯彻落实党中央决策部署，以正视问题的自觉和刀刃向内的勇气，真刀真枪解决问题，切实抓好专项整治工作。

一、深刻认识专项整治平时不作为、急时“一刀切”问题的重要性、必要性

这是推进生态环境领域治理体系和治理能力现代化的重要抓手。党的十九届四中全会进一步明确生态文明建设和生态环境保护最需要坚持与落实的制度、最需要建立与完善的制度，为加快健全以治理体系和治理能力现代化为保障的生态文明制度体系提供了行动指南和根本遵循。推进生态环境领域治理体系和治理能力现代化，既要求强化生态环境制度的刚性约束，又要求各地区、各部门提高行政执法能力水平，避免生态环境执法简单化、“一刀切”。开展专项整治，就是督促地方和部门在环境管理中，以事实为依据、以法律为准绳，坚持依法行政、依法办事、依法治理，规范自由裁量权，避免处置措施简单粗暴，从源头上解决急时“一刀切”问题，切实维护人民群众的环境权益和守法企业的正当权益，不断提升生态环境保护的法治化水平。

这是“不忘初心、牢记使命”主题教育整改落实的重要内容。平时不作为、急时“一刀切”问题，既损害党和政府的形象、公信力，也违背生态环保工作的初心和使命，对生态环境保护工作大局造成很大干扰和损害。开展专项整治，就是要力戒形式主义、官僚主义，紧盯重点任务，找准生态环境保护工作中的痛点、难点、堵点，以严的标准、实的举措加快整治突出问题，以基层干部群众所感所获检验专项整治效果，不断提升主题教育整改落实质量。

二、专项整治取得明显成效

坚决贯彻落实党中央决策部署。制定印发《对群众反映强烈的生态环境问题平时不作为、急时“一刀切”问题的专项整治方案》《关于对中央生态环境保护督察交办群众举报问题排查整治的函》，明确要求严格禁止“一律关停”“先停再说”的敷衍应对做法，坚决避免紧急停工停业停产等简单粗暴行为。建立定期调度机制，开展针对性现场抽查督办。对尚未办结到位的群众举报建立点对点盯办制度，切实做到问题不查清不放过、整改不到位不放过、群众不满意不放过。

坚决查处曝光生态环保平时不作为、急时“一刀切”问题。对于环保领域的“一刀切”问题，我们历来态度鲜明、坚决反对、严格禁止，在生态环境督察执法中，既查不作为慢作为、又查乱作为滥作为，发现一起、严惩一起。加强“12369”环保举报问题转办，及时向地方转办涉及敷衍整改和“一刀切”问题，有效压实地方政府责任。建立完善群众信访举报问题回访机制，切实保证整改结果与群众感受一致。先后查实并公开曝光海南省东方市为应对督察临时要求有关企业停产停运、山东省临沂市兰山区急功近利搞环保“一刀切”等问题，营造了良好的舆论氛围，对环保“一刀切”行为起到极大的震慑、警示作用。专项整治后期，环保“一刀切”问题举报明显减少。

推动地方解决群众身边突出的生态环境问题。第二轮第一批中央生态环境保护督察共受理群众举报问题1.89万件，截至目前已基本办结，有效解决一批垃圾、恶臭、噪声、扬尘等群众身边突出的污染问题。对2015—2018年第一轮中央生态环境保护督察受理的群众举报开展敷衍整改导致群众不满意、仓促整改导致污染反弹、采取“一刀切”方式整改导致群众意见较大、整改用力不够导致问题没有解决到位四方面情况排查，列出1395个具体问题清单，已解决或基本解决700多个，取得初步效果。

三、持之以恒抓好专项整治工作

提高政治站位，推动党中央决策部署落实落地。专项整治旨在解决群众身边的突出生态环境问题，推动解决对待群众生态环境诉求平时敷衍应付、上级督察检查时搞“一刀切”的形式主义、官僚主义问题，具有鲜明的政治导向。生态环境部门深入查找和整改平时不作为、急时“一刀切”及其背后存在的政治站位不高、思想认识有偏差等问题，以求真务实的作风、有力有效的举措，积极回应人民群众生态环境诉求，切实把党中央交办的任务高质量完成好。

聚焦整治重点，真刀真枪解决突出问题。专项整治取得明显成效，切实解决了大量群众身边的生态环境问题，有效遏制了环保“一刀切”的错误行为，但工作中仍存在一些差距和不足。生态环境部门要进一步聚焦基层环境整治的薄弱环节，紧盯群众反映强烈、与群众生产生活息息相关的垃圾、扬尘、异味、噪声等城市公共管理问题，污水直排和水体黑臭问题，毁林毁草、围湖占湖、矿山开发等生态环境问题，重点针对少数地方和部门在工作中出现的刀刃向内不够、督促指导不到位、整治工作滞后等表现，进一步强化责任、细化措施、改进方法，以解决生态环境突出问题让群众感受到新气象、新变化。

坚持自我革命，保障专项整治取得明显成效。专项整治工作体现了我们党自我净化、自我完善、自我革新、自我提高的优良传统和作风。生态环境部门要进一步发扬斗争精神，改进工作作风，以舍我其谁的政治担当、干就干好的责任意识，从具体问题着手，从具体工作抓起，以“咬定青山不放松”的韧劲，扎实推进专项整治工作。牢牢牵住主体责任这个“牛鼻子”，压紧压实第一责任人责任，坚持把自己摆进去、把职责摆进去、把工作摆进去，确保专项整治不走过场。坚持分级分类督导，充分考虑轻重缓急、影响范围等差异，因地制宜、科学合理地作出安排。坚持开门搞整治，广开言路听意见，积极接受群众监督，确保专项整治可检验、可评判、可感知。

（来源：《中国纪检监察报》　　作者：生态环境部党组书记、部长　李干杰）

本月盘点

微博： 本月发稿335条，阅读量31043799；

微信： 本月发稿231条，阅读量1128363。

2019

◆ 李干杰调研渭河治理、秦岭生态保护修复工作

◆ 两部门公布第三批全国环保设施和城市污水垃圾处理设施向公众开放单位名单

生态环境部组织水环境达标滞后地区开展环境形势会商

12月3日，生态环境部组织水环境达标滞后地区开展环境形势会商。辽宁省营口市、锦州市，山西省吕梁市，广东省惠州市，云南省昆明市、普洱市，内蒙古自治区乌兰察布市7个水环境达标滞后城市政府负责同志表态发言。山西省大同市、吉林省长春市、辽宁省沈阳市3个水环境改善先进城市交流经验。翟青副部长出席并总结讲话。

会商意见指出，2019年以来，全国各地持续加大水生态环境保护工作力度，全国水环境质量总体呈明显改善趋势。2019年1—10月，全国Ⅰ～Ⅲ类断面比例为75.4%，同比增加2.3个百分点；劣Ⅴ类断面比例为3.2%，同比减少1.9个百分点。一批城市成功退出了“水环境达标滞后地区”行列，参加会商的城市数量越来越少，由2019年一季度的40个和上半年的18个减少到现在的7个。

会商意见强调，全国水生态环境虽然总体向好，但成效并不稳固，依然面临很多困难与挑战：部分地区水环境目标任务严重滞后；长江及渤海攻坚战消“劣”任务仍需巩固；黄河中下游水污染治理迫在眉睫。

会商意见要求，各地要认真学习贯彻习近平生态文明思想，把水生态环境保护和达标工作作为增强“四个意识”、坚定“四个自信”、做到“两个维护”的具体行动，切实做好劣Ⅴ类国控断面治理工作，加快补齐环境基础设施短板，扎实推进水生态环境治理工作，坚决打好打赢水污染防治攻坚战。同时，在抓工作过程中，要实事求是、稳步推进，坚决杜绝形式主义和弄虚作假行为。

下一步，生态环境部将坚持问题导向和结果导向，针对工作滞后地区加强督导，压实有关地方主体责任，并会同有关部门及地方科学编制重点流域水生态环境保护“十四五”规划，促进水生态环境质量持续改善。

发布时间
2019.12.6

生态环境部召开部党组中心组集中（扩大）学习会议

12月5日，生态环境部召开部党组中心组集中（扩大）学习会。此次集中学习是生态环境部系统学习贯彻习近平生态文明思想、习近平全面依法治国新理念、新思想、新战略，特别是习近平总书记关于“用最严格制度最严密法治保护生态环境”重要指示精神的具体举措，也是学习贯彻党的十九届四中全会精神、推动生态环境系统提高依法行政水平的实际行动。

司法部法治调研局副局长田昕应邀就贯彻落实党的十九届四中全会精神、全面推进依法治国作专题辅导报告。他从深刻认识全面依法治国新形势、全面把握法治政府建设新变化、努力实现生态环保系统依法行政新作为三个方面做了深入讲解，与会者深受教育、受益匪浅。

生态环境部党组书记、部长李干杰最后强调，部机关各部门、各部属单位要高度重视、深刻领会党的十九届四中全会关于“坚持和完善中国特色社会主义法治体系，提高党依法治国、依法执政能力”的决策部署，将依法行政作为全面加强生态环境保护、坚决打好污染防治攻坚战的重要理念，坚持以法治思维和法治方式推进工作，确保各项工作于法有据。坚持科学立法、民主立法、依法立法，立改废释并举，完善生态环境保护法律体系。坚持有法必依、执法必严、违法必究，严格规范公正文明执法，规范执法自由裁量权。健全生态环境保护综合行政执法和刑事司法衔接机制，加大生态环境违法犯罪行为的制裁和惩处力度。

会议以视频会的形式召开，在生态环境部设立主会场，在部属单位设立分会场。

生态环境部领导班子成员、驻部纪检监察组负责同志，部机关各部门、在京部属单位党政主要负责同志在主会场参加会议。部机关全体干部、部属单位基层党组织书记和中层以上干部在分会场参加会议。

生态环境部党组召开会议　通报原环境保护部总工程师万本太接受审查调查

12月6日上午，生态环境部党组书记、部长李干杰主持召开部党组会议。中央纪委国家监委驻部纪检监察组组长、部党组成员吴海英通报了原环境保护部总工程师万本太正在接受纪检监察机关审查调查的有关情况。

参加会议的部党组成员和部领导一一做了表态发言，大家一致表示，坚决拥护纪检监察机关对万本太立案审查调查的决定，坚决以万本太涉嫌严重违纪违法为镜鉴，深刻吸取教训，举一反三，把自己摆进去、把思想摆进去、把职责摆进去，增强“四个意识”，坚定“四个自信”，做到“两个维护”，不忘初心、牢记使命，加强党性锻炼，永葆共产党人的政治本色。

会议指出，中央纪委国家监委对万本太涉嫌严重违纪违法问题高度重视，专门指定河北省纪委监委进行审查调查，充分体现了以习近平同志为核心的党中央坚定不移惩治腐败的鲜明态度、坚定决心和一贯立场，充分彰显了我们党敢于自我净化、自我完善、自我革新、自我提高的勇气和能力，也是中央纪委国家监委对生态环境系统党风廉政建设和反腐败斗争的高度重视和有力指导。部系统各级党组织和广大党员干部要深刻认识万本太涉嫌严重违纪违法对生态环境保护事业发展和政治生态造成的严重危害及负面影响，积极支持配合对其的调查审查工作。

会议强调，纪检监察机关对万本太的审查调查充分表明，全面从严治党永远在路上。部党组和部领导班子、部系统各级党组织必须引以为戒、警钟长鸣，坚持信任不能代替监督、严管就是厚爱，必须坚持真管真严、敢管敢严、长管长严，必须坚持思想从严、执纪从严、治吏从严、作风从严、反腐从严，切实拧紧全面从严治党闭环的每一个链条。要巩固“不忘初心、牢记使命”主题教育成果，牢固树立“抓好党建是本职，不抓党建是失职，抓不好党建是渎职”的管党治党意识，坚决落实管党治党政治责任，严格履行“一岗双责”，坚定支持驻部纪检监察组和各级纪检监察机构履行监督责任和作用，努力营造风清气正的政治生态。要自觉接受驻部纪检监察组的日常监督，把监督看作是约束、爱护和警戒，从思想上真正欢迎监督、行动上真诚接受监督，让监督成为拒腐防变的重要屏障。要巩固“以案为鉴，营造良好政治生态”专项治理成果，做实做细“八个强化、一个优化”（强化思想引领、强化基层党建、强化民主决策、强化监督制约、强化执纪问责、强化工作协同、强化以上率下、强化狠抓落实，优化选人用人），营造风清气正的政治生态。要从部党组和部领导班子做起，发挥“头雁效应”，坚定不移打造生态环境保护铁军，为打好污染防治攻坚战、推进生态文明建设提供坚强保障。

生态环境部党组成员、副部长翟青、赵英民、刘华出席会议。

生态环境部副部长黄润秋列席会议。

驻部纪检监察组负责同志，人事司、机关党委、生态司、监测司、老干办主要负责同志，中国环境监测总站、生态环境部环境发展中心主要负责同志参加会议。

发布时间
2019.12.6

生态环境部工作组赴甘肃天水调查渭河及支流污染问题

近日，中央电视台《经济半小时》栏目以“母亲河的‘伤痛’”报道甘肃省天水市境内渭河及支流水体污染、河道采砂、河道倾倒垃圾等问题，生态环境部对此高度重视，目前已派出工作组到达现场，对问题进行调查核实，并将及时向社会公布。

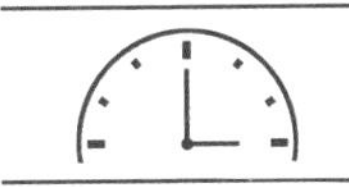

发布时间
2019.12.8

征集｜“中国生态环境保护吉祥物”邀你来设计

良好的生态环境是最普惠的民生福祉。党的十八大以来，中国政府全面加强生态环境保护，坚决打好污染防治攻坚战，取得了前所未有的显著成效。为进一步提升生态文明，建设美丽中国，表达和传播具有中国特色的生态环境保护理念、价值观，生态环境部决定开展“中国生态环境保护吉祥物”征集活动。

我们需要这样的作品——

我们征集的是中国生态环境保护吉祥物。

他（她）应有自己的名字（中文或英文），名字得体、朗朗上口。

他（她）应造型生动、内涵丰富，富有拟人化特征和时代气息，具有艺术性和较强的延展性。

他（她）可由单幅图稿表现，也可由不同情境、姿态和色彩的多幅图稿或者造型组成，须适用于平面、立体和电子媒介等不同宣传形式的传播和再制作。

他（她）应为原创，未曾公开发表。

我们需要这样的设计者——

善于通过生动形象、国际通用的视觉元素，表达和传播具有中国特色的生态环境保护理念、价值观。对中国生态环境保护吉祥物设计感兴趣并自愿遵守本次征集活动全部要求。

面向国内外公开征集，所有的自然人、法人和其他组织均可单独或联合参加。

本次征集活动由生态环境部主办、生态环境部宣传教育司指导、生态环境部宣传教育中心承办。征集日期为2019年11月18日起至2020年3月31日。请您在此期间内将作品发送至此次征集活动的专用电子邮箱zhengji@mee.gov.cn。

我们将在2020年4—5月组织专家对征集作品进行评审，并通过公示等流程最终确定“中国生态环境保护吉祥物”。2020年6月5日，生态环境部将在六五环境日国家主场活动现场正式发布“中国生态环境保护吉祥物”，供社会各界今后在开展生态环境保护公益活动时使用。

此外，在此次征集活动中，我们还设置了一、二、三等奖及优秀组织奖等若干。

期待您的参与。

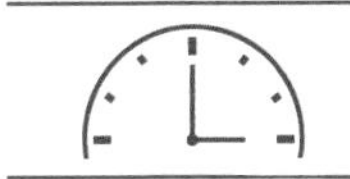

发布时间
2019.12.11

中方出席联合国气候变化高级别会议并发言

12月10日起，2019年联合国气候变化大会开始高级别会议，就尚未解决的问题继续展开磋商。当地时间12月11日，中国生态环境部副部长、中国代表团团长赵英民出席联合国气候变化高级别会议并代表中国发言。

在作国别发言时，中方首先感谢大会主席国智利、东道主西班牙政府和人民，以及《联合国气候变化框架公约》秘书处为筹备本次大会所做努力。中方表示，中国政府高度重视应对气候变化，习近平主席多次强调，气候变化事关人类前途命运，需各国携手应对。面对单边主义逆流，习近平主席多次号召各方高举构建人类命运共同体旗帜，为全面有效落实《巴黎协定》、推动全球气候治理注入强大政治动力。

中方强调，本次大会要坚定落实《巴黎协定》，共同维护多边主义，全力以赴完成《巴黎协定》实施细则遗留问题谈判，明确识别2020年前差距，切实增

强实施手段，发达国家提供的支持力度要与发展中国家行动力度相匹配。作为最大的发展中国家，中国面临发展不平衡、不充分问题但仍然采取了强有力的气候行动。中方将努力克服单边主义、保护主义带来的问题和困难，坚定不移实施积极应对气候变化国家战略，继续付出艰苦卓绝努力，百分之百落实承诺，为应对全球气候变化、共谋全球生态文明建设、构建人类命运共同体作出贡献。

在“2020年前盘点”高级别会议上，中方表示，举行“2020年前盘点”有助于国际社会厘清2020年后行动的现实基础。中方期待本次盘点全面评估2020年前承诺落实情况，聚焦识别差距，总结教训，形成有效结论，就如何填补差距做出明确安排，确保这些差距不会转嫁至2020年后时期，给发展中国家增加额外负担。此外，中方呼吁未批约的各方加速批准《京都议定书》多哈修正案，使之尽快生效。

中方强调，要在2020年后实现《巴黎协定》设定的全球目标，必须在切实弥补现有缺口的基础上，由发达国家率先行动，大幅提高行动力度、显著提前实现碳中和的时间，形成在技术上、经济上可行的政策路径，做出样板与发展中国家分享。同时，发达国家要加强新的额外的以公共资金为基础的支持，切实提高资金透明度，确保发达国家提供支持的力度与发展中国家行动的力度相匹配。希望“2020年前盘点”活动发挥有效推动落实承诺的作用和导向。

发布时间
2019.12.12

中央纪委国家监委驻生态环境部纪检监察组组长、生态环境部党组成员吴海英到总站调研

12月10日下午，中央纪委国家监委驻生态环境部纪检监察组组长、生态环境部党组成员吴海英到中国环境监测总站（以下简称总站）调研指导工作。

在总站生态环境监测计量中心（量值溯源实验室），吴海英实地察看用于开展生态环境监测专用仪器设备量值溯源的计量标准装置，详细询问了生态环境监测计量工作开展情况；在总站第二办公区国家水站运维管理中心，吴海英看望各运维公司的驻站工作人员，听取运维中心的党建和工作情况汇报，并与负责国家水站运维的年轻监测技术人员进行座谈，从思想、工作、学习、生活等方面进行了亲切的交流，为他们上了一堂生动的人生课。

听到从事国家水站运维数据审核和管理的年轻工作人员谈到对这项工作政治性的认识，以及在工作期间的巨大

收获，吴海英组长很高兴。她指出，生态环境监测是生态文明建设的重要基础，为环境管理提供重要支撑。85后青年人占国家水站运维人员的90%，是一支有朝气、有活力的队伍，肩负着确保水质自动监测数据“真、准、全”的重要使命。青年同志一定要传承红色基因，把讲政治、顾大局摆在首位，把人生最重要的志向同国家生态环境事业需要联系在一起，把为中国人民谋生态环境幸福，为中华民族谋生态文明复兴作为毕生追求，勇敢肩负起时代赋予的重任。

吴海英强调，生态环境监测是一项政治性很强的业务工作。国家监测网运维工作要为青年同志的发展搭建平台，充分发挥青年的主体作用。从事国家监测网运维工作的青年同志正处于人生积累阶段，要珍惜国家平台，充分汲取营养，丰富知识体系，增强工作本领。要向生态环境系统先进典型看齐，不断提升政治、业务和管理能力。每名青年同志都是一粒种子，星星之火可以燎原，要发挥模范带动作用，深入推动风清气正的行风建设。

吴海英要求，总站要结合实际、突出特色，继续探索完善运维队伍的党建和团建工作，打造一支政治强、本领高、作风硬、敢担当，特别能吃苦、特别能战斗、特别能奉献的生态环保铁军，为打好污染防治攻坚战，建设“清水绿岸、鱼翔浅底、鸟语花香”的美丽中国贡献年轻力量。

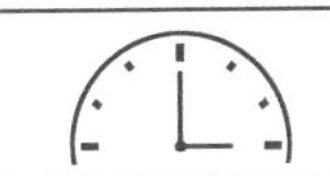

发布时间
2019.12.13

“我是环境守法者”活动在杭州举行　13家垃圾焚烧企业作出环境守法承诺

为促进垃圾焚烧发电企业练好“内功”，实现从“要我守法”到“我要守法”的转变，2019年12月13日，“我是环境守法者”首批承诺发布活动在杭州举行。13家生活垃圾焚烧发电集团（企业）负责人共同发出“我是环境守法者，欢迎任何人员、任何时候对我进行监督”的郑重承诺。活动由中国环境保护产业协会主办，生态环境部副部长翟青同志应邀出席。

近日，生态环境部出台《生活垃圾焚烧发电厂自动监测数据应用管理规定》（以下简称《规定》），将于2020年1月1日起正式实施，生活垃圾焚烧发电行业监管将更严格、更科学、更有效。在《规定》即将实施之际，组织开展这项承诺活动意义重大。活动号召垃圾焚烧发电企业积极行动起来，主动向社会公开守法承诺，接受社会监督，促进全行业自觉守法，推动行业绿色健康发展。

在活动现场，重庆三峰环境集团股份有限公司、瀚蓝环境股份有限公司、绿色动力环保集团股份有限公司、启迪环境科技发展股份有限公司、上海环境集团股份有限公司、上海康恒环境股份有限公司、圣元环保股份有限公司、浙江富春江环保热电股份有限公司、浙江伟明环保股份有限公司、中国光大国际有限公司、中国环境保护集团有限公司、浙能锦江环境控股有限公司、中国天楹股份有限公司13家生活垃圾发电集团（企业）的负责人依次走上发布台，向社会公开承诺环境守法。

首批向社会公开作出“我是环境守法者”承诺的企业是国内技术水平较强、环境管理水平较高的一批企业。承诺活动将起到良好的示范引领作用：一是约束企业自身环保行为，推动企业提升环境管理水平；二是转变监管方式，由政府监管为主实现政府监管与社会监督并重；三是改善行业社会形象，避免邻避效应；四是有效推动优胜劣汰，实现行业健康发展。

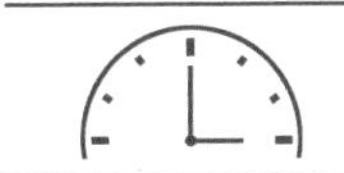

发布时间
2019.12.14

生态环境部召开部党组（扩大）会议　传达学习贯彻中央经济工作会议精神

12月13日，生态环境部党组书记、部长李干杰主持召开部党组（扩大）会议，传达学习贯彻中央经济工作会议精神。

会议指出，习近平总书记在中央经济工作会议上的重要讲话，全面总结2019年经济工作，深入分析当前国内国际经济形势，明确提出2020年经济工作的总体要求和重点任务，高屋建瓴、总览全局、思想深邃、内涵丰富，具有很强的现实针对性和战略前瞻性，通篇贯穿辩证唯物主义和历史唯物主义立场观点方法，是对习近平新时代中国特色社会主义经济思想的进一步完善和发展，为做好2020年乃至未来一段时间的经济工作提供了重要指南和根本遵循。李克强总理的重要讲话，总结2019年工作进展成效全面客观，分析当前面临的困难和挑战准确深入，部署2020年经济工作的预期目标、政策取向和工作重点明确具体，具有很强的操作性和指导性。学习领会和贯彻落实好这次会议精神，对于统一思想认识、全力以赴做好2020年各项工作、实现第一个百年奋斗目标、为“十四五”发展和实现第二个百年奋斗目标打好基础具有重要意义。全国生态环境系统要增强“四个意识”、坚定“四个自信”、做到“两个维护”，切实把思想和行动统一到习近平总书记重要讲话精神上来，统一到中央经济工作会议部署上来，坚定信念和信心，结合实际和职责创造性地抓好贯彻落实。

会议强调，要着重从六个方面把握中央经济工作会议精神。

一是充分肯定2019年工作成绩。2019年以来，面对国内外风险挑战明显上升的复杂局面，经济社会保持持续健康发展，三大攻坚战取得关键进展，全面建成小康社会取得新的重大成效。这些成绩来之不易，根本在于以习近平同志为核心的党中央的坚强领导，在于习近平总书记的掌舵领航，在于习近平新时代中国特色社会主义思想的科学指引。

二是深刻领会推进经济工作的宝贵经验。必须科学稳健把握宏观政策逆周期调节力度，必须从系统论出发优化经济治理方式，必须善于通过改革破除发展面临的体制机制障碍，必须强化风险意识，牢牢守住不发生系统性风险的底线。这“四个必须”是我们党在推进经济工作中形成的一些重要共识，对于指导我们进一步做好各方面工作都具有重要意义和价值，应当坚持和弘扬好。

三是全面认识当前国内外形势。从国内来看，我国正处在转变发展方式、优化经济结构、转换增长动力的攻关期，结构性、体制性、周期性问题相互交织，“三期叠加”影响持续深化，经济下行压力持续加大。从国际来看，当前世界经济增长持续放缓，仍处在国际金融危机后的深度调整期，世界大变局加速演变的特征更趋明显，全球动荡源和风险点显著增多。但我国经济稳中向好、长期向好的基本趋势没有改变。我们有党的坚强领导和中国特色社会主义制度的显著优势，有改革开放以来积累的雄厚物质技术基础，有超大规模的市场优势和内需潜力，有庞大的人力资本和人才资源。在以习近平同志为核心的党中央坚强领导下，在全党全国人民的共同努力下，我们一定能够战胜各种风险挑战。

四是准确把握2020年经济工作的总体要求。要做到“一个紧扣”，就是紧扣全面建成小康社会目标任务；做到“四个坚持”，即坚持稳中求进工作总基调，坚持新发展理念，坚持以供给侧结构性改革为主线，坚持以改革开放为动力；要推动高质量发展，坚决打赢三大攻坚战，全面做好“六稳”工作，统筹推进稳增长、促改革、调结构、惠民生、防风险、保稳定，保持经济运行在合理区间，确保全面建成小康社会和“十三五”规划圆满收官。对于生态环境部门而言，就是要确保实现污染防治攻坚战阶段性目标，向党和人民交上一份满意答卷。

五是坚定不移贯彻新发展理念。理念是行动的先导。新时代抓发展，必须坚定不移贯彻创新、协调、绿色、开放、共享的新发展理念，推动高质量发展。在我国经济由高速增长阶段转向高质量发展阶段过程中，污染防治和环境治理是需要跨越的一道重要关口。我们必须保持加强生态环境保护建设的定力，坚决贯彻新发展理念，统筹好经济发展和生态环境保护的关系，努力探索以生态优先、绿色发展为导向的高质量发展新路子。

六是坚决打好污染防治攻坚战。打好污染防治攻坚战关系到全面建成小康社会能否得到人民认可、能否经得起历史的检验，是党中央、国务院赋予我们的艰巨任务和光荣使命。生态环境部门作为主责部门，要立足于最不利的情形做好工作安排部署，加大力度、加快进度，狠抓落实，确保打好打胜污染防治这场大仗、硬仗、苦仗。

会议指出，做好2020年生态环境保护工作，要以习近平新时代中国特色社会主义思想为指导，全面贯彻党的十九大和党的十九届二中、三中、四中全会以及中央经济工作会议精神，紧密围绕污染防治攻坚战阶段性目标任务，坚持以习近平生态文明思想为指引，坚持以人民为中心，坚持“党政同责、一岗双责”，坚持以改善生态环境质量为核心，坚持落实“六个做到”，坚持不断加强能力建设，保持方向不变、力度不减，突出精准治污、科学治污、依法治污，持续改善生态环境质量，加快建立健全生态环境治理体系，协同推动经济高质量发展和生态环境高水平保护，为全面建成小康社会和“十三五”规划圆满收官贡献力量。

会议要求，要深入贯彻落实新发展理念，强化斗争精神，既依法依规严格监管，以生态环境保护倒逼经济高质量发展，又加强帮扶指导，继续推进“放管服”改革，支持服务企业绿色发展，加大对绿色环保产业的支持力度。要全力以赴打好打胜污染防治攻坚战，以打赢蓝天保卫战为重中之重，着力打好碧水保卫战和净土保卫战，推动生态环境质量持续好转。要加强生态系统保护和修复，推进生态保护红线监管平台建设，持续开展“绿盾”自然保护地强化监督工作，做好《生物多样性公约》第15次缔约方大会筹备工作。要完善生态环境治理体系，推动落实关于构建现代环境治理体系的指导意见，推进生态环境保护综合行政执法，持续开展中央生态环境保护督察。要统筹谋划“十四五”生态环境重点工作，研究提出生态环境保护主要目标指标、重点任务、保障措施和重大工程。要坚决落实全面从严治党要求，加快打造生态环境保护铁军。

生态环境部党组成员、副部长刘华，中央纪委国家监委驻生态环境部纪检监察组组长、部党组成员吴海英，部党组成员、副部长庄国泰出席会议。

生态环境部副部长黄润秋列席会议。

驻部纪检监察组负责同志，部机关各部门、在京部属单位党政主要负责同志列席会议。

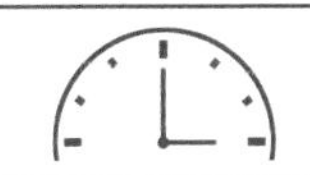

发布时间
2019.12.15

生态环境部部长赴围场、隆化两县开展定点扶贫慰问调研并召开座谈会

12月13—14日，生态环境部部长李干杰赴河北省承德市围场、隆化两县开展定点扶贫慰问调研并召开座谈会。他强调，要深入学习贯彻习近平总书记关于扶贫工作的重要论述和习近平生态文明思想，大力实施生态环保扶贫措施，协同打赢打好精准脱贫和污染防治攻坚战。

14日一早，李干杰来到围场县黄土坎乡海字村，调研环境整治示范项目和垃圾分类设施运行情况，慰问易地扶贫搬迁的贫困户。

海字村是河北省2017年确定的深度贫困村，经过努力，综合贫困发生率已下降至0.26%。走进海字村一组的养殖畜禽粪便处理示范养牛场，李干杰仔细查看粪污无害化治理设施运行情况并详细询问养殖户的收入情况，鼓励养殖户发展科学、绿色养殖，增加收入。在海字村垃圾处理站，李干杰听取垃圾处理站建设运行情况并指出，农村垃圾处理不能简单照搬城市模式，要立足当地实际，汲取先进技术经验，走出一条因地制宜的路子，实现垃圾减量化、资源化、无害化。

海字村易地扶贫搬迁任务占全乡的50%，新民区作为安置地之一，配置了污水管网集中处理系统，“上水有管，下水有道”极大提升了村民的生活幸福感。搬迁户孙桂荣老人激动地对李干杰说，“新家真不赖！暖和又干净。感谢共产党，感谢国家！”李干杰详细询问孙桂荣搬迁后的生活收入来源和医疗报销等情况，并察看屋内取暖设备，叮嘱老人保重身体。

14日下午，李干杰来到隆化县茅荆坝乡团瓢村，考察生态环保产业扶贫项目及特色扶贫产业，调研农村污水分散处理设施，与贫困群众深入交流。

在隆化兴瑞农业科技有限公司，李干杰得知公司将有机农业与生态观光旅游相结合，打造综合性农业生态观光示范园区，已带动67户村民就业，投产后预计再增加150个岗位。李干杰高兴地说：“生态好，生态产品的质量才会好。”他鼓励企业发挥当地自然资源优势，探索出一条绿水青山转化为金山银山的有效路径。“一定要为贫困群众创造更多稳定就业岗位，激发脱贫内生动力”，他叮嘱道。

七家镇草莓园区将一、二、三产结合，开展种植、研发、衍生品制造，已成为我国北方地区最大的草莓种植基地，带动附近居民就业近千人。李干杰走入草莓棚，关心询问大棚的保温效果和草莓产量，鼓励企业负责人

加大研发力度，提高产品附加值。

在13日抵达围场县后，李干杰即与两县、乡（镇）和驻村扶贫干部召开座谈会，了解围场和隆化两县脱贫攻坚情况以及生态环保扶贫示范村建设情况，并听取有关意见。

李干杰指出，打好精准脱贫攻坚战是党的十九大确定的全面建成小康社会三大攻坚战之一。生态环境部将定点扶贫作为重要政治任务，成立扶贫领导小组，组建13个扶贫工作小组，部系统44家单位与两县87个贫困村开展结对帮扶，选派干部到地方挂职及担任驻村第一书记。制定《生态环境部定点扶贫三年行动方案（2018—2020年）》和《生态环境部2019年定点扶贫工作要点》，签订《扶贫工作小组定点扶贫责任书》，将定点扶贫工作情况纳入年终考核评议。对两县加大中央财政生态环保专项资金及重点生态功能区转移支付资金支持力度，建立生态环保扶贫电商平台，统筹整合教育帮扶资源，设立生态环保励志奖学金。与贫困村开展“一对一”党支部共建，开展基层党建引领促扶贫活动。与两县共建生态环保扶贫示范村，形成了一批可复制、可推广的生态环保扶贫特色做法和典型经验。

李干杰表示，两县脱贫攻坚工作成效显著，但在统筹生态环保与扶贫方面，还有提升空间。生态环境部将深入贯彻落实《中共中央　国务院关于打赢脱贫攻坚战三年行动的指导意见》，进一步夯实定点帮扶责任，强化督促指导，帮助两县巩固脱贫攻坚成效，保质保量完成脱贫摘帽目标任务。现有生态环保专项资金及重点生态功能区转移支付资金将继续向两县倾斜。在生态有机种养、生态旅游、有机农产品认证、电商扶贫等方面给予人才、政策、资金、项目、信息等帮扶，增强生态产业“造血”能力。继续推进“一对一”党支部共建，建立健全规范化、常态化党建促扶贫机制。加强与乡村振兴战略衔接，加快推进生态环保扶贫示范村建设，有效治理污水垃圾，改善农村人居环境，巩固提升生物多样性保护与减贫、垃圾分类与减量化、清洁型煤取暖、生态旅游等试点工作。着力解决“三保障”和饮用水安全突出问题，在饮用水水源规范化建设、水质监测和改善等方面提供人员和技术支持，实施农村饮用水安全巩固提升工程。

李干杰强调，作风建设是贯穿扶贫领域全过程的重大任务，要时刻警惕脱贫攻坚责任不落实、政策不落实、工作不落实问题，时刻警惕形式主义、官僚主义问题，时刻警惕数字脱贫、虚假脱贫问题。要加强资金使用管理，规范项目资金使用，强化财政专项资金绩效评价，切实把钱用好、用出效益，确保不出问题。

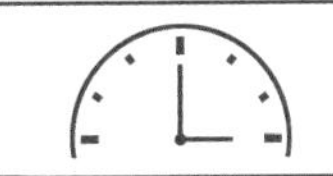

发布时间
2019.12.16

汾渭平原大气污染防治协作小组第二次全体会议在西安召开

12月16日，汾渭平原大气污染防治协作小组在西安召开第二次全体会议，学习贯彻京津冀及周边地区大气污染防治领导小组电视电话会议精神，总结部署大气污染防治重点工作。

协作小组组长、陕西省委书记胡和平主持会议并讲话。协作小组副组长、生态环境部部长李干杰讲话。协作小组副组长、山西省代省长林武，协作小组副组长、河南省代省长尹弘，协作小组副组长、陕西省省长刘国中分别通报了本省工作情况及下一步安排。

胡和平指出，打赢污染防治攻坚战特别是蓝天保卫战是以习近平同志为核心的党中央作出的重大决策部署，汾渭平原是大气污染防治的重点地区，责任重大、任务艰巨。我们要深入学习贯彻习近平新时代中国特色社会主义思想和党的十九届四中全会精神，增强“四个意识”、坚定“四个自信”、做到“两个维护”，不折不扣落实党中央、国务院关于打好污染防治攻坚战的决策部署，以强烈的使命担当推进汾渭平原大气污染防治工作，以实际行动同以习近平同志为核心的党中央保持高度一致。

胡和平强调，要坚持问题导向，突出精准治霾、科学治霾、系统治霾、依法治霾，加大散煤治理力度，做好“散乱污”企业整治，推进机动车污染治理，强化扬尘综合治理，全力以赴打好秋冬季污染防治攻坚战。要着眼长远、标本兼治，加快优化产业结构、能源结构、运输结构、用地结构，推动形成节约资源和保护环境的空间格局、产业结构、生产方式、生活方式，推动汾渭平原空气质量持续改善。要搞好联防联控，进一步强化责任落实、强化联动配合、强化督促指导，完善大气污染防治区域治理体系，共同提升汾渭平原大气污染治理水平，坚决打赢蓝天保卫战，为决战决胜全面小康作出应有贡献。

李干杰指出，协作小组成立以来，三省党委和政府及各成员单位认真贯彻党中央、国务院决策部署，工作取得积极进展和明显成效。但汾渭平原大气环境形势依然严峻，部分城市空气质量出现反弹，大气污染防治工作依然面临巨大压力。汾渭平原各地区要深入贯彻落实习近平生态文明思想、党的十九届四中全会精神和中央经济工作会议精神，全面落实《2019—2020年秋冬季大气治理攻坚行动方案》，扎实做好清洁取暖，大力推进散煤治理，加快推进运输结构调整重点工程建设和柴油货车污染治理，依法依规科学精准应对重污染天气，坚决打赢蓝天保卫战。

陕西省委常委、省委秘书长卢建军，中国气象局副局长余勇，山西省副省长贺天才，陕西省副省长赵刚，西安市市长李明远，国家发展和改革委、工业和信息化部、公安部、财政部、生态环境部、住房和城乡建设部、交通运输部、中国气象局、国家能源局相关司局负责同志出席会议。山西省、河南省、陕西省的省级相关部门、有关市主要负责同志参加会议。

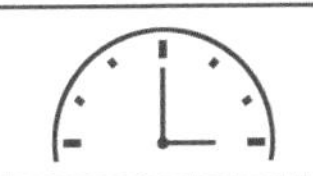

发布时间
2019.12.16

李干杰调研渭河治理、秦岭生态保护修复工作

12月15日，生态环境部部长李干杰赴陕西省调研渭河治理、秦岭生态保护修复工作并看望慰问强化监督定点帮扶工作人员。

渭水银河清，横天流不息。渭河发源于甘肃省渭源县，流经甘肃、陕西两省，是黄河的第一大支流。15日到达陕西后，李干杰第一站就直奔渭河，察看渭河水质情况。现场听取了河流治理情况汇报并与正在河边开展水质监测的工作人员进行了深入交流。

“黑臭水体整治有没有全部完成？”“水质情况有变化吗？”“要保障好居民的饮用水水源”“治理成效要长期保持”，李干杰关心的问题非常具体，提出的要求也很明确。

李干杰表示，要把习近平总书记在黄河流域生态保护和高质量发展座谈会上的重要讲话作为推动工作的指南针，从保护黄河的战略高度看待渭河治理工作

的重大意义，坚持“共同抓好大保护，协同推进大治理”，健全流域生态环境管理体制，坚决打好打赢渭河治理这场碧水保卫战。

在陕西省西安市鄠邑区，李干杰调研了秦岭生态保护修复情况。他强调，要以钉钉子精神抓好习近平总书记重要批示指示的贯彻落实，坚决扛起生态环境保护的政治责任，继续加大环境治理和生态保护修复力度，加快恢复良好生态，以实际行动践行“两个维护”。

李干杰来到陕西恒达七彩包装有限公司，代表生态环境部党组和部领导班子看望慰问正在开展蓝天保卫战重点区域强化监督定点帮扶的工作人员。他关切询问大家的工作情况，勉励大家将参加强化监督定点帮扶作为深入基层调研、加强学习交流、增强党性修养、改进工作作风的重要机会，全身心投入工作，更多地帮助地方和企业发现并解决生态环境问题，助力打赢蓝天保卫战。他叮嘱大家，要严格遵守工作纪律和廉洁纪律，切实做到不替代、不干预、不打扰地方正常工作。

据悉，自2019年5月8日起，生态环境部启动蓝天保卫战重点区域强化监督定点帮扶工作，向京津冀及周边地区、汾渭平原重点区域39个城市派驻300个左右工作组，每15天一个轮次，秋冬季期间进一步加大投入和工作力度，对涉气环境问题持续开展监督帮扶指导，目前已开展到第17轮次。

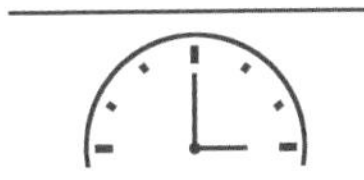

发布时间
2019.12.18

中国环境科学研究院研究生院揭牌仪式在京举行

2019年12月18日，中国环境科学研究院研究生院揭牌仪式在北京举行，生态环境部副部长庄国泰出席并致辞。

生态环境部党组高度重视污染防治攻坚战后备人才培养，把建设生态环境系统研究生院作为支撑国家生态文明建设和生态环境保护重大战略任务的“人才泵、创新源”，培养生态环境保护领域创新型人才和专业技术人才、打造生态环保铁军的重要途径。研究生院将积极争取相关部委支持，采取“1+X”的联合培养模式，以中国环境科学研究院研究生教育为基础，整合部系统各相关单位的优势教育资源和培养平台，大规模培养可快速融入生态文明建设和生态环境保护主战场的特色型专业人才，为打好污染防治攻坚战、建设美丽中国提供强力支撑。

庄国泰强调，十年树木，百年育人，办好生态环境系统研究生院需要在习近平新时代中国特色社会主义思想指导下，深入贯彻习近平生态文明思想，勇于开拓创新，高标准做好顶层设计，建立完善“共建共享”长效机制，积极争取教育部政策支持，夯实各项基础保障条件。

生态环境部相关部门和单位负责人、合作高校代表、研究生导师等120人参加揭牌仪式。

发布时间
2019.12.18

生态环境部成立土壤生态环境保护专家咨询委员会

土壤生态环境保护专家咨询委员会成立座谈会今日在京召开。生态环境部副部长黄润秋出席会议，并为参会委员颁发聘书。

据了解，土壤生态环境保护专家咨询委员会由来自土壤、地下水、农业农村生态环境领域的60余名知名专家学者组成，将有效发挥专家学者的专业优势，为土壤、地下水、农业农村生态环境保护重大政策、重大规划、重大问题提供决策咨询，提升管理决策的专业化、精细化水平，为打好净土保卫战提供高水平的智力支持。

生态环境部相关负责人表示，土壤生态环境保护直接关系粮食和饮水安全，关系人民群众身体健康，党中央、国务院高度重视。近年来相关工作持续深化，取得了积极进展和明显成效，专家学者在其中发挥了重要作用。但土壤生态环境保护在管理制度体系、标准规范体系、科技支撑体系方面仍存在突出短板，制约着工作的水平和成效。今后需要专家咨询委员会积极发挥专业优势，突出精准治污、科学治污、依法治污，为土壤生态环境保护工作贡献智慧。

座谈会上，专家咨询委员会代表围绕“十四五”土壤、地下水和农业农村生态环境保护工作交流发言，并提出意见和建议。

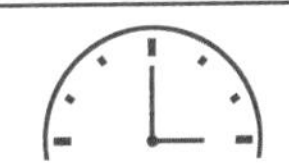

发布时间
2019.12.19

生态环境部与中国科学院签署深化生态保护监管领域合作备忘录

12月19日，生态环境部与中国科学院在京签署备忘录，进一步深化生态保护监管领域合作。中国科学院党组书记、院长白春礼，生态环境部党组书记、部长

李干杰出席备忘录签署仪式并讲话。

在签署仪式上，白春礼指出，加强与部委、地方、企业等的科技合作与交流，以科技创新推动社会经济转型发展，始终是中国科学院义不容辞的责任和义务。党的十八大以来，中国科学院认真贯彻落实习近平总书记“三个面向”“四个率先”总体要求，加快推动落实中央领导同志关于科技创新工作的重要讲话和指示精神，增强“四个意识”，坚定“四个自信”，做到“两个维护”，深入实施“率先行动”计划，扎实推进改革创新发展，各项事业取得了积极进展。

白春礼充分肯定了双方在生态环境变化评估、生态保护数据共享等方面的合作所取得的显著成绩。他强调，签订合作备忘录，对于深入贯彻习近平生态文明思想、推动生态文明和美丽中国建设、落实国家创新驱动发展战略、促进双方共同发展具有重要意义。希望双方进一步提高政治站位，聚焦国家生态文明建设战略，深化双方在生态保护监管领域的合作；加强顶层谋篇布局，加快推进重点任务实施，为生态保护监管提供有力的科技支撑；统筹双方优势资源，促进重大亮点成果产出，提升我国生态环境保护科技创新能力；建立完善的部院长效合作机制，为推动生态文明建设和美丽中国建设作出新的更大贡献。

李干杰指出，加强生态保护修复是打好污染防治攻坚战的支撑保障和重要内容。党的十八大以来，以习近平同志为核心的党中央高度重视生态保护工作，提出了一系列新理念、新思路、新举措，为做好生态保护工作提供了根本遵循和行动指南。要坚持以习近平生态文明思想为指引，着眼实现监管体系和监管能力现代化，加快建立健全生态保护监管体系，完善政策规划标准、监测评估、监督执法、督察问责，切实做好生态保护红线、自然保护地、生物多样性保护监管工作，为打好打胜污染防治攻坚战、维护国家生态安全和建设美丽中国提供坚实保障。

李干杰强调，生态环境部门作为生态环境监管者，需要切实强化科技创新和人才队伍支撑，不断提升生态保护监管能力与水平。中国科学院是我国自然科学最高学术机构、科学技术最高咨询机构以及自然科学与高技术综合研究发展中心，在生态环境调查、监测和评估等学科方面已成为重要的国家战略科技力量。希望双方充分发挥优势特长，总结长期紧密合作的成功经验，在加强生态状况基础调查评估、加快构建和完善生态状况监测网络体系、打造生态保护监管数据平台、建立专家服务团队等方面，不断拓展合作空间、提升合作层次，实现在生态保护监管领域的优势互补、共赢发展。

中国科学院党组成员、副院长张涛主持备忘录签署仪式，生态环境部副部长黄润秋介绍了生态环境部与中国科学院合作情况及备忘录内容。

生态环境部副部长黄润秋，中国科学院党组成员、副院长李树深分别代表双方签署《生态环境部 中国科学院深化生态保护监管领域合作备忘录》；生态环境部生态环境监测司、中国科学院科技促进发展局主要负责同志签署了相关领域合作协议。

生态环境部党组成员、副部长刘华出席备忘录签署仪式。

生态环境部有关司局和部属单位主要负责同志，中国科学院相关部门主要负责同志参加备忘录签署仪式。

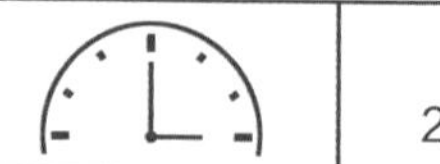

发布时间
2019.12.22

两部门公布第三批全国环保设施和城市污水垃圾处理设施向公众开放单位名单

生态环境部、住房和城乡建设部近日联合公布第三批全国环保设施和城市污水垃圾处理设施向公众开放单位名单。名单共包括全国31个省（区、市）和新疆生产建设兵团的604家设施单位。其中，共有168家环境监测设施、193家城市污水处理设施、146家垃圾处理设施及97家危险废物或电子废弃物处理设施单位。

生态环境部有关负责人表示，党的十九届四中全会提出要推进国家治理体系和治理能力现代化，坚持和完善共建共治共享的社会治理制度。持续推动环保设施向公众开放，既是贯彻落实党中央决策部署，创新环境治理体系、提升环境治理能力的重要举措，也是传播生态环境保护知识、培育绿色价值观和生态道德、促进公民牢固树立生态文明理念的重要平台。同时，环保设施单位向公众敞开大门，自觉接受公众监督，加强与公众的交流与沟通，对于促进企业乃至行业的健康发展也具有重要意义。下一步，将继续贯彻《中共中央　国务院关于全面加强生态环境保护　坚决打好污染防治攻坚战的意见》要求，进一步深化环保设施开放工作总体部署，确保到2020年年底前，各省（区、市）四类设施开放城市的比例达到100%。

2017年5月，环保设施开放工作在全国范围内启动。2017年12月，全国第一批124家开放设施单位名单公布；2019年3月，全国第二批511家开放设施单位名单公布。截至目前，全国已经有1239家四类设施开放单位，超过70%的地级及以上城市符合条件的环保设施和城市污水垃圾处理设施向社会开放。

关于公布第三批全国环保设施和城市污水垃圾处理设施向公众开放单位名单的通知

发布时间
2019.12.24

生态环境部副部长出席中国赠埃塞俄比亚微小卫星发射成功庆祝仪式

12月20日，中国应对气候变化南南合作项目——赠埃塞俄比亚微小卫星在太原卫星发射中心成功发射，此次发射还搭载了中巴地球资源卫星04A星等8颗卫星。生态环境部副部长刘华与来访见证发射的埃塞俄比亚创新与技术部部长格塔洪·梅库里亚在发射现场出席庆祝仪式并分别致辞。

2016年10月4日，我方与埃塞俄比亚科学与技术部签署《关于赠送微小卫星系统用于应对气候变化的谅解备忘录》。根据谅解备忘录，我方将向埃方赠送一颗多光谱微小卫星及地面测控应用系统，用于监测干旱、洪涝、水资源和森林面积变化等，帮助埃方提高应对气候变化能力。

刘华副部长在致辞中对赠埃塞俄比亚卫星发射成功表示热烈祝贺，对研制单位航天科技集团第五研究院航天东方红卫星有限公司和全体参与项目人员的辛勤工作表示感谢。他指出，气候变化是全人类面临的共同挑战，多边主义和全球合作是应对气候变化的唯一正确途径。中国始终高度重视应对气候变化，坚定实施积极应对变化国家战略，同时积极开展应对气候变化南南合作，“一带一路”倡议的实施为应对气候变化南南合作带来新机遇。赠埃塞俄比亚微小卫星的成功发射将进一步提升双方在应对气候变化与生态环境保护领域的合作。

埃塞俄比亚创新与技术部部长格塔洪·梅库里亚率埃财政部、国家议会、航天科技研究所、驻华大使馆、媒体记者等近20人组成的代表团见证了卫星发射过程，他在致辞中转达埃总理阿比·艾哈迈德对中国赠送卫星的感谢，并表示，今天是埃塞俄比亚全国人民喜庆的日子，卫星成功发射受到举国上下高度关注。当地凌晨时间，埃方政府代表和首都群众代表聚集在埃国内卫星信号地面站观看了实况转播。他表示，埃塞俄比亚愿进一步加强与中国在航天与科技发展、生态环境保护与应对气候变化等领域的合作。

发布时间
2019.12.25

李干杰在四川调研城市黑臭水体整治和环境空气质量监测预报工作

12月24日，生态环境部部长李干杰在四川省成都市调研城市黑臭水体整治、环境空气质量监测预报工作。他强调，要以钉钉子精神贯彻落实习近平总书记重要批示指示，保持方向不变、力度不减，坚决打好污染防治攻坚战。

冬月的巴蜀大地，蕴含着勃勃生机。位于成都市青羊区的金沙滨河公园是金

沙绿道的核心区域，是熊猫绿道乃至整个成都天府绿道中的重要组成部分。李干杰首先来到磨底河署辉桥段调研黑臭水体整治成效，并了解河长制落实情况。

李干杰指出，城市黑臭水体治理是打好污染防治攻坚战的七大标志性战役之一，有利于同时获得良好的环境效益、经济效益和社会效益。要坚持问题导向，注重统筹治理，切实做到减污清淤和生态修复两手抓。要坚决贯彻党中央、国务院关于长江经济带“共抓大保护，不搞大开发”的决策部署，认真落实长江上游重要生态屏障和水源涵养地保护责任，全面推进河长制管理。要以改善长江水环境质量为核心，深入推进长江入河排污口排查整治专项行动，扎实开展排查、监测、溯源、整治工作。

在四川省生态环境监测总站，李干杰详细了解了四川省空气质量监测预报和重污染天气应对工作并召开座谈会。他指出，生态环境监测是生态环境保护的基础性工作，是生态环境管理的“顶梁柱”。我们即将迎来全面建成小康社会和“十三五”规划的收官之年，也是打好污染防治攻坚战的决胜之年，要切实抓好生态环境监测工作，为2020年圆满完成污染防治攻坚战阶段性目标提供坚实保障。

李干杰强调，四川盆地地形条件极为特殊，秋冬季污染程度相对较重，持续时间长、污染范围大，要突出精准治污、科学治污、依法治污，在监测预报和重污染天气应对预案落实方面，既要力求科学精准，又要做到于法有据，坚决杜绝“一刀切”等形式主义和官僚主义，以更加务实的行动坚决打赢蓝天保卫战。

发布时间
2019.12.25

生态环境部召开部党组（扩大）会议　传达学习贯彻中央农村工作会议精神

12月25日，生态环境部党组书记、部长李干杰主持召开部党组（扩大）会议，传达学习贯彻中央农村工作会议精神。

会议指出，习近平总书记高度重视“三农”工作，近日在中央政治局常委会会议专门研究“三农”工作时发表的重要讲话，从全局和战略高度深刻阐明做好2020年“三农”工作的重要性，明确总体要求和重点任务，高屋建瓴、思想深邃、语重心长，为做好2020年乃至未来一段时期的“三农”工作提供了根本遵循和行动指南。胡春华副总理在中央农村工作会议上的讲话全面分析当前“三农”工作面临的形势和挑战，系统部署2020年工作任务，操作性和指导性很强。深入学习贯彻习近平总书记重要讲话精神和中央农村工作会议精神，对于统一思想、坚定信心，进一步增强做好“三农”工作的责任感、使命感、紧迫感，确保打赢脱贫攻坚战、实现全面建成小康社会圆满收官具有十分重要的意义。

会议强调，生态环境部系统要进一步提高政治站位，增强“四个意识”、坚定“四个自信”、做到“两个维护”，充分认识做好“三农”工作的重要意义，着力推进农业农村生态环境保护，通过改善农村地区生态环境质量，为做好“三农”工作发挥更加积极的作用。

在打赢精准脱贫攻坚战方面，要加大生态环保扶贫工作力度，协同打赢精准脱贫和污染防治攻坚战，做到两者相得益彰、协同增效。

在加快补齐“三农”领域短板方面，要坚决打好农业农村污染治理攻坚战，确保完成“十三五”农村环境整治目标任务，推进农村“千吨万人”水源地保护区划定和管理，提升农村饮用水安全保障水平，开展农村黑臭水体排查治理。

在保障农产品有效供给方面，要在农用地土壤污染状况详查基础上，做好农用地土壤污染风险管控；会同有关部门督促指导地方规范畜禽养殖禁养区划定和管理工作。

在加强农村基层党建方面，要继续与河北省承德市围场、隆化两县的贫困村开展“一对一”党支部共建，充分发挥基层党支部战斗堡垒作用和党员先锋模范作用。

会议还研究了其他事项。

生态环境部党组成员、副部长翟青、赵英民、刘华，中央纪委国家监委驻生态环境部纪检监察组组长、部党组成员吴海英出席会议。

生态环境部副部长黄润秋，生态环境部总工程师张波列席会议。

驻部纪检监察组负责同志，部机关各部门、有关部属单位主要负责同志列席会议。

发布时间
2019.12.27

中国共产党生态环境部机关第一次代表大会召开

12月27日，中国共产党生态环境部机关第一次代表大会在北京召开。生态环境部党组书记、部长李干杰，中央和国家机关工委主持日常工作的副书记孟祥锋出席大会并讲话。生态环境部党组成员、副部长、机关党委书记翟青代表本届机关党委向大会做工作报告。

会议开幕前举行预备会议和主席团会议，审议通过大会议程、《中国共产党生态环境部机关第一次代表大会资格审查小组关于代表资格的审查报告》等事项。

上午九时许，大会在雄壮激昂的国歌声中隆重开幕。

翟青首先代表机关党委向大会做题为《认真贯彻落实新时代党的建设总要求 全面提高机关党的建设质量和水平 坚决打好污染防治攻坚战》的工作报告，全面总结回顾过去四年生态环境部机关党的建设取得的积极进展。他指出，做好新时代党的建设工作，要以习近平新时代中国特色社会主义思想为指导，全面落实新时代党的建设总要求，坚持稳中求进工作总基调，以党的政治建设为统领，推动机关党的各项建设高质量发展。必须继承和发扬部机关党建工作宝贵经验，更加强化党的全面领导，更加强化思想理论武装，更加强化党建和业务深度融合，更加强化基层党组织战斗堡垒作用，更加强化创新方式方法，更加强化党建责任制。

孟祥锋在讲话中首先向大会的召开表示热烈祝贺，充分肯定了生态环境部组建以来机关党的建设取得的明显成效，强调要深入贯彻落实习近平总书记在中央和国家机关党的建设工作会议上的重要讲话精神，高质量推进生态环境部机关党的建设。

一要提高站位抓落实。新时代机关党建顶层设计已经完成，使命任务非常明确，关键在落实、落实、再落实。

二要聚焦重点抓落实。带头做到“两个维护”，坚决贯彻落实党中央决策部署，打好污染防治攻坚战，巩固拓展“不忘初心、牢记使命”主题教育成果，持续深化习近平新时代中国特色社会主义思想的学习贯彻，建强抓实基层支部，坚持不懈正风肃纪，加强机关党建制度建设。

三要扭住高质量发展抓落实。强化高质量意识，对标高质量要求，拿出高质量举措，遵循客观规律，努力攻坚克难。

四要压实责任抓落实。层层落实各级党组织主体责任，加强党务干部队伍建设，形成强大合力。

李干杰在讲话中指出，过去四年，生态环境部机关党建工作水平稳步提升，各级党组织管党治党的意识明显增强，全面从严治党取得新的成果。这些成绩的取得，与驻部纪检监察组坚守政治监督的职责定位、忠诚担当履职尽责是分不开的。他强调，必须深刻把握加强和改进机关党的建设的重要性、紧迫性，坚定不移推进机关党的建设高质量发展。

一要加强党的政治建设，带头做到“两个维护”，坚决落实习近平总书记关于生态文明建设和生态环境保护工作重要部署。

二要加强党的思想建设，推动学习贯彻习近平新时代中国特色社会主义思想和习近平生态文明思想往深里走、往心里走、往实里走。

三要加强党的组织建设，提升基层党组织组织力，坚决整治机关基层党组织“灯下黑”现象。

四要加强党的作风建设，大力整治形式主义、官僚主义问题，加快打造生态环境保护铁军。

五要加强党的纪律建设，巩固“以案为鉴，营造良好政治生态”专项治理成果。要落实党建责任、完善制度建设、增强党建队伍，确保党建任务落实落地。

大会选举产生中国共产党生态环境部机关第一届委员会15名委员和中国共产党生态环境部机关第一届纪律检查委员会7名委员。会后，召开中国共产党生态环境部机关第一届委员会第一次全委会，选举产生机关党委常委、书记、常务副书记、副书记；召开中国共产党生态环境部机关第一届纪律检查委员会第一次全委会，选举产生机关纪委书记（同时任机关党委副书记）。

经过与会代表认真审议，大会通过了《中国共产党生态环境部机关第一次代表大会关于机关党委工作报告的决议》《中国共产党生态环境部机关第一次代表大会关于机关纪委工作报告的决议》《中国共产党生态环境部机关委员会2016—2019年党费收缴、使用和管理情况报告》。

下午五时许，大会圆满完成各项任务，在雄壮的《国际歌》歌声中胜利闭幕。

生态环境部党组成员、副部长赵英民、刘华，中央纪委国家监委驻生态环境部纪检监察组组长、部党组成员吴海英，生态环境部总工程师张波出席大会并参加分组讨论。

生态环境部副部长黄润秋应邀列席大会。

据获悉，本次大会从部机关和直属单位选举产生189名党代表，183名党代表出席大会，25名列席代表列席大会。

本月盘点

微博： 本月发稿355条，阅读量23163931；

微信： 本月发稿249条，阅读量2390475。

图书在版编目（CIP）数据

聚力，破浪前行 ：@生态环境部在2019 / 生态环境部编. --北京 ： 中国环境出版集团，2020.6
ISBN 978-7-5111-4340-2

Ⅰ. ①聚… Ⅱ. ①生… Ⅲ. ①生态保护环境－环境管理－中国－文集 Ⅳ. ①X321.2-53

中国版本图书馆CIP数据核字（2020）第075642号

出 版 人 武德凯
策划编辑 丁莞歆
责任编辑 张秋辰
责任校对 任 丽
装帧设计 金 山

出版发行 中国环境出版集团
（100062 北京市东城区广渠门内大街16号）
网 址：http://www.cesp.com.cn
电子邮箱：bjgl@cesp.com.cn
联系电话：010-67112765（编辑管理部）
010-67175507（第六分社）
发行热线：010-67125803，010-67113405（传真）
印装质量热线：010-67113404
印 刷 北京盛通印刷股份有限公司
经 销 各地新华书店
版 次 2020年6月第1版
印 次 2020年6月第1次印刷
开 本 787×1092 1/16
印 张 32.5
字 数 420千字
定 价 128.00元